Dirk Boenke

Sicherung der Mobilität älterer Menschen im Straßenverkehr

Dirk Boenke

Sicherung der Mobilität älterer Menschen im Straßenverkehr

Eine Analyse des Status quo bei Verkehrsplanungsprozessen und Empfehlungen für eine zukunftsfähige Verkehrsplanung

Südwestdeutscher Verlag für Hochschulschriften

Imprint
Any brand names and product names mentioned in this book are subject to trademark, brand or patent protection and are trademarks or registered trademarks of their respective holders. The use of brand names, product names, common names, trade names, product descriptions etc. even without a particular marking in this work is in no way to be construed to mean that such names may be regarded as unrestricted in respect of trademark and brand protection legislation and could thus be used by anyone.

Publisher:
Südwestdeutscher Verlag für Hochschulschriften
is a trademark of
Dodo Books Indian Ocean Ltd., member of the OmniScriptum S.R.L Publishing group
str. A.Russo 15, of. 61, Chisinau-2068, Republic of Moldova Europe
Printed at: see last page
ISBN: 978-3-8381-2491-9

Zugl. / Approved by: Wuppertal, Universität, Diss., 2010

Copyright © Dirk Boenke
Copyright © 2011 Dodo Books Indian Ocean Ltd., member of the OmniScriptum S.R.L Publishing group

Vorwort

Mein herzlicher Dank gilt Herrn Prof. Dr.-Ing. Jürgen Gerlach für die stete Unterstützung und wertvolle Ratschläge. Herrn Prof. Dr.-Ing. Felix Huber danke ich für die Bereitschaft, das Zweitgutachten zu übernehmen.

Besonderer Dank geht an die Eugen-Otto-Butz-Stiftung in Hilden, die mir durch die Förderung des Projektes, die Bearbeitung des Themas ermöglicht hat. Ganz besonders herzlich bedanke ich mich zudem bei Barbro Rönsch-Hasselhorn und Andrea Knoll von der Forschungsstelle Mensch-Verkehr am Institut ASER e. V. an der Bergischen Universität Wuppertal für Ihre Unterstützung und das Auge für wichtige Kleinigkeiten.

NeumannConsult, Münster danke ich für die Unterstützung bei der Datenerhebung in den Fallbeispielstädten.

Köln, Januar 2011

Inhaltsverzeichnis

Abbildungsverzeichnis 11

Tabellenverzeichnis 19

Abkürzungsverzeichnis 21

1 Einleitung 25

2 Zielsetzung und Einordnung des Themas 29
2.1 Zielsetzung und Motivation 29
2.2 Aufbau der Arbeit 31
2.3 Rechtliche Einordnung 33
2.4 Entwicklung eines eigenständigen Planwerks für die Belange älterer Menschen – Begründung 33

3 Mobilitätssicherung für ältere Menschen – Status quo ... 35
3.1 Örtliche Unfalluntersuchung 35
3.2 Beteiligung älterer Menschen und ihrer Interessenvertreter am Planungsprozess 36
3.2.1 Seniorenbeirat und Seniorenbeauftragte(r) 37
3.2.2 Behindertenbeirat und Behindertenbeauftragte(r) 38
3.2.3 Interessenvertretungen 40
3.2.4 Probleme bei der Beteiligung von Interessenvertretungen .. 40
3.3 Regelwerke und Normen 41
3.3.1 Schriften der Forschungsgesellschaft 42
3.3.2 Schriften des DIN 44
3.3.3 Schriften der Bundesministerien 46
3.3.4 Relevanz hinsichtlich der Bedürfnisse älterer Menschen 47
3.3.5 Verbindlichkeit der Schriften 48
3.3.5.1 FGSV 48
3.3.5.2 DIN 49

3.3.5.3   Bundesministerien 49
3.3.5.4   Bewertung der Verbindlichkeit für die Praxis 49
3.4   Überprüfung der Planungspraxis in ausgewählten
       Kommunen 50
3.4.1   Die Regelwerke in der Praxis – Ergebnisse einer Kurzbefragung 50
3.4.1.1   In der Praxis verwendete Regelwerke 51
3.4.1.2   Bewertung der Lesbarkeit und Verständlichkeit der
          Regelwerke 54
3.4.1.3   Halbwertszeit und Verfügbarkeit 55
3.4.2   Einflüsse von Verbänden und Beiräten 57
3.4.3   Einfluss der Größe einer Kommune 58
3.4.4   Einschätzung der Berücksichtigung der Belange älterer
        Menschen in der eigenen Stadt 59
3.5   Analyse des Status quo – Fazit 60

4   Mobilitätskennwerte älterer Menschen – Status quo und Prognosen   65

4.1   Definition der Zielgruppe „Ältere Menschen" 65
4.2   Soziodemografische und sozioökonomische Entwicklung
      älterer Menschen in Deutschland 66
4.2.1   Bisherige und zukünftige Bevölkerungsentwicklung in
        Deutschland 66
4.2.2   Wohn- und Lebenssituation 70
4.2.3   Derzeitige und prognostizierte Einkommenssituation
        älterer Menschen in Deutschland 71
4.3   Mobilität im Alter 74
4.3.1   Mobilitätskennziffern und Verkehrsmittelwahl 74
4.3.2   Verkehrsmittelwahl in Abhängigkeit vom Einkommen 80
4.3.3   Führerschein- und Pkw-Verfügbarkeit 82

4.3.4 Entwicklungstendenzen der Verkehrsteilnahme älterer Menschen 84
4.4 Derzeitiges Verkehrsunfallgeschehen älterer Menschen 87
4.4.1 Allgemeine Unfallentwicklung bei älteren Verkehrsteilnehmern 87
4.4.2 Unfallgeschehen älterer Kraftfahrer 89
4.4.2.1 Das Unfallrisiko älterer Kraftfahrer 89
4.4.2.2 Unfallursachen bei Unfällen älterer Kraftfahrer 91
4.4.2.3 Exkurs: Fahreignung älterer Menschen 92
4.4.3 Unfallgeschehen älterer Fußgänger 94
4.4.3.1 Unfallrisiko älterer Fußgänger 94
4.4.3.2 Unfallursachen bei Unfällen älterer Fußgänger 95
4.4.3.3 Vergleich älterer und jüngerer Altersgruppen bei Fußgängerunfällen 96
4.4.4 Unfallgeschehen älterer Radfahrer 98
4.4.4.1 Unfallrisiko älterer Radfahrer 98
4.4.4.2 Unfallursachen bei Unfällen älterer Radfahrer 98
4.4.4.3 Vergleich älterer und jüngerer Altersgruppen bei Radfahrunfällen 99
4.4.5 Unfallgeschehen älter Menschen im öffentlichenNahverkehr 99
4.5 Typische Beeinträchtigungen im Alter und ihre Folgen für die Mobilität 100
4.5.1 Physiologische Einschränkungen 103
4.5.2 Sensorische Einschränkungen 104
4.5.2.1 Sehschädigung – Blindheit und Sehbehinderung 104
4.5.2.2 Auditive Einschränkungen 107
4.5.3 Altersbedingte kognitive und senso-motorische Veränderungen 107
4.5.4 Menschen mit chronischen Erkrankungen 108

4.5.5 Auswirkungen von alterstypischen Beeinträchtigungen auf die Mobilität 109

4.5.6 Entwicklungstendenzen bei Mobilitätseinschränkungen älterer Menschen 110

4.6 Barrierefreiheit als zwingendes Erfordernis zur eigenständigen Mobilität 111

4.7 Zusammenfassung und Fazit 113

5 Neue Methoden zur Sicherung der Mobilität älterer Menschen im Straßenverkehr   117

5.1 Differenzierte Methoden zur Stärken-/Schwächen-Analyse .. 117

5.2 Analyse von Unfällen älterer Menschen 119

5.3 Zweigestufte Passantenbefragung (Zielgruppenbefragung).. 122

5.4 Wegekettenprotokolle 126

5.5 Fokusrunden 127

6 Anwendung der neuen Methoden in Fallbeispielräumen   129

6.1 Auswahl von Untersuchungsstädten (Fallbeispiele) 129

6.1.1 Kriterien für die Auswahl der Fallbeispiele 129

6.1.2 Kurzbeschreibung der ausgewählten Fallbeispiele 130

6.1.2.1 Gelsenkirchen 130

6.1.2.2 Siegen 131

6.1.2.3 Lüdinghausen 131

6.1.3 Gegenüberstellung der wichtigsten Merkmale der drei Untersuchungsstädte 132

6.2 Analyse von Unfällen mit Beteiligung älterer Menschen in ausgewählten Städten 134

6.2.1 Häufige Konfliktsituationen älterer Verkehrsteilnehmer 137

6.2.1.1 Häufige Unfalltypen bei älteren Kraftfahrern 137

6.2.1.2 Häufige Unfalltypen bei älteren Radfahrern 141

6.2.1.3 Häufige Unfalltypen bei älteren Fußgängern 145

6.2.1.4 Zusammenfassung 147

6.2.2 Weitergehende Unfallanalysen in den drei Untersuchungsstädten 148

6.2.2.1 Verunglücktenhäufigkeit im Vergleich 149

6.2.2.2 Unfalllage älterer Verkehrsteilnehmer in Gelsenkirchen. 151

6.2.2.3 Unfalllage älterer Verkehrsteilnehmer in Siegen 159

6.2.2.4 Unfalllage älterer Verkehrsteilnehmer in Lüdinghausen. 165

6.2.3 Zusammenfassung der Unfallanalyse für die drei Untersuchungsräume 171

6.2.4 Fazit Unfalluntersuchung 172

6.3 Ergebnisse der ersten Zielgruppenbefragung in den Städten 173

6.3.1 Soziodemografische Daten 173

6.3.2 Ergebnisse zum Mobilitätsverhalten 176

6.3.3 Meinungsbild zur Straßenraumgestaltung – Städteübergreifende Ergebnisse 179

6.3.3.1 Notwendigkeit zur Steigerung der Mobilität für Fußgänger und Radfahrer 182

6.3.3.2 Notwendigkeit zur Steigerung der Mobilität für ÖPNV-Nutzer 183

6.3.3.3 Notwendigkeit zur Steigerung der Mobilität für Pkw-Nutzer 184

6.3.3.4 Zusammenfassung zum Meinungsbild Straßenraumgestaltung 185

6.3.4 Die „Bürgermeisterfrage" 187

6.4 Ergebnisse der zweiten Zielgruppenbefragung in „Problemräumen" 188

6.4.1 Ergebnisse für die Kategorie 1 (Komplexe Kreuzungen und Kreisverkehre) 189

6.4.2 Ergebnisse für die Kategorie 2 (Einfache Kreuzungen) 191

6.4.3 Ergebnisse für die Kategorie 3 (Verkehrsstrecken und -flächen) ... 193

6.4.4 Zusammenfassung der städteübergreifenden Ergebnisse . 194

6.5 Ergebnisse der Wegekettenprotokolle ... 196

6.6 Ergebnisse der Fokusrunden ... 197

6.6.1 Mobilität aus Sicht älterer Kfz-Nutzer ... 197

6.6.2 Mobilität aus Sicht älterer Fußgänger ... 198

6.6.3 Mobilität aus Sicht älterer Radfahrer ... 198

6.6.4 Mobilität aus Sicht älterer ÖPNV-Nutzer ... 199

6.6.5 Generelle Anmerkungen zur Mobilität ... 201

6.7 Exkurs: Leitfaden zur Verkehrsraumgestaltung ... 203

6.7.1 Beispiel 1: Gestaltung von Überquerungsstellen für ältere Fußgänger ... 204

6.7.2 Beispiel 2: Kontrastreiche Gestaltung von Elementen im Verkehrsraum ... 207

6.7.3 Beispiel 3: Verweilplätze und Sanitäranlagen ... 209

6.7.4 Beispiel 4: Trennung von Verkehrsanlagen verschiedener Verkehrsträger ... 210

6.7.5 Beispiel 5: Signaltechnische Sicherung von Linksabbiegern an Lichtsignalanlagen ... 211

7 Handlungsempfehlungen für die Planungspraxis und Zusammenfassung 215

7.1 Konsequenzen für die zukünftige Verkehrsraumgestaltung .. 215

7.1.1 Von der Barrierefreiheit zum Design für Alle ... 216

7.1.2 Berücksichtigung und Auswirkungen von Design für Alle in der Praxis ... 216

7.1.3 Erarbeitung von Mindestkriterien für eine barrierefreie Straßenraumgestaltung ... 219

7.2 Schlussfolgerungen aus den Arbeitsergebnissen ... 220

7.2.1 Ermittlung der Anforderungen älterer Menschen auf Basis von Kenndaten 221

7.2.2 Praxisuntersuchung – Bewertung der verwendeten Methodik und Empfehlungen 221

7.2.2.1 Unfallanalyse 222

7.2.2.2 Passantenbefragungen 226

7.2.2.3 Wegekettenprotokolle 227

7.2.2.4 Fokusrunden 228

7.2.2.5 Methodik – Bewertung und Fazit 229

7.3 Mobilitätssicherungsplanung als Handlungsempfehlung – Verfahrensvorschlag 230

7.3.1 Absicht der Mobilitätssicherungsplanung 231

7.3.2 Anwendungsbereich 232

7.3.3 Voraussetzung für die Durchführung des Prozesses 234

7.3.4 Der Planungsprozess 234

7.3.4.1 Aufstellungsphase – Phase 1 236

7.3.4.2 Umsetzen des Plans – Phase 2 241

7.3.4.3 Evaluation – Phase 3 244

7.4 Zusammenfassung und Fazit 244

7.4.1 Ausgangslage 244

7.4.2 Zielsetzung 244

7.4.3 Arbeitsschritte 245

7.4.4 Zentrale Ergebnisse 245

7.4.4.1 Auswirkungen auf Verkehrsplanungsprozesse 246

7.4.4.2 Maßnahmenentwicklung 248

7.4.5 Fazit 250

Literaturverzeichnis   **253**

Abbildungsverzeichnis

Abbildung 1: Kurzbeschreibung und Kennzeichnung der sieben Unfalltypen bei der Erstellung von Unfalltypen-Steckkarten [Quelle: GDV 2003] 36

Abbildung 2: Beispiel für Widersprüche in Veröffentlichungen für generationengerechtes Bauen [Quellen: BMVBS 1997 und DIN 2000] 56

Abbildung 3: Altersaufbau der Bevölkerung in Deutschland 1950 bis 2060 (Variante 1-W2) [Quelle: Statistisches Bundesamt 2009a] 69

Abbildung 4: Verkehrsausgaben nach Alter, Anteil am Privatkonsum 2003 [Quelle: Statistisches Bundesamt 2005] 73

Abbildung 5: Anzahl der Wege pro Tag je Altersklasse [Eigene Darstellung nach Brög et al. 1998] 75

Abbildung 6 : Entwicklung des Modal-Splits für verschiedene Altersgruppen [Eigene Darstellung nach Mobilität in Deutschland 2002] 77

Abbildung 7: Anteile der Verkehrsleistung nach Alter und Art der Verkehrsbeteiligung in Westdeutschland 1991 [Eigene Darstellung nach Hautzinger et. al. 1996] 78

Abbildung 8: Anteile der Verkehrsbeteiligungsdauer nach Alter und Art der Verkehrsbeteiligung in Westdeutschland 1991 [Eigene Darstellung nach Hautzinger et. al. 1996] 78

Abbildung 9: Anteile der als Selbstfahrer zurückgelegten Wege nach Alter und Nettoeinkommen je Haushalt [Eigene Auswertung und Darstellung auf Datenbasis BMVBW 2003] 81

Abbildung 10: Anteile der zu Fuß zurückgelegten Wege nach Alter und Nettoeinkommen je Haushalt [Eigene Auswertung und Darstellung auf Datenbasis BMVBW 2003] 81

Abbildung 11: Personen mit Führerschein nach Altersklasse (1994 bis 2002) [Eigene Darstellung nach Zumkeller 2002] 83

Abbildung 12: Pkw- und Führerscheinverfügbarkeit der Altersgruppe ab 60 Jahre [Eigene Darstellung nach Zumkeller 2002] 84

Abbildung 13: Prognostizierte Entwicklung der Fahrleistung nach Altersgruppen [Quelle: Shell Deutschland Oil GmbH 2009] .. 86

Abbildung 14: Verunglückte Senioren im Straßenverkehr 1980 bis 2008 [Quelle: Statistisches Bundesamt 2009c] 88

Abbildung 15: Bevölkerungsentwicklung und Entwicklung der verunglückten und getöteten Senioren insgesamt und nach ausgewählten Verkehrsmitteln 1991 bis 2007 (1991 = 100) [Eigene Darstellung auf Basis Statistisches Bundesamt 2008c] 89

Abbildung 16: Pkw-Fahrer nach Altersgruppen und Fahrleistungsanteilen als Hauptverursacher von Unfällen [Quelle: ADAC 2005] 90

Abbildung 17: Unfallursachen bei Pkw-Führern unterschiedlicher Altersgruppen im Jahr 2007 in Deutschland [Eigene Darstellung nach Statistisches Bundesamt 2008c] 92

Abbildung 18: Unfallursachen bei Fußgängern in Deutschland im Jahr 2007 im Altersgruppenvergleich [Eigene Darstellung nach Statistisches Bundesamt 2008c] 96

Abbildung 19: Die Herstellung von Barrierefreiheit dient allen Menschen [Quelle: Design for All Foundation] 112

Abbildung 20: Die differenzierten Methoden der Stärken-/Schwächen-Analyse zur Maßnahmenbildung bei der Sicherung der Mobilität älterer Menschen 118

Abbildung 21: Anteil der Verursacher ab 65 Jahren bei Unfällen mit Personenschaden nach Verkehrsmittel des Verursachers im Städtevergleich (Zeitraum 2000 – 2004) [Eigene Darstellung auf Basis polizeilicher Unfalldaten] 135

Abbildung 22: Anteil der Verursacher ab 65 Jahren bei Unfällen mit Personenschaden nach Unfalltyp im Städtevergleich (Zeitraum

2000 – 2004) [Eigene Darstellung auf Basis polizeilicher Unfalldaten] 136

Abbildung 23: Häufigkeit der Unfälle verursacht durch ältere Kraftfahrer in allen Untersuchungsstädten nach Unfalltypen in den Jahren 2000 – 2004 [Eigene Darstellung auf Basis polizeilicher Unfalldaten].. 138

Abbildung 24: Zehn häufigste Konfliktsituationen in den Untersuchungsstädten – Unfälle mit älteren Kraftfahrern (2000 – 2004) [Eigene Darstellung auf Basis polizeilicher Unfalldaten] 139

Abbildung 25: Häufigkeit der Unfälle verursacht durch ältere Radfahrer in allen Untersuchungsstädten nach Unfalltypen in den Jahren 2000 – 2004 [Eigene Darstellung auf Basis polizeilicher Unfalldaten] 142

Abbildung 26: Zehn häufigste Konfliktsituationen in den Untersuchungsstädten – Unfälle mit älteren Radfahrern als Verursacher (Jahre 2000 – 2004) [Eigene Darstellung auf Basis polizeilicher Unfalldaten] 143

Abbildung 27: Acht häufigste Konfliktsituationen in den Untersuchungsstädten – Unfälle mit älteren Fußgängern als Verursacher (Jahre 2000 – 2004) [Eigene Darstellung auf Basis polizeilicher Unfalldaten] 146

Abbildung 28: Beispiel für die Darstellung von Unfällen älterer Menschen in einer Unfalltypensteckkarte (Ausschnitt) [Eigene Darstellung auf Basis polizeilicher Unfalldaten] 149

Abbildung 29: Unfälle mit Personenschaden in Gelsenkirchen verursacht durch Verkehrsteilnehmer ab 65 Jahre nach Verletzungsschwere (Jahre 2000 – 2004) [Eigene Darstellung auf Basis polizeilicher Unfalldaten] 152

Abbildung 30: Verkehrsmittel der Verursacher ab 65 Jahre bei Unfällen mit Personenschaden in Gelsenkirchen (2000 – 2004) [Eigene Darstellung auf Basis polizeilicher Unfalldaten] 153

Abbildung 31: Häufigste Unfalltypen in Gelsenkirchen (Verursacher) [Eigene Darstellung auf Basis polizeilicher Unfalldaten]...... 154

Abbildung 32: Konfliktsituationen bei Unfällen mit älteren Fußgängern in Gelsenkirchen (ohne Verursacher) [Eigene Darstellung auf Basis polizeilicher Unfalldaten] 156

Abbildung 33: Konfliktsituationen bei Unfällen mit älteren Radfahrern in Gelsenkirchen (ohne Verursacher) [Eigene Darstellung auf Basis polizeilicher Unfalldaten] 157

Abbildung 34: Problemraum und Unfallschwerpunkt in Gelsenkirchen [Quelle: Google Earth] 157

Abbildung 35: Problemraum für ältere Menschen in Gelsenkirchen ohne Unfallauffälligkeiten dieser Altersgruppe, aber polizeilich geführte Unfallhäufungsstelle [Quelle: Google Earth].......... 158

Abbildung 36: Anzahl der von älteren Menschen verursachten Unfälle mit Personenschaden in Siegen und Anteile nach Verletzungsschwere (2000 - 2004) [Eigene Darstellung auf Basis polizeilicher Unfalldaten] 161

Abbildung 37: Verkehrsmittel der Verursacher ab 65 Jahre bei Unfällen mit Personenschaden in Siegen (2000 – 2004) [Eigene Darstellung auf Basis polizeilicher Unfalldaten].................... 161

Abbildung 38: Häufige Konfliktsituationen und Verkehrsmittel bei Unfällen, die von Verkehrsteilnehmern ab 65 Jahre in Siegen verursacht wurden [Eigene Darstellung auf Basis polizeilicher Unfalldaten]... 162

Abbildung 39: Problemraum und Unfallschwerpunkt für ältere Menschen in Siegen [Quelle: Google Earth] 164

Abbildung 40: Problemraum und Unfallschwerpunkt für ältere Menschen (insbesondere Fußgänger) in Siegen [Quelle: Google Earth]... 164

Abbildung 41: Unfälle mit Personenschaden in Siegen verursacht durch Verkehrsteilnehmer ab 65 Jahre nach

Verletzungsschwere (Jahre 2000 – 2004) [Eigene Darstellung auf Basis polizeilicher Unfalldaten] 167

Abbildung 42; Verkehrsmittel der Verursacher ab 65 Jahre bei Unfällen mit Personenschaden in Lüdinghausen (2000 – 2004) [Eigene Darstellung auf Basis polizeilicher Unfalldaten] 168

Abbildung 43: Häufigste Unfalltypen bei durch ältere Menschen verursachten Unfällen in Lüdinghausen nach Verkehrsmittel [Eigene Darstellung auf Basis polizeilicher Unfalldaten] 168

Abbildung 44: Problemraum für ältere Menschen in Lüdinghausen [Quelle: Radroutenplaner NRW] 170

Abbildung 45: Verteilung der Altersklassen der Befragten in den drei Untersuchungsstädten in % [Eigene Darstellung auf Basis Erhebung NeumannConsult] 174

Abbildung 46: Verteilung und Struktur der Befragten [Erhebung NeumannConsult] 174

Abbildung 47: Zufriedenheit und Wichtigkeit von Maßnahmen zur Steigerung der Sicherheit älterer Menschen im Straßenverkehr in Siegen [Erhebung NeumannConsult, N = 153] 180

Abbildung 48: Zufriedenheit und Wichtigkeit von Maßnahmen zur Steigerung der Sicherheit älterer Menschen im Straßenverkehr in Lüdinghausen [Erhebung NeumannConsult, N = 159] 180

Abbildung 49: Zufriedenheit und Wichtigkeit von Maßnahmen in allen drei Untersuchungsstädten für Befragte, die oft oder immer vor Ort zu Fuß unterwegs sind (sortiert nach Wichtigkeit) [Erhebung NeumannConsult] 181

Abbildung 50: Einschätzung der Notwendigkeit von Maßnahmen zur Steigerung der Mobilität für Fußgänger und Radfahrer in allen drei Untersuchungsstädten (sortiert nach Sinnhaftigkeit) [Erhebung NeumannConsult] 183

Abbildung 51: Einschätzung der Notwendigkeit von Maßnahmen zur Steigerung der Mobilität für ÖPNV-Nutzer in allen drei

Untersuchungsstädten (sortiert nach Sinnhaftigkeit) [Erhebung NeumannConsult] 184

Abbildung 52: Einschätzung der Notwendigkeit von Maßnahmen zur Steigerung der Mobilität für Autofahrer in allen drei Untersuchungsstädten (sortiert nach Sinnhaftigkeit) [Erhebung NeumannConsult] 185

Abbildung 53: Verteilung und Struktur der Befragten bei der Problemraumbefragung [Erhebung NeumannConsult] 189

Abbildung 54: Semantisches Differential über die Problemräume der Kategorie 1 [Erhebung NeumannConsult] 190

Abbildung 55: Semantisches Differential über die Problemräume der Kategorie 2 [Erhebung NeumannConsult] 192

Abbildung 56: Semantisches Differential über die Problemräume der Kategorie 3 [Erhebung NeumannConsult] 194

Abbildung 57: Überquerungsstelle mit differenzierten Bordhöhen: Absenkung auf Fahrbahnniveau (links) und Hochbord mit tastbarer Bordkante (rechts) [Foto: Boenke] 205

Abbildung 58: Verbesserung der Überquerbarkeit für Personen mit Rollstühlen oder Rollatoren durch Einbau eines glatten Pflasterbelags im historischen Umfeld [Foto: Norbert Rudolph, Münster] 206

Abbildung 59: Fußgängerüberweg mit optisch auffälliger Beschilderung, Aufpflasterung im Fahrbahnbereich sowie vorgezogenen Seitenräumen [Foto: Boenke] 207

Abbildung 60: Beispiel für einen hohen Leuchtdichtekontrast durch ausgewählte Farbgestaltung [Foto: Boenke] 208

Abbildung 61: Kontrastreiche Absicherung der Glasflächen an einer Haltestelle [Foto: Boenke] 208

Abbildung 62: Kontrastreiche Markierung eines temporären Kabelkanals zur Minimierung der Stolpergefahr und Verbesserung der Überfahrbarkeit [Foto: Boenke] 209

Abbildung 63: Eine ausreichende Anzahl an qualitativ ansprechenden Ruhe- und Verweilzonen ist wichtiger Bestandteil generationengerechter Routenplanung [Foto: Boenke] 209

Abbildung 64: Öffentliche, barrierefrei zugängliche Sanitäranlagen sind nach Meinung älterer Menschen Mangelware [Foto: Siegmund Zöllner, Bonn] 210

Abbildung 65: Optisch und taktil gut erkennbare Trennung von Flächen des Rad- und Fußverkehrs [Foto: Boenke] 211

Abbildung 66: Durch fehlende signaltechnische Sicherung von Linksabbiegern ergeben sich zahlreiche gefährliche Konfliktpunkte [Foto: Boenke] 212

Abbildung 67: Ungesicherter Linksabbieger mit zahlreichen Konfliktpunkten an einem komplexen Knotenpunkt – Beispiel aus einer der untersuchten Städte [Foto: Boenke] 213

Abbildung 68: Sichere Signalisierung des linksabblegenden Kraftfahrzeugverkehrs durch eigene Signalphase [Foto: Boenke] 213

Abbildung 69: Die Pyramide der Barrierefreiheit [Quelle: Neumann u. Reuber 2004] 217

Abbildung 70: Einflüsse auf eine generationengerechte Gestaltung des Straßenraums und Rückkoppelung mit dem Instrument „Kommunale Mobilitätssicherungsplanung" 231

Abbildung 71: Kommunale Mobilitätssicherung – Überblick über den Planungsablauf 235

Abbildung 72: Kommunale Mobilitätssicherung – Aufstellungsphase (Detailübersicht) 238

Abbildung 73: Kommunale Mobilitätssicherung – Umsetzung und Evaluation (Detailübersicht) 242

Tabellenverzeichnis

Tabelle 1: Kategorien der Veröffentlichungen der FGSV [Eigene Darstellung nach www.fgsv.de] 42

Tabelle 2: Im Rahmen der Untersuchung relevante Regelwerke der FGSV 44

Tabelle 3: Für die Untersuchung relevante Regelwerke des DIN 45

Tabelle 4: Für die Untersuchung relevante Veröffentlichungen der Bundesministerien 47

Tabelle 5: In den untersuchten Kommunen im Zusammenhang mit generationengerechter Planung berücksichtigte Regelwerke und Veröffentlichungen [Eigene Erhebung] 52

Tabelle 6: Anzahl und Anteil der über 65-Jährigen in Deutschland zum 31.12.2008 (jeweils in 1.000 Personen) [Quelle: Statistisches Bundesamt 2010] 68

Tabelle 7: Jugend-, Alten- und Gesamtquotient (Variante 1-W2, Altersgrenze 67 Jahre) [Quelle: Statistisches Bundesamt 2009a] 70

Tabelle 8: Aufteilung der Merkzeichen der amtlich registrierten schwerbehinderten Menschen in Deutschland zum 31.12.2008 [Quelle: BMAS 2010] 101

Tabelle 9: Nach dem Gesetz behinderte Menschen in Deutschland nach Altersgruppen [Quelle: Statistisches Bundesamt 2009b] 102

Tabelle 10: Mobilitätsprobleme der Bevölkerung in Norwegen (n = 8.838 Personen) [Quelle: Hjorthol 1999] 110

Tabelle 11: Gegenüberstellung der wichtigsten Merkmale der ausgewählten Städte [Quelle: LDS NRW 2005, Zahlen auf Kreisebene] 132

Tabelle 12: Zuordnung von ausgewählten Städten zu in dieser Arbeit definierten Stadttypen 133

Tabelle 13: Verunglücktenhäufigkeit der Menschen ab 65 Jahre pro 100.000 EW dieser Bevölkerungsgruppe im Städtevergleich [Eigene Zusammenstellung auf Basis Unfallzahlen der Polizei] 150

Tabelle 14: Wohnformen der Befragten [Erhebung NeumannConsult] 175

Tabelle 15: Führerscheinbesitz bei den befragten Personen [Erhebung NeumannConsult] 176

Tabelle 16: Mobilitäts- und Aktivitätseinschränkungen der Befragten (Mehrfachnennungen möglich) [Erhebung NeumannConsult 2004] 176

Tabelle 17: Verkehrs- bzw. Hilfsmittelbenutzung [Erhebung NeumannConsult] 177

Tabelle 18: Verkehrs- bzw. Hilfsmittelbenutzung vor Ort in den drei untersuchten Städten [Erhebung NeumannConsult] 178

Tabelle 19: Häufigkeit des Besuches der Innenstadt in den drei untersuchten Städten [Erhebung NeumannConsult] 179

Tabelle 20: Infrastrukturelle Hemmnisse und Barrieren, ermittelt durch Wegekettenprotokolle [Eigene Auswertung] 196

Tabelle 21: In der Fokusrunde diskutierte Mängel im Bereich Straßenverkehr/Verkehrssicherheit [Eigene Auswertung] ... 200

Abkürzungsverzeichnis

%	Prozent
Abb.	Abbildung
AP	Arbeitspaket
BiB	Bundesinstitut für Bevölkerungsforschung
BMAS	Bundesministerium für Arbeit und Soziales
BMFSFJ	Bundesministerium für Familien, Senioren, Frauen und Jugend
BMG	Bundesministerium für Gesundheit
BMGS	Bundesministerium für Gesundheit und Soziale Sicherung
BMVBS	Bundesministerium für Verkehr, Bau und Stadtentwicklung
BMVBW	Bundesministerium für Verkehr, Bau und Wohnungswesen
bzw.	beziehungsweise
ca.	circa
d. h.	das heißt
DESTATIS	Statistisches Bundesamt Deutschland
DIN	Deutsches Institut für Normung
DVR	Deutscher Verkehrssicherheitsrat e. V.
E DIN	Normentwurf
e. V.	eingetragener Verein
EDAD	Europäisches Institut Design für Alle in Deutschland e. V.
et al.	und andere
etc.	et cetera (und so weiter)

evtl.	eventuell
EW	Einwohner
FDST	Fürst Donnersmarck-Stiftung zu Berlin
FeV	Fahrerlaubnisverordnung
FGSV	Forschungsgesellschaft für Straßen- und Verkehrswesen
GdB	Grad der Behinderung
GmbH	Gesellschaft mit beschränkter Haftung
GVFG	Gemeindeverkehrsfinanzierungsgesetz
Hrsg.	Herausgeber
i. d. R.	in der Regel
IfB	Institut für Bauforschung e. V.
Kap.	Kapitel
km	Kilometer
km^2	Quadratkilometer
KRAD	Kraftrad
LDS NRW	Landesamt für Datenverarbeitung und Statistik Nordrhein-Westfalen
LHO	Landeshaushaltsordnung
Lkw	Lastkraftwagen
LSA	Lichtsignalanlage
m	Meter
m/s	Meter pro Sekunde
m/w	männlich/weiblich
MAS T1	Merkblatt für die Auswertung von Straßenverkehrsunfällen - Teil 1
MGSFF	Ministerium für Gesundheit, Soziales, Frauen und

NRW	Familie
MiD	Mobilität in Deutschland
Mio.	Million
MIV	motorisierter Individualverkehr
N/ n	Gesamtzahl
NABau	Normenausschuss Bauwesen
NAMed	Normenausschuss Medizin
Nr.	Nummer
NRW	Nordrhein-Westfalen
o. Ä.	oder Ähnliches
o. g.	oben genannt
ÖPNV	öffentlicher Personennahverkehr
ÖV	öffentlicher Verkehr
Pkw	Personenkraftwagen
RiLSA	Richtlinien für Lichtsignalanlagen an Straßen
S.	Seite
s. o.	siehe oben
s. u.	siehe unten
SaD	Sachordnungs-Dimension
SiD	Sicherheits-Dimension
StVG	Straßenverkehrsgesetz
Tsd.	Tausend
u. a.	unter anderem
u. Ä.	und Ähnliches
UB	Unfallbeteiligter
UHL	Unfallhäufungslinie

UHS	Unfallhäufungsstelle
UT	Unfalltyp
VCÖ	Verkehrsclub Österreich
vgl.	vergleiche
VHZ	Verunglücktenhäufigkeitszahl
VOB	Vergabe- und Vertragsordnung für Bauleistungen
VOL	Verdingungsordnung für Leistungen
VV	Verwaltungsvorschrift
z. B.	zum Beispiel
ZuD	Zugänglichkeits-Dimension

1 Einleitung

Das Mobilitätsverhalten älterer Menschen wird bereits in naher Zukunft in Deutschland gesamtgesellschaftlich mehr Bedeutung gewinnen, da der Anteil älterer Menschen an der Gesamtbevölkerung in den nächsten Jahren deutlich ansteigen wird (Statistisches Bundesamt 2009a). Zudem wollen ältere Menschen nach dem Ausscheiden aus dem Berufsleben weiterhin aktiv mobil bleiben und ihren erreichten Lebensstandard erhalten. Ein erfüllter Ruhestand ist von einer hohen Zahl von Freizeitaktivitäten geprägt, die zugleich eine hohe Mobilität voraussetzen (Lubecki & Kasper, 2002). Der Wunsch, aktiv und mobil zu sein, steigt durch die geänderten Lebensstile auch in den höheren Altersklassen (Längsschnittbetrachtung). Dazu sorgen zunehmende Führerschein- und Pkw-Verfügbarkeit in jetzt jüngeren Altersklassen dafür, dass auch in diesem Segment in den nächsten Jahren mit einem deutlichen Anstieg älterer und alter Menschen im Straßenverkehr zu rechnen ist.

Die Chance, Mobilität in gewünschtem Maße auszuüben, wird dabei von zahlreichen subjektiven und objektiven Faktoren beeinflusst. Physische und kognitive Leistungsfähigkeit, finanzielle Ausstattung, technische Ausstattung und technische Kompetenzen haben ebenso eine Wirkung, wie mentale Befindlichkeit, Lebenseinstellung und die eigenen Fähigkeiten. Dazu kommen äußere Faktoren wie z. B. die Erreichbarkeit, das Verkehrsangebot, das auf die Erfordernisse älterer Menschen zugeschnitten ist, sowie die Ausgestaltung der baulichen Verkehrsinfrastruktur.

Die bauliche und soziale Umwelt ist derzeit nicht ausreichend auf die Bedürfnisse einer steigenden Zahl älterer und aktiv mobiler Menschen eingestellt. Bemühungen einer generationengerechten Gestaltung fokussieren sich bisher überwiegend auf den Hochbau, evtl. noch die Zugänge öffentlicher Gebäude. Seit einigen Jahren fordern Behindertengleichstellungsgesetze auf Bundes- und auf Landesebene, die Lebensbereiche für alle Menschen auffindbar, zugänglich und nutzbar zu gestalten. Zu diesen Lebensbereichen gehören nach § 4 des Behindertengleichstellungsgesetzes NRW neben den baulichen und sonstigen Anlagen, insbesondere die Verkehrsinfrastruktur sowie Beförderungsmittel im Personennahverkehr. Es fehlt in vielen Bereichen allerdings konkretes Wissen darüber, wie der Straßenraum und die Verkehrsinfrastruktur den Bedürfnissen älterer Verkehrsteilnehmer entsprechend adäquat gestaltet werden sollte.

Ziel dieser Dissertationsschrift ist es, Handlungsempfehlungen zu formulieren, wie die Planung und Umsetzung generationengerechter Verkehrsräume möglichst effizient und Ressourcen schonend durchgeführt werden kann. Dazu wird eine neue Methodik zur Sicherung der Mobilität älterer Menschen entwickelt und zur Anwendung vorgeschlagen.

Die vorliegende Arbeit beruht in Teilen auf Ergebnissen des Forschungsvorhabens „Mobilitätssicherung älterer Menschen im Straßenverkehr", welches im Auftrag der Eugen-Otto-Butz-Stiftung, Hilden vom Autor maßgeblich mitbearbeitet wurde. Das Projekt wurde in Zusammenarbeit mit NeumannConsult – Stadt- und Regionalentwicklung/Design für Alle durchgeführt. Die Kapitel 4.2, 6.3 und 6.4, die maßgeblich durch NeumannConsult erstellt wurden, wurden in dieser Dissertationsschrift belassen. Sie stellen für die Ableitung von Handlungsempfehlungen wichtige Ergebnisse dar. Die Auswertungen wurden jedoch stark verkürzt dargestellt. Die Fokusrunden wurden mit Unterstützung eines Verkehrspsychologen durchgeführt[1]. Die Ausführungen zu den Ergebnissen der Fokusrunden basieren auf den von ihm erstellten Protokollen.

Die vorliegende Arbeit beinhaltet eine ausführliche Literaturrecherche. Darin werden die derzeitige Situation älterer Menschen im Hinblick auf ihre Mobilität sowie die bisher bekannten allgemeinen Anforderungen zusammengetragen. Anschließend werden eine Methodik zur Ermittlung lokaler Anforderungen sowie die aus der Anwendung resultierenden Ergebnisse vorgestellt. Diese bilden die Basis der zum Abschluss

---

[1] Verkehrspsychologe Dietmar Lucas, Münster.

der Arbeit formulierten Handlungsempfehlungen in Form eines Mobilitätssicherungsplanes als eigenständigem Planungsprozess zur generationengerechten Planung und Umsetzung der Verkehrsinfrastruktur bzw. zur Integration in bestehende Verkehrsplanungsprozesse.

2 Zielsetzung und Einordnung des Themas

2.1 Zielsetzung und Motivation

Ziel der Dissertationsschrift ist es, Handlungsempfehlungen für Kommunen zur Planung und Umsetzung generationengerechter Verkehrsräume zu entwickeln. Wenn auch möglicherweise die allgemeinen Anforderungen älterer Verkehrsteilnehmer bekannt sind, so stehen einzelne Kommunen vor dem Hintergrund knapper finanzieller und personeller Ressourcen sowie zunehmender Alterung der Bevölkerung dennoch vor der Problematik, zielgerichtet Erfordernisse zu ermitteln und wirksame und nachhaltige Maßnahmen zur Verbesserung der Verkehrsverhältnisse dieser Gruppe anzubringen.

Als Ausgangspunkt der Untersuchung wurde folgender Forschungsbedarf identifiziert, aus dem die Ziele dieser Arbeit abgeleitet wurden:

Eine Straßenverkehrsplanung, die den Anforderungen zukünftiger Generationen entsprechen soll, benötigt Prognosedaten zur Zielgruppenentwicklung. Diese bilden die Voraussetzung für eine adäquate Gestaltung des Straßenverkehrsraumes und die effiziente Verteilung knapper Ressourcen. Bisher stehen der Planungspraxis keine differenzierten Prognosen für die kleinräumige Entwicklung für die Gruppe der Menschen ab 65 Jahren zur Verfügung.

Dementsprechend fehlt eine systematische Ableitung von Anforderungen an die Gestaltung des Straßenraums, die sich – vor dem Hintergrund der lokalen oder regionalen demografischen Entwicklung – aus dem Nutzungsbedarf insbesondere älterer Straßenverkehrsteilnehmer ergibt.

Es wird bisher nicht analysiert, inwieweit die Planungspraxis auf verschiedenen Ebenen die Anforderungen älterer Menschen an die Gestaltung des Straßenraums berücksichtigt bzw. welche Defizite und Zielkonflikte bei der Planung vorliegen.

Differenzierte Unfallanalysen mit Fokus auf typische Konfliktsituationen älterer Menschen werden bisher nicht durchgeführt. Es fehlt die

Rückführung der spezifischen Unfallsituation auf die Infrastruktur des Unfallortes, um geeignete Handlungsempfehlungen für eine aus Sicht der älteren Verkehrsteilnehmer sicheren Straßenraum- und Knotenpunktgestaltung ableiten zu können.

Eine Analyse von möglichen Zielkonflikten in der Straßenraumgestaltung ist notwendig und wird bisher nicht durchgeführt. Zielkonflikte treten sowohl bei Abstimmung der spezifischen Gestaltungsanforderungen der Gruppe älterer Menschen mit den Belangen anderer Gruppen als auch bei der Finanzierung von durchzuführenden Maßnahmen auf. Es ist daher erforderlich, Kompromisslösungen zu entwickeln, die einen breiten Konsens ermöglichen, aber auch einen maximalen Nutzen haben.

In der Praxis fehlen sowohl ein Zielsystem für die generationengerechte Gestaltung des Straßenraumes als auch wissenschaftlich begründete Gestaltungsempfehlungen.

In Forschung und Praxis fehlen Erkenntnisse darüber, wie die Herstellung einer generationengerechten Gestaltung des Straßenraumes im Sinne eines Design für Alle-Prinzips erfolgen kann (vgl. Europäische Kommission 2003a, Europäische Kommission 2003b, EDAD u. FDST 2005).

Vor allem wurde bisher nicht formuliert, mit welchen Prozessen die Anforderungen älterer Menschen zielgerichtet und systematisch analysiert und umgesetzt bzw. in bestehende Verkehrsplanungsprozesse integriert werden können.

Der Untersuchungsansatz beruht auf der Zielvorstellung, dass Mobilitätssicherung für die Gruppe der älteren Menschen die Zieldimensionen

- Verkehrssicherheit,
- Komfort,
- Zugänglichkeit des Straßenraumes und der Verkehrsmittel sowie
- selbstständige Nutzung von Verkehrsmitteln

beinhaltet. Die Betrachtung muss sich daher auf mögliche physische sowie psychologische Mobilitätshindernisse im Straßenraum richten. Zentrale Ergebnisse der vorliegenden Arbeit sollen daher sein,

- in welchem Umfang und mit welcher Methodik die Mobilitätsbedürfnisse und Mobilitätshemmnisse älterer Menschen stadtspezifisch ermittelt werden können,
- wie eine Priorisierung der als notwendig identifizierten Maßnahmen vorgenommen werden kann, um die Umsetzung dieser Maßnahmen im Hinblick auf knappe Ressourcen optimal durchführen zu können und
- wie sich die Planungen in bestehende Verkehrsplanungsprozesse einfügen lassen, um ein integriertes Gesamtkonzept zu ermöglichen.

Im Wesentlichen beeinflussen zwei Faktoren das Mobilitätsverhalten:

- Die persönlichen Lebensumstände sowie
- die Ausgestaltung und Nutzbarkeit der Verkehrsinfrastruktur.

Von zentraler Bedeutung für die Verbesserung der Mobilitätssicherung älterer Menschen ist die Berücksichtigung einer zusammenhängenden Mobilitätskette. Das schwächste Glied in der Mobilitätskette bestimmt die Gesamtqualität. Das bedeutet: Besteht innerhalb einer Mobilitätskette ein schwer oder sogar nicht überwindbares Hindernis, hat das Auswirkungen auf die Qualität der Nutzbarkeit bis hin zur Unbrauchbarkeit. Die Nutzung von Alternativen – wenn überhaupt möglich – zieht u. U. massive zeitliche oder qualitative Einbußen nach sich.

2.2 Aufbau der Arbeit

Die vorliegende Untersuchung lässt sich in fünf Abschnitte aufteilen. Zunächst wird der Status quo bei der derzeitigen Mobilitätssicherung älterer Menschen und ihrer Berücksichtigung in der Planungspraxis analysiert und bewertet. Zudem erfolgt auf Basis der demografischen, ökonomischen und gesellschaftlichen Entwicklungen eine Analyse und Beurteilung der Formen und Ausprägungen der Mobilität älterer Menschen im Straßenraum. Es werden außerdem die Anforderungen älterer Menschen an die Verkehrsraumgestaltung, die sich aus den physischen und kognitiven Veränderungen mit dem Alter ergeben ermittelt. Daraus werden die Rahmenbedingungen für eine generationengerechte, barrierefreie Straßenraumplanung und -gestaltung herausgearbeitet, die eine Priorisierung der Anforderungen älterer Menschen an die zielgruppengerechte Gestaltung im Sinne eines Design für Alle ermöglichen (vgl. Kap. 7.1.1). Ein solches – alle Verkehrsteilnehmer im Straßenraum umfassendes – System existiert bislang nicht.

Im zweiten Abschnitt erfolgen Vorschläge und eine Analyse für die der Untersuchung zugrundegelegten Methoden zur Sicherung der Mobilität älterer Menschen. Es wird deren Wirkung hinsichtlich Bewertung und Ableitung von Maßnahmen veranschaulicht. Die Methodik wird daraufhin überprüft, inwieweit sie bei der Maßnahmenfindung und Priorisierung hilfreich sein kann.

Anschließend wird im dritten Abschnitt die Auswahl von drei Fallbeispielen in Nordrhein-Westfalen beschrieben, in welchen die Bedürfnisse älterer Menschen an den Straßenraum unter Anwendung der neuen Methoden beispielhaft analysiert werden. Dazu wurden die konkreten Anforderungen der Zielgruppe der älteren Menschen an die Gestaltung des Straßenraumes vor Ort erhoben. Aus den Ergebnissen werden die speziellen lokalen, aber auch allgemeingültigen Bedürfnisse der Zielgruppe exemplarisch definiert.

Auf Grundlage der drei vorhergehenden Teile werden im vierten Abschnitt Planungs- und Gestaltungsgrundsätze zur Sicherung der Mobilität älterer Menschen im Straßenverkehr und Handlungsempfehlungen für die Praxis abgeleitet. Als flexibles Instrument für die zielgruppengerechte Umsetzung innerhalb einer Kommune wird ein neues Verfahren zur Sicherung der Mobilität älterer Menschen entwickelt, welches eine systematische Analyse der Ableitung von konkreten und zielgerichteten Maßnahmen voranstellt. Es wird angeregt, dieses Verfahren für künftige Planungen in Form eines eigenständigen Planwerks heranzuziehen bzw. Bausteine des Verfahrens in bestehende Verkehrsplanungsprozesse zu integrieren.

2.3 Rechtliche Einordnung

Für ältere Menschen besteht kein rechtlicher Anspruch auf eine adäquate Gestaltung der Verkehrsumwelt. Die Gesetzgebung verlangt allerdings, dass die Bedürfnisse aller Menschen bei der Nutzung des Straßenraumes berücksichtigt werden. Die Behindertengleichstellungsgesetze auf Bundes- und auf Länderebene sowie die davon beeinflussten Gesetze fordern eine leichte und sichere Auffindbarkeit, Zugänglichkeit und Nutzbarkeit der gestalteten Lebensbereiche insbesondere für Menschen mit Behinderungen.[2] Durch die Forderung nach gleichberechtigter Teilhabe lässt sich allerdings ableiten, dass diese Bereiche für alle Menschen barrierefrei zu gestalten sind. Aus diesem Verständnis heraus leitet sich der Anspruch älterer Menschen an eine an ihre Erfordernisse angepasste Verkehrsumwelt ab. Zu den gestalteten Lebensbereichen gehören insbesondere bauliche und sonstige Anlagen, die Verkehrsinfrastruktur, Beförderungsmittel im Personennahverkehr, technische Gebrauchsgegenstände, Systeme der Informationsverarbeitung, akustische und visuelle Informationsquellen sowie Kommunikationseinrichtungen – also alle Rahmenbedingungen der Mobilität (vgl. § 4 BGG).

2.4 Entwicklung eines eigenständigen Planwerks für die Belange älterer Menschen – Begründung

Die Errichtung von Verkehrsräumen, die an die spezifischen Bedürfnisse älterer Verkehrsteilnehmer angepasst sind, kann nicht durch unkoordinierte Einzelmaßnahmen gelöst werden; nicht zuletzt unter dem Aspekt knapper Ressourcen, die deren effizienten Einsatz notwendig machen. Diese Aufgabe kann nur in einem gesamtheitlichen Prozess erfolgen. Neben der Umsetzung von Entwurfsdetails und flächenhafter Planung durch die Planenden mit dem Ziel, ein adäquates Wegenetz zu schaffen, bedarf es eines politischen Beschlusses, der Beteiligung der Betroffenen an unterschiedlichen Stellen der Planung sowie der

---

[2] Gesetze in Abhängigkeit vom BGG z. B. ÖPNV-Gesetze, Straßen- und Wegegesetze usw.

Ermittlung von lokal unterschiedlichen Anforderungen. Somit handelt es sich um einen komplexen und umfassenden Planungsprozess mit spezifischen Eigenarten, der sich aus den charakteristischen Anforderungen der Zielgruppe ergibt. Die Komplexität und Vielschichtigkeit der Aufgabe lässt es sinnvoll erscheinen, ein strukturiertes und an die spezifischen Bedürfnisse angepasstes Planinstrument zu nutzen. Somit bietet sich die Möglichkeit eines systematischen, zielorientierten Ansatzes und Prozesses mit Blick auf die Anforderungen der späteren Nutzer.

Unter der Maßgabe knapper finanzieller, personeller und zeitlicher Ressourcen sollte ein solches Instrument zur Sicherung der Mobilität älterer Menschen ein flexibles Werkzeug sein, das es ermöglicht eine Verkehrsraumgestaltung mit Verbesserungen für die Zielgruppe der älteren Menschen aber mit Rücksicht auf die Belange aller Nutzer anzustoßen und zielgerichtet und effizient umzusetzen.

3 Mobilitätssicherung für ältere Menschen – Status quo

3.1 Örtliche Unfalluntersuchung

Die örtliche Unfalluntersuchung ist seit mehreren Jahrzehnten fester Bestandteil der Verkehrssicherheitsarbeit. Die Auswertung von Straßenverkehrsunfällen erlaubt es, Defizite der Gestaltung des Straßenraums, der verkehrstechnischen Ausstattung oder der Verkehrsregelung aufzudecken. Solche Defizite im Straßenraum können die Entstehung von Straßenverkehrsunfällen begünstigen. Wenn auch zahlreiche Konflikte in Folge von Fehlern der Verkehrsteilnehmer geschehen, werden diese Fehler doch oftmals durch die Eigenart des Straßenraums ausgelöst. Solche Defizite können sich durch eine charakteristische Häufung von Unfällen an einem Knotenpunkt oder auch auf einem Streckenabschnitt äußern. Werden festgelegte Grenzwerte überschritten, spricht man von einer Unfallhäufungsstelle, einer Unfallhäufungslinie oder auch einem Unfallhäufungsgebiet – je nach Konzentration oder Verteilung gleichartiger Unfälle in einem definierten Raum.

Damit unfallauffällige Bereiche besser erkannt werden, wird jedes Unfallereignis in einer Unfalltypen-Steckkarte festgehalten. Durch verschiedene Farben und Symbole lassen sich z. B. Unfalltyp (vgl. Abbildung 1), Unfallkategorie (Schwere des Unfalls) und Unfallumstände (z. B. Alkohol) darstellen.

Unfalltypen-Steckkarten dienen als Basis für die Arbeit der Unfallkommission. Sie ermöglichen die Analyse, Ableitung und Umsetzung von Maßnahmen zur Beseitigung von erkannten, unfallauffälligen Bereichen Unfalltypen-Steckkarten werden manuell oder zunehmend auch elektronisch geführt. Standardmäßig werden 1-Jahreskarten mit allen polizeilich erfassten Unfällen sowie 3-Jahreskarten, die die Unfälle mit Personenschaden bzw. schwerem Personenschaden darstellen, erzeugt. Für gezieltere Auswertungen werden Sonderkarten erstellt, z. B. über das Unfallgeschehen bei „Kinderunfällen" oder „Motorradunfällen".

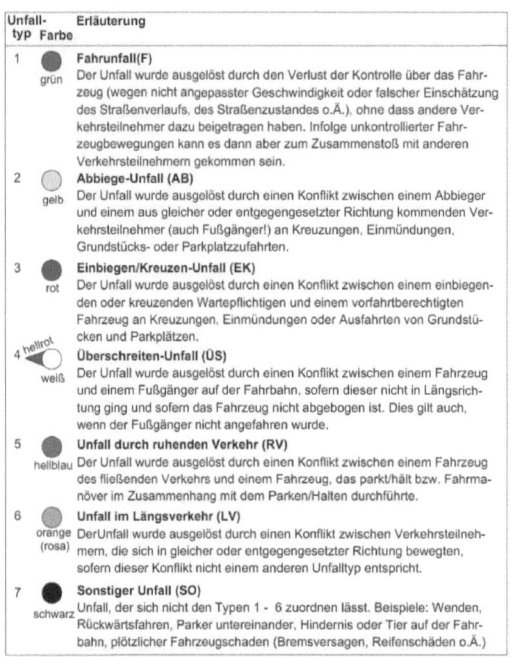

Abbildung 1: Kurzbeschreibung und Kennzeichnung der sieben Unfalltypen bei der Erstellung von Unfalltypen-Steckkarten [Quelle: GDV 2003]

3.2 Beteiligung älterer Menschen und ihrer Interessenvertreter am Planungsprozess

Die Beteiligung von Betroffenen an Planungsprozessen als „Experten in eigener Sache" ist inzwischen in vielen Bereichen als wichtiger Schritt für eine zielgruppengerechte Planung anerkannt. Für die Gruppe der älteren Menschen bestehen verschiedene Möglichkeiten der Beteiligung: Von der beratenden Funktion bis zur aktiven und gestaltenden Mitarbeit.

Auf kommunaler Ebene – der wichtigsten Ebene für die lokale Planung – gibt es verschiedene Ämter und Einrichtungen, die die Interessen älterer Menschen vertreten und als Schnittstelle zwischen Kommune und Betroffenen agieren. Oftmals handelt es sich um Interessenvertretungen, die aus dem Bereich Sozialpolitik hervorgegangen sind. Unter der Maßgabe gesetzlich vorgeschriebener Beteiligung älterer und anderer mobilitätseingeschränkter Menschen am Verkehrsplanungsprozess müssen sich die Interessenvertreter allerdings immer häufiger mit Aufgaben aus dem Bereich Verkehr auseinandersetzen. Solche Vertreter können z. B. sein:

- Seniorenbeauftragte(r) einer Stadt,
- Seniorenbeirat
- Behindertenbeauftragte(r) einer Stadt,
- Behindertenbeirat,
- Ortsgruppen von Landes- oder Bundesverbänden für die Interessenvertretung spezieller Behinderter (z. B. Deutscher Blinden- und Sehbehindertenverband e. V.),
- weitere Verbände oder Einrichtungen, die schwerpunktmäßig mit älteren Menschen beschäftigt sind.

Es kann sich um Institutionen handeln, die direkt bei der Kommune angesiedelt sind (z. B. Senioren- oder Behindertenbeauftragte/r) oder auch unabhängige Interessenvertretungen. Seit Verabschiedung des Gesetzes zur Gleichstellung behinderter Menschen (BGG) ist zumindest die Beteiligung des/der Behindertenbeauftragten und/oder Behindertenbeiräten an die Vorhabenplanung verbindlich festgeschrieben. Hierbei handelt es sich um ein Anhörungsrecht des zuständigen Behindertenbeirates oder Behindertenbeauftragten, welches auch an die finanzielle Förderung von Maßnahmen geknüpft ist. Ersatzweise können auch die anerkannten Behindertenverbände angehört werden. Die Stellungnahme zu Vorhaben ist zu prüfen (Blennemann et. al 2004).

3.2.1 Seniorenbeirat und Seniorenbeauftragte(r)

Viele Kommunen besitzen bereits seit vielen Jahrzehnten einen Seniorenbeirat, der als Sprachrohr für die älteren Menschen innerhalb einer Gebietskörperschaft dient. Üblicherweise können sich Menschen ab 60 Jahre zur Wahl durch eine Delegiertenversammlung, in der interessierte ältere Bürger vertreten sind, für den Seniorenbeirat stellen. In einigen Kommunen liegt die Altersgrenze auch erst bei 65 Jahren. Seniorenbeiräte arbeiten parteipolitisch und konfessionell unabhängig. Ein Seniorenbeirat berät z. B. ältere Menschen bei verschiedenen

Fragestellungen und bemüht sich um Hilfestellung, insbesondere um Vermittlung an sach- und fachkundige Dienststellen. Zudem hat ein Seniorenbeirat u. a. die Aufgabe, politische Gremien, Verwaltung und andere Institutionen auf spezifische Probleme und Wünsche der Seniorinnen und Senioren hinzuweisen. Er stellt somit die Vertretung der älteren Bürgerinnen und Bürger dar und formuliert ihre Interessen gegenüber Rat und Verwaltung. Üblicherweise entsendet der Seniorenbeirat Vertreter in die Fachausschüsse der Verwaltung, hat dort aber i. d. R. nur beratende Funktion. Die Arbeit wird ehrenamtlich ausgeführt; bei den Mitgliedern des Seniorenbeirats besteh daher oftmals keine Vorbildung für die Durchführung der von Ihnen zu durchzuführenden Aufgaben bei Planungsprozessen (Bewertung der Qualität einer Planung).

Als direkte Schnittstelle zur Verwaltung bzw. zur Politik fungiert der/die Seniorenbeauftragte innerhalb einer Kommune. Er/sie ist Ansprechpartner für alle Seniorinnen und Senioren und soll die Interessen der älteren Menschen gegenüber Rat und Verwaltung vertreten. Die Wünsche und Anregungen trägt der/die Seniorenbeauftragte gegenüber Behörden und Einrichtungen vor und kümmert sich um deren Umsetzung. Der/die Seniorenbeauftragte wird in der Regel durch den Seniorenbeirat vorgeschlagen und durch den Stadt- oder Gemeinderat berufen.

3.2.2 Behindertenbeirat und Behindertenbeauftragte(r)

Nicht selten leiden ältere Menschen unter einer körperlichen oder sensorischen Einschränkung, die sie in ihrer Mobilität einschränkt. Erreicht die Einschränkung oder die Summe der Einschränkungen einen gewissen Schweregrad, spricht man von einer Behinderung (vgl. Kap. 4.5). Besteht eine Behinderung, stellt der Behindertenbeirat eine weitere Interessenvertretung für ältere Menschen dar.

Auch Behindertenbeiräte gibt es in einigen Kommunen bereits schon seit mehreren Jahrzehnten. Ebenso wie die Seniorenbeiräte handelt es sich um ein beratendes Gremium. Dieses hat sich zur Aufgabe gemacht, speziell die Lebenssituation behinderter Menschen in einer

Gebietskörperschaft zu verbessern. Ein Behindertenbeirat nimmt oftmals folgende Aufgaben wahr:

- Er wirkt aktiv bei der Planung und Erstellung öffentlicher Anlagen, Einrichtungen und Vorhaben mit,
- er informiert die Stadtverordnetenversammlung und ihre Sozialausschüsse, die Verwaltung und die Öffentlichkeit über die Situation von Menschen mit Behinderung,
- er unterbreitet Vorschläge zur Verbesserung der Lebenssituation von Betroffenen,
- er berät die Stadtverordneten und ihre Ausschüsse in allen Fragen, die Menschen mit Behinderung betreffen,
- er berät und koordiniert die Anliegen und Anregungen der Menschen mit Behinderung und ihrer Organisationen.

Behindertenbeiräte teilen sich insbesondere in größeren Kommunen in verschiedene Facharbeitskreise. Dort werden themenspezifisch Vorschläge für die Vorlage an die Verwaltung gemacht und aktuelle Entwicklungen begutachtet. So arbeiten für den Behindertenbeirat in München z. B. sieben Facharbeitskreise, einer davon zum Thema „Mobilität" (Behindertenbeirat München 2010). Der Behindertenbeirat wirkt innerhalb einer Kommune nach innen, er arbeitet innerhalb der städtischen Verwaltung.

Behindertenbeiräte arbeiten i. d. R. eng mit dem/der oftmals ebenfalls ehrenamtlich tätigen Behindertenbeauftragten einer Stadtverwaltung zusammen. Der/die Behindertenbeauftragte wird in der Regel vom Behindertenbeirat gewählt und vom Stadt- oder Gemeinderat bestellt. Der/die Behindertenbeauftragte wirkt innerhalb der Kommune nach außen und stellt damit die Schnittstelle zwischen Verwaltung und behinderten Bürgern dar. Er/Sie stellt die Interessenvertretung behinderter Menschen in einer Kommune dar, berät behinderte Menschen in spezifischen Anliegen und Problemen und betreibt Lobbyarbeit. Das Amt des/der Behindertenbeauftragte(n) ist daher in der Regel dem Bereich „Soziales" innerhalb einer Kommune zugeordnet. Behindertenbeauftragte(r) und Behindertenbeirat arbeiten gemeinsam für die Berücksichtigung der Interessen behinderter Menschen innerhalb einer Gebietskörperschaft.

3.2.3 Interessenvertretungen

Auf kommunaler Ebene gibt es zahlreiche Interessenvertretungen für ältere oder behindert Menschen. Dabei handelt es sich in der Regel um Ortsgruppen von Dachverbänden auf Bundes- oder Landesebene, z. B. Blinden- und Sehbehindertenvereine angeschlossen an den Deutschen Blinden- und Sehbehindertenverband.

Solche lokalen Interessenvertretungen fungieren als Selbsthilfegruppen mit einem Beratungsangebot für betroffene Personen, machen Öffentlichkeitsarbeit (z. B. Organisation von Aktivitäten zu Aktionstagen oder Informationsveranstaltungen) und setzen sich oftmals auf kommunaler Ebene für die Interessen und Belange der Zielgruppe ein. Z. B. werden Vertreter in verschiedene Arbeitskreise von Behindertengruppen abgesandt und Kontakt zu Entscheidungsträgern in Politik, Wirtschaft und sozialen Organisationen gepflegt. Die Vereine entsenden oftmals auch die Mitglieder des Behindertenbeirats oder ähnlicher Gremien (Arbeitskreise, Arbeitsgemeinschaften), um die Interessen der Zielgruppe dort gegenüber der Stadtverwaltung und Politik zu vertreten.

3.2.4 Probleme bei der Beteiligung von Interessenvertretungen

Die Vielfältigkeit der Betroffenen-Vertretungen vor Ort kann deutlich unterschiedlich ausgeprägt sein. Das kann einen direkten Einfluss auf Qualität und Entwicklung des Planungsprozesses und der Maßnahme haben; nicht in jeder Stadt existiert eine Ortsgruppe eines jedes Dachverbandes. Dieser Zustand kann zu einseitiger Bevorzugung der Gruppen führen, die vor Ort vertreten sind und so ihre Interessen evtl. ohne Abwägung durch Diskussion der Zielkonflikte mit anderen Interessenvertretern einbringen. Diese Situation bringt ebenso Nachteile, wie z. B. eine konsequente Nichtbeachtung von Interessen. Bei der Gestaltung des Verkehrsraums ist eine Vielzahl von spezifischen Belangen zu berücksichtigen, so dass häufig ein Kompromiss zwischen den verschiedenen Nutzungskonflikten gesucht werden muss. Bei einer nicht ausgewogenen und umfassenden Partizipation der Betroffenen besteht die Gefahr, dass notwendige Maßnahmen im Sinne einer langfristigen und integrativen Planung „verloren gehen".

Für die Qualität der Planung hat die fachliche Bildung der am Entscheidungsprozess beteiligten Interessenvertreter einen erheblichen Einfluss. Oftmals sind Vertreter der Zielgruppe fachfremd (z. B. Behindertenbeauftragte sind häufig dem Bereich „Soziales" zugeordnet) bzw. ihnen fehlt eine fachliche Vorbildung. Damit existiert keine Grundlage, die Bewertung für die vorgeschlagenen Maßnahmen durchführen zu können. Die teils gravierenden unterschiedlichen Voraussetzungen der Beteiligten macht es u. U. schwierig, eine fachliche Diskussion auf Augenhöhe zu führen.

Neben fachlichen Differenzen führen körperliche Restriktionen der Beteiligten zu Kommunikationsproblemen. Beispielhaft genannt seien hier die Schwierigkeiten eines Geburtsblinden, der als Vertreter des örtlichen Blindenverbandes die Erfüllung der eigenen Bedürfnisse bei der Umgestaltung eines Knotenpunktes beurteilen soll. Selbst, wenn ein haptisches Modell hergestellt und die Planung aufwändig erläutert würde: Die vollständige Begreifbarkeit kann nicht sichergestellt werden und kann den Diskussionsprozess deutlich einschränken. Solche Modelle können aber bei der Begreifbarkeit einer Planung durch die betroffenen Nutzer helfen.

3.3 Regelwerke und Normen

Regelwerke und Normen sollen eine umfassende Basis für eine praxis- und zweckorientierte Arbeit schaffen. Sie müssen demnach folgenden Anforderungen genügen:

- Praxis- und Problemfallorientierung,
- Handhabbarkeit,
- Vollständigkeit im Sinne der Bedürfnisdeckung,
- Abstimmung aufeinander und
- Aktualität.

Für die Analyse wurden die zum Zeitpunkt der Untersuchung gültigen Regelwerke, die den Stand der Technik kennzeichnen, im Hinblick auf ihre inhaltliche und planungsrechtliche Relevanz für generationengerechte Verkehrsraumgestaltung sowie ihre Handhabbarkeit für den Anwender (vgl. Kap. 3.4) analysiert.

Für die Verkehrsraumgestaltung sowie die technische Ausstattung von Straßenverkehrsanlagen geben überwiegend folgende Stellen in Deutschland relevante Veröffentlichungen heraus:

- Forschungsgesellschaft für Straßen und Verkehrswesen e. V. (FGSV),
- das Deutsche Institut für Normung e. V. (DIN) sowie
- das Bundesministerium für Verkehr.

3.3.1 Schriften der Forschungsgesellschaft

Die Forschungsgesellschaft für Straßen- und Verkehrswesen (FGSV) ist ein gemeinnütziger, technisch-wissenschaftlicher Verein mit Sitz in Köln. Die FGSV stellt mithilfe von zahlreichen, ehrenamtlichen Mitgliedern in einer Vielzahl von Fachgremien technische Regelwerke auf, in denen die neuesten wissenschaftlichen Erkenntnisse wiedergegeben werden. Die technischen Regelwerke der FGSV werden daher vielfach bei der Erstellung von Straßenraumentwürfen herangezogen. Die Schriften der FGSV lassen sich in die vier Kategorien R1, R2, W1 und W2 mit abgestufter Bedeutung einteilen (vgl. Tabelle 1).

Tabelle 1: Kategorien der Veröffentlichungen der FGSV [Eigene Darstellung nach www.fgsv.de]

Veröffentlichung	Bedeutung, Wirkung
Regelwerk R1	Hohe Verbindlichkeit; insbesondere, wenn Vertragsbestandteil
Regelwerk R2	Anwendung als Stand der Technik empfohlen
Wissensdokument W1	Nicht extern abgestimmt, innerhalb der FGSV abgestimmt; geben aktuellen Wissensstand in-
Wissensdokument W2	Nicht innerhalb der FGSV abgestimmt; geben Auffassung eines einzelnen FGSV-Gremiums

Kategorie R enthält Regelwerke mit Veröffentlichungen,

- „die entweder regeln, wie technische Sachverhalte geplant oder realisiert werden müssen bzw. sollen (R1) oder
- die empfehlen, wie diese geplant oder realisiert werden sollten (R2)".

Zur Kategorie R1 gehören z. B. die „Richtlinien für die Gestaltung von Stadtstraßen" (RASt), zur Kategorie R2 z. B. die „Empfehlungen für Radverkehrsanlagen" (ERA) und das „Merkblatt für die Anlage von Kreisverkehren". Die Kategorie „W" umfasst Wissensdokumente, die den „aktuellen Stand des Wissens aufzeigen und erläutern, wie ein technischer Sachverhalt zweckmäßigerweise behandelt werden kann oder schon erfolgreich behandelt worden ist".[3] Einen Überblick über die zum Zeitpunkt der Untersuchung maßgebenden Regelwerke der Forschungsgesellschaft gibt Tabelle 2.

Anfang 2006 wurde bei der FGSV ein Arbeitskreis „Barrierefreie Verkehrsanlagen" gegründet, dessen Hauptthematik die „Barrierefreiheit" darstellt. Erstes Ziel ist die Erstellung von „Hinweisen für barrierefreie Verkehrsanlagen" als zentrales Nachschlagewerk und in Ergänzung zu den bestehenden Regelwerken. Eine erste Veröffentlichung wird für Frühjahr 2011 angestrebt (Stand Januar 2011).

---

[3] Vgl. „Systematik der FGSV-Regelwerke", abgerufen unter http://www.fgsv.de/795.html (0703.2009).

Tabelle 2: Im Rahmen der Untersuchung relevante Regelwerke der FGSV

Regelwerke der FGSV
EAE (1985/95) Empfehlungen für die Anlage von Erschließungsstraßen[4]
EAHV (1993) Empfehlungen für die Anlage von Hauptverkehrsstraßen[4]
ESG 96 (1996) Empfehlungen für die Straßenraumgestaltung innerhalb bebauter Gebiete
RiLSA (1992/2003) Richtlinien für Lichtsignalanlagen[5]
R-FGÜ (2001) Richtlinien für die Anlage und Ausstattung von Fußgängerüberwegen
Empfehlung für Planung, Bau und Betrieb von Busbahnhöfen (1994)[6]
Anforderungen älterer Menschen an öffentliche Verkehrssysteme (1994)
EAÖ (2003) Empfehlungen für Anlagen des öffentlichen Personennahverkehrs
ERA (1995) Empfehlungen für die Anlage von Radverkehrsanlagen[7]
EAR (2005) Empfehlungen für Anlagen des ruhenden Verkehrs
Merkblatt für die Anlage von kleinen Kreisverkehren, Ausgabe 1998[8]

3.3.2 Schriften des DIN

Das Deutsche Institut für Normung (DIN) mit Sitz in Berlin erarbeitet in den Normenausschüssen konsensbasierte Normen und Standards für zahlreiche Lebensbereiche. Der Normenausschuss Bauwesen (NABau) ist für die Erarbeitung einer Reihe von Veröffentlichungen für barrierefreie Gestaltung von Verkehrsräumen verantwortlich. Es gibt

---

[4] Inzwischen ersetzt durch die Richtlinien für die Anlage von Stadtstraßen (RASt 06); diese war zum Zeitpunkt der Befragung jedoch noch nicht veröffentlicht.

[5] Neue Fassung erschien 2010.

[6] Wurde ersetzt durch „Hinweise für den Entwurf von Verknüpfungsanlagen des öffentlichen Personennahverkehrs" (Dezember 2009).

[7] Neue Fassung erscheint voraussichtlich 2010.

[8] Inzwischen ersetzt durch das Merkblatt zur Anlage von Kreisverkehren, Ausgabe 2006 (zum Zeitpunkt der Befragung noch nicht veröffentlicht).

zudem Veröffentlichungen des Normenausschusses Medizin (NAMed), die für den Bereich Verkehrsraumplanung Relevanz haben.[9] Einen Überblick über die zum Zeitpunkt der Untersuchung relevanten DIN-Normen gibt Tabelle 3.

Tabelle 3: Für die Untersuchung relevante Regelwerke des DIN

DIN-Normen
DIN 18024-1 (1998-01) Barrierefreies Bauen. Teil 1: Straßen, Plätze, Wege, öffentliche Verkehrs- und Grünanlagen sowie Spielplätze[10]
DIN 18024-2 (1996-11)[11] Barrierefreies Bauen. Teil 2: Öffentlich zugängige Gebäude und Arbeitsstätten
E DIN 18030 (2006-01) Barrierefreies Bauen[10] [12] [13]
DIN 32974 (2000-02) Akustische Signale im öffentlichen Bereich
E DIN 32975 (2004-05) Optische Kontraste im öffentlich zugänglichen Bereich[14]
DIN 32981 (2002-11) Zusatzeinrichtungen für Blinde an SVA[15]
DIN 32984 (2000-05) Bodenindikatoren im öffentlichen Verkehrsraum[16]
DIN Fachbericht 124 Gestaltung barrierefreier Produkte

Normen sollen spätestens alle fünf Jahre überprüft werden. Entspricht der Inhalt nicht mehr dem Stand der Technik, soll dieser überarbeitet

---

[9] Z. B. DIN 32975.

[10] Wird derzeit als überarbeitet und soll als DIN 18070 erscheinen (Stand Januar 2011).

[11] Ersatz erfolgt durch DIN 18040-1 (2010:10) Barrierefreies Bauen - Planungsgrundlagen - Teil 1: Öffentlich zugängliche Gebäude

[12] Entwurf wurde inzwischen zurückgezogen (hatte jedoch zum Zeitpunkt der Befragung Relevanz).

[13] Aufgrund der nur kurzfristigen Verfügbarkeit zum Zeitpunkt der Untersuchung wurde der vorherige Entwurf E DIN 18030 (2002-11) bei der Planerbefragung gleichwertig betrachtet.

[14] Wurde inzwischen überarbeitet und ersetzt durch DIN 32975 (2009-12): „Gestaltung visueller Informationen im öffentlichen Raum zur barrierefreien Nutzung".

[15] Wird derzeit überarbeitet (Stand Januar 2011).

[16] Wird derzeit überarbeitet (Stand Januar 2011).

werden oder die Norm wird zurückgezogen.[17] Zu beachten bei den Normen ist, dass sie technische Voraussetzungen für die Einhaltung von Barrierefreiheit definieren. Eine rechtliche Verpflichtung, die Normen anzuwenden, besteht ohne weitere gesetzliche oder vertragliche Bindung nicht. Normen werden i. d. R. beim Neubau angewendet.

3.3.3 Schriften der Bundesministerien

Das Bundesministerium für Verkehr (derzeit Bundesministerium für Verkehr, Bau und Stadtentwicklung, BMVBS) gibt eine eigene Reihe mit dem Titel „direkt – Verbesserung der Verkehrsverhältnisse in den Gemeinden" heraus. Häufig basieren die Inhalte dieser Hefte auf den Ergebnissen von Forschungsarbeiten. In der „direkt"-Schriftenreihe sind zahlreiche Veröffentlichungen zum Thema barrierefreie Verkehrsraumgestaltung erschienen. Einige Hefte wurden bereits in aktualisierten Fassungen neu aufgelegt, einige Auflagen sind vergriffen. Das letzte Heft zum Thema „Barrierefreiheit im Verkehrsraum" erschien Ende 2008 mit dem Titel „Hinweise: Barrierefreiheit im öffentlichen Raum für seh- und hörgeschädigte Menschen". Einen Überblick über die zum Zeitpunkt der Untersuchung relevanten Veröffentlichungen des Bundesministeriums für Verkehr gibt Tabelle 4.

Das Bundesministerium für Gesundheit (BMG) hat im Jahr 1996 ein Heft für Planer und Praktiker veröffentlicht, das sich dem Thema „Kontraste im Straßenraum" widmet. Dieses ist aus Sicht von Experten jedoch überarbeitungswürdig.[18]

---

[17] DIN "Entstehung einer Norm". www-Dokument verfügbar unter: http://www.din.de/cmd?level=tpl-unterrubrik&menuid=47420&cmsareaid=47420&cmsrubid=47441&menurubricid=47441&cmssubrubid=48550&menusubrubid=48550&languageid=de (18.03.2010).

[18] Inzwischen ist die DIN 32975 erschienen und sollte bei Fragen zu Kontrasten zur Anwendung gelangen.

Tabelle 4: Für die Untersuchung relevante Veröffentlichungen der Bundesministerien

Veröffentlichungen der Bundesministerien
direkt-Heft 51 (1997) (BMVBW) Bürgerfreundliche und behindertengerechte Gestaltung von Haltestellen im ÖPNV
direkt-Heft 54 (2000) (BMVBW) Bürgerfreundliche und behindertengerechte Gestaltung des Straßenraums
direkt-Heft 55 (2000) (BMVBW): Bürgerfreundliche und behindertengerechte Gestaltung des Niederflur-ÖPNV in historischen Bereichen
direkt-Heft 56 (2001) (BMVBW) Computergestützte Erfassung und Bewertung von Barrieren
direkt-Heft 65 (2008) (BMVBS) Hinweise: Barrierefreiheit im öffentlichen Verkehrsraum für seh- und hörgeschädigte Menschen[19]

3.3.4 Relevanz hinsichtlich der Bedürfnisse älterer Menschen

Die inhaltliche Überprüfung o. g. Veröffentlichungen (vgl. Tabelle 2 bis Tabelle 4) hinsichtlich ihrer Relevanz auf einer den Bedürfnissen älterer Menschen entsprechenden Stadt- und Verkehrsplanung ergab: Lediglich eine Schrift widmet sich schwerpunktmäßig den Belangen älterer Menschen in der Verkehrsraumgestaltung. Als einziges umfassendes Werk zum Thema „Ältere Menschen im Verkehr" bzw. „Barrierefreiheit im Verkehr" gibt es von der FGSV derzeit die Schrift „Anforderungen älterer Menschen an öffentliche Verkehrssysteme". Diese stammt immerhin bereits aus dem Jahr 1994. Ansonsten beschreiben die Regelwerke allgemeine Grundsätze der Verkehrsraumgestaltung und gehen nicht explizit auf die Belange älterer Verkehrsteilnehmer ein. Es bestehen ebenfalls Überschneidungen im Rahmen von Maßnahmenvorschlägen für barrierefreie Verkehrsraumgestaltung. Diese besitzen dann Relevanz, wenn es sich um ältere Menschen handelt, die aufgrund physiologischer Einschränkungen der Gruppe der mobilitätsbehinderten Menschen angehören.

---

[19] Zum Zeitpunkt der Untersuchung noch nicht verfügbar.

Diese Bewertung klingt zunächst sehr kritisch, es muss jedoch gesagt werden: Die These einer mangelnden Berücksichtigung der Ansprüche älterer Verkehrsteilnehmer kann nur aufrechterhalten werden, wenn man den strengen Maßstab einer expliziten, inhaltlichen Erwähnung dieser Personengruppe anlegt. Allerdings muss betrachtet werden, dass die Regelwerke zum Zeitpunkt ihrer Veröffentlichung jeweils den aktuellen Stand der Technik und Forschung darstellen und die Verkehrssicherheit prinzipiell als Entwurfsgrundsatz der Regelwerke gilt.[20] Von daher ist davon auszugehen, dass bei der Erstellung der Regelwerke auch die Bedürfnisse schwächerer Verkehrsteilnehmer, wie z. B. ältere Menschen oder Kinder, auch ohne besondere explizite Erwähnung Berücksichtigung fanden.

3.3.5 Verbindlichkeit der Schriften

Regelwerke, Richtlinien und Empfehlungen dienen dazu, den aktuellen Stand der Technik darzustellen und für eine Vielzahl von Personen eine Hilfestellung und Orientierungsrahmen für Planung und Information zu sein. Für Planungsprozesse sowohl aus Sicht der Planer als auch der Nutzer ist der Grad der Rechtsverbindlichkeit der Regelwerke für die praktische Anwendung von besonderem Interesse.

3.3.5.1 FGSV

Veröffentlichungen der FGSV haben zunächst keine grundsätzliche Rechtsverbindlichkeit. Regelwerke der Kategorie R 1 werden üblicherweise mit einem Einführungsschreiben durch das Bundesverkehrsministerium eingeführt, bei Regelwerken der Kategorie R 2 geschieht dies fallweise. Damit wird die Anwendung für Bundesfernstraßen verbindlich, für die Länder wird sie empfohlen. Die Bundesländer werden dieser Empfehlung i. d. R. folgen und durch entsprechende Erlasse die Verbindlichkeit auf Landesstraßen erweitern. Für kommunale Straßen kann daraus keine Verbindlichkeit abgeleitet werden. Ein ge-

---

[20] Auch beim DIN ist Sicherheit und Qualität der genormten Produkte und Verfahren ein Grundsatzprinzip bei der Erstellung von Normen; in diesem Sinne übertragbar auf die Verkehrssicherheit.

wisser Zwang der Anwendung ergibt sich jedoch bereits dadurch, dass es sich um den „aktuellen Stand der Technik" handelt, nach einer gewissen Zeit in der praktischen Anwendung sogar um den „allgemein anerkannten Stand der Technik". Im Falle eines Rechtsstreits wird die Anwendung dieses aktuellen Stands geprüft werden, ein Abweichen muss also sehr gut begründet sein.

3.3.5.2 DIN

DIN-Normen sind ebenfalls zunächst nicht rechtsverbindlich. Dies werden sie erst, wenn sie Bestandteil eines Vertrags, Gesetzes oder einer Zielvereinbarung werden. Eine weitere Möglichkeit besteht in der rechtsverbindlichen Einführung als Technische Baubestimmung durch ein Ministerium. Z. B. wurden Teile der DIN 18024-1 in Hessen in die Landesbauordnung aufgenommen.

3.3.5.3 Bundesministerien

Die Veröffentlichungen der Bundesministerien besitzen für Planer keinerlei Verbindlichkeit, erfreuen sich wegen Ihrer Praxisnähe und vielen bildlich dargestellten Beispielen jedoch großer Beliebtheit. Viele Schriften sind bereits vergriffen, nur wenige Schriften wurden überarbeitet und neu aufgelegt.

3.3.5.4 Bewertung der Verbindlichkeit für die Praxis

Die aufgezählten Veröffentlichungen sind für Planer i. d. R. nicht allgemein verbindlich. Solange die Veröffentlichungen oder Teile davon nicht Bestandteil eines Gesetzes sind, besteht keine generelle Verpflichtung, die vorgeschlagenen Lösungen umzusetzen. Es ist allerdings möglich, dass sie durch vertragliche Vereinbarungen gesteigerte Verbindlichkeit erlangen, so z. B. durch kommunale Geschäftsanweisungen und Satzungen oder aber private oder geschäftsinterne Abkommen. Eine gewisse Bindungspflicht für alle Regelwerke entsteht allerdings dadurch, dass es sich üblicherweise um „den allgemein anerkannten Stand der Technik" handelt. Im Zweifelsfalle ist jedoch für jede Norm, Richtlinie oder Empfehlung zu überprüfen und zu entscheiden, ob sie zum Zeitpunkt einer Maßnahme den aktuellen Stand von Wissenschaft, Praxis und Forschung darstellt. Das Abweichen vom Stand der Technik und von den Vorgaben der Regelwerke kann begründet werden.

3.4 Überprüfung der Planungspraxis in ausgewählten Kommunen

Die Gestaltung generationengerechter Verkehrsräume wird in der Planungspraxis von unterschiedlichen Faktoren beeinflusst. Neben dem theoretischen Wissen, welches in Regelwerken zusammengetragen, veröffentlicht und vom Planer umgesetzt werden soll, spielen die Arbeitsabläufe innerhalb einer Planungsabteilung sowie die Beteiligung und Integration der Betroffenen in den Planungsprozess eine maßgebende Rolle.

Neben der Überprüfung der thematisch relevanten Regelwerke hinsichtlich ihrer Inhalte und Zugänglichkeit für den Anwender, standen in diesem Arbeitsschritt die Analyse der Planungspraxis sowie die Überprüfung der Beteiligung der Betroffenen im Fokus. Die Analyse erfolgte stichprobenartig in drei Fallbeispielstädten (s. dazu auch Kap. 6.1).

3.4.1 Die Regelwerke in der Praxis – Ergebnisse einer Kurzbefragung

Im Rahmen der Regelwerksauswertung wurden relevante Normen, Empfehlungen und Richtlinien der o. g. Herausgeber (s. Kap. 3.3) zusammengestellt. Die Auswahl der Schriften orientierte sich an folgenden Vorgaben:

- Es sollte es sich um Werke handeln, die in der Planungspraxis der Stadt- und Verkehrsplanung möglichst bekannt sind und die bundesweit Standards für eine homogene Verkehrsraumgestaltung setzen und
- die Regelwerke sollten inhaltliche Relevanz für die generationengerechte Ausgestaltung des Verkehrsraums besitzen.

Diese Liste diente im Rahmen der Befragung der Planer (vgl. Kap. 3.4.1.1) als Grundlage, die Verbreitung, Akzeptanz und Praxistauglichkeit der Regelwerke zu überprüfen.

3.4.1.1 In der Praxis verwendete Regelwerke

In den drei Fallbeispielstädten wurde eine Kurzbefragung einzelner Planer durchgeführt, um die derzeitige Planungspraxis hinsichtlich der Berücksichtigung der Bedürfnisse älterer Menschen an den Straßenraum genauer untersuchen und beurteilen zu können. Im Mittelpunkt der Befragung standen dabei folgende Fragestellungen:

- Welche Regelwerke werden zur Planung herangezogen?
- Werden Verbände und Beiräte am Planungsprozess beteiligt? Wenn ja, welche?
- Wie wird das Unfallgeschehen, speziell der älteren Verkehrsteilnehmer, berücksichtigt?

Die bei der Planung von Verkehrsräumen für ältere Menschen zur Anwendung kommenden Regelwerke wurden mittels einer offenen Frage ermittelt (vgl. Tabelle 5).[21] Es sind lediglich die Veröffentlichungen dargestellt, die von den befragten Planern benannt wurden.

Bei der Betrachtung der Auswertung fällt auf, dass

- es zwischen den Kommunen Unterschiede in der Zahl der herangezogenen Schriften gibt und
- die Auswahl der Schriften, die benannt wurden, gegenüber den als relevant eingestuften Regelwerken gering ist.

Es ist allerdings bereits an dieser Stelle anzumerken, dass die Anzahl der in der Befragung genannten Regelwerke allein kein Indikator für die Qualität der örtlichen Planung sein kann. Aufgrund der sehr geringen Fallzahlen der Befragten kann zudem lediglich eine Tendenz wiedergegeben werden.

---

[21] Die Frage lautete: „Welche Regelwerke, Schriften und Veröffentlichungen ziehen Sie für die Planung generationengerechter Verkehrsräume heran?".

Tabelle 5: In den untersuchten Kommunen im Zusammenhang mit generationengerechter Planung berücksichtigte Regelwerke und Veröffentlichungen [Eigene Erhebung]

DIN-Normen	Stadt A	Stadt B	Stadt C
DIN 18024 Barrierefreies Bauen	X	-	X
DIN 18025 Barrierefreies Bauen	X	-	X
E DIN 18030 Barrierefreies Bauen	X	-	-
DIN 32984 Bodenindikatoren im öffentlichen Verkehrsraum	X	-	X
BMVBW, direkt-Heft 51 (1997)	X	X	-
BMVBW, direkt-Heft 54 (2000)	X	X	-
Empfehlungen der Bundesministerien	X	X	-
Zeitschriftenartikel / Erfahrungen	X	X	X
Stadtinterne Konzepte / Checklisten	X	-	X

Auffällig war, dass im Rahmen der Befragung Regelwerke der FGSV (vgl. Kap. 3.3.1) nicht benannt wurden, sondern überwiegend Veröffentlichungen zum Thema barrierefreies Bauen. Vermutet wird, dass

1. die weit verbreitete Annahme besteht, dass generationengerechtes Bauen mit barrierefreiem Bauen gleichzusetzen ist und
2. die Regelwerke der FGSV aufgrund ihrer eher allgemeingültigen und weniger speziellen Aussagen zur Verkehrsraumgestaltung älterer Menschen bzw. zum barrierefreien Bauen (s. o.) nicht zwangsläufig mit generationengerechter Verkehrsraumgestaltung in Zusammenhang gebracht werden (s. dazu auch Punkt 1).

DIN-Normen, die einen breiten Überblick über die barrierefreie Gestaltung aller Verkehrsanlagen im städtischen Raum geben, wurden eher genannt, als fachspezifische Normen. Selbst der Normentwurf

E DIN 18030 aus dem Jahr 2006 wurde bereits zur Planung herangezogen, obwohl erst kurzfristig verfügbar und ohne jede rechtliche Verbindlichkeit. Bei den fachspezifischen DIN-Normen wurde lediglich die DIN 32984 „Bodenindikatoren im öffentlichen Verkehrsraum" benannt. Weitere Normen, die sich spezielleren Fragen bei der Verkehrsraumgestaltung widmen, fehlten in der Aufzählung.[22] In einem Fall lag der Grund für die Nennung der DIN 32984 darin begründet, dass es sich bei einem der befragten Planer um einen Mitarbeiter einer Abteilung handelte, die fast ausschließlich für Anlagen des ÖPNV zuständig zeichnete. In diesem Bereich gehörte die Verlegung von Bodenindikatoren zum Zeitpunkt der Untersuchung bereits zum Standard, da die barrierefreie Ausgestaltung der Haltestellen zwingender Bestandteil für eine finanzielle Förderung war.

Dieses Ergebnis legt folgende Schlüsse nahe:

- Regelwerke, die kompakt das gesamte Spektrum der Planung abdecken, sind bei Planern beliebter, weil besser zu handhaben: Sie geben häufig einen kompletten Überblick und ersetzen somit evtl. gleich mehrere Werke, die sich jeweils nur mit einem speziellen Thema auseinandersetzen. Hier könnte auch die Vermeidung möglicher Zielkonflikte eine Rolle spielen (vgl. Kap. 3.4.1.3).
- Dass Entwurfsfassungen herangezogen werden, zeigt den dringenden Handlungs- und Überarbeitungsbedarf bei den Regelwerken, die derzeit in ihrer Aktualität mit der rasanten demografischen Entwicklung und den daraus resultierenden Anforderungen nicht mithalten können.

Alle Befragten berichteten, dass Informationen zum Unfallgeschehen mit in die Planung neuer Maßnahmen einfließen würden. Während in einer Kommune die Sitzungsergebnisse der überörtlichen Unfallkommission bei Bedarf unmittelbar den Fachabteilungen mitgeteilt werden, gab in einer anderen Kommune ein Vertreter aus der Verkehrsplanung

---

[22] Z. B. DIN 32981, E DIN 32975 (vgl. Kap. 3.3.2).

an, selbst regelmäßig an den Sitzungen der Unfallkommission teilzunehmen. Die dritte Kommune gab an, dass bei allen Planungen das Unfallgeschehen in Form von Beteiligung der Polizei und der städtischen Straßenverkehrsbehörde berücksichtigt wird. Es bleibt jedoch festzuhalten, dass die Analysen aus dem allgemeinen Unfallgeschehen erstellt werden. Spezielle Untersuchungen über die Unfalllage von älteren Menschen wurden bisher nicht durchgeführt und berücksichtigt (vgl. Kap. 6.2.4).

Ortsübergreifend wurde festgestellt, dass Hilfestellungen gewünscht sind, wenn es um die Berücksichtigung der unterschiedlichen Belange einer deutlich heterogenen Zielgruppe geht, wie sie die Gruppe der älteren Menschen darstellt. Die dabei unter Umständen entstehenden Zielkonflikte stellen ein besonderes Problemfeld dar, das es zu beachten gilt und für das Lösungsstrategien gefunden werden müssen. Die bisherige Situation in der Praxis hat teilweise dazu geführt, dass in den Gemeinden eigenständige Lösungen entwickelt wurden, z. B. in Form von Gestaltungsrichtlinien, um Lücken der Regelwerke planungs- und rechtssicher füllen zu können.

Insgesamt ist festzustellen, dass ein umfassendes Regelwerk fehlt, welches die Maßnahmen für die Gestaltung generationengerechter Verkehrsräume kompakt gebündelt und praxisgerecht zusammenfasst. Dieser Zustand war zusätzlicher Anlass, einen Leitfaden zur Gestaltung generationengerechter Verkehrsräume zu entwickeln, der zudem Hilfestellung für die systematische Durchführung des Planungsprozesses bietet (vgl. Kap. 6.7).

3.4.1.2 Bewertung der Lesbarkeit und Verständlichkeit der Regelwerke

Im Rahmen der Befragung wurde die Lesbarkeit und Verständlichkeit mancher Regelwerke kritisiert. Bei den in den Regelwerken abgebildeten Gestaltungsvorschlägen handelt es sich i. d. R. um idealtypische Gestaltungslösungen. Die Umsetzung in der Praxis, insbesondere im Bestand, macht in mancher Hinsicht erhebliche Anpassungen notwendig. Teilweise können sich Zielkonflikte ergeben, da z. B. vorgegebene

Abmessungen nicht eingehalten werden können bzw. nur durch Einschränkungen an anderer Stelle umgesetzt werden können. Hier liegt die Verantwortung beim Planer, dass die Umsetzung im Sinne der Regelwerke funktional und sicher bleibt. Es wurde berichtet, dass es schon vorgekommen sein soll, dass die idealtypischen Lösungen aus den Regelwerken ohne besondere Abstimmung auf spezifische Besonderheiten der Örtlichkeit übernommen wurden. Es fehlt daher aus Sicht der Anwender an Erläuterungen, die zwingend erforderliche Elemente beschreiben, damit die Notwendigkeit einer Änderung und ihre Wirkungen nachvollziehbar und begreifbar werden.

3.4.1.3 Halbwertszeit und Verfügbarkeit

Eingeschränkte Verfügbarkeit von aktuellen Forschungsergebnissen sowie teils widersprüchliche Inhalte können zu Zielkonflikten für Planer führen. Ein Grund für die scheinbaren Widersprüche sind unterschiedliche Intervalle bei der Aktualisierung der verschiedenen Regelwerke. Auch Regelwerke haben eine Halbwertszeit. Bedingt durch unterschiedliche lange Bearbeitungszeiten von nicht selten 10 bis 15 Jahren und wechselnde Aktualisierungsintervalle, kann der Stand der Technik nicht immer in allen gültigen Regelwerken dargestellt werden.

Die folgenden Beispiele sollen die Problematik verdeutlichen:

3.4.1.3.1 Beispiel 1: Räumgeschwindigkeit an einer LSA

Sowohl die RiLSA als auch die DIN 18024-1 geben Werte für Räumgeschwindigkeiten für Fußgänger an signalisierten Überquerungen vor. Laut RiLSA ist für Fußgänger bei der Bemessung eine Räumgeschwindigkeit von 1,2 – 1,5 m/s der Regelfall. Bei besonderem Bedarf, z. B. zum „Schutz für Behinderte oder für ältere Menschen", sollte ein niedrigerer Wert gewählt werden. Eine Räumgeschwindigkeit von 1,0 m/s sollte jedoch nicht unterschritten werden.[23] Dahingegen gibt

---

[23] RiLSA 1992/2003: S, 26.

die DIN 18024-1 vor, dass die zugrunde gelegte Überquerungsgeschwindigkeit nicht mehr als 0,8 m/s betragen darf.[24]

3.4.1.3.2 Beispiel 2: Gestaltung einer Haltestelle

Bei den Empfehlungen zur Gestaltung einer blinden- und sehbehindertengerecht ausgestatteten Haltestelle gibt es in verschiedenen Veröffentlichungen abweichende Vorschläge (vgl. Abbildung 2). In der DIN 32984 „Bodenindikatoren im öffentlichen Verkehrsraum" steht das Haltestellenschild, auf dem im Idealfall auch Informationen für blinde und sehbehinderte Menschen vorhanden sind, unmittelbar neben dem Wartehäuschen. Zudem ist ein Leitstreifen parallel zur Bordsteinkante vorgesehen.

Im Gegensatz dazu sehen die Empfehlungen für die Gestaltung einer Haltestelle im direkt-Heft 51 des BMVBW keinen Leitstreifen vor. Zudem ist das Haltestellenschild an das Aufmerksamkeitsfeld gerückt.

Quelle	direkt Nr. 51	DIN 32984
Jahr	1997	2000

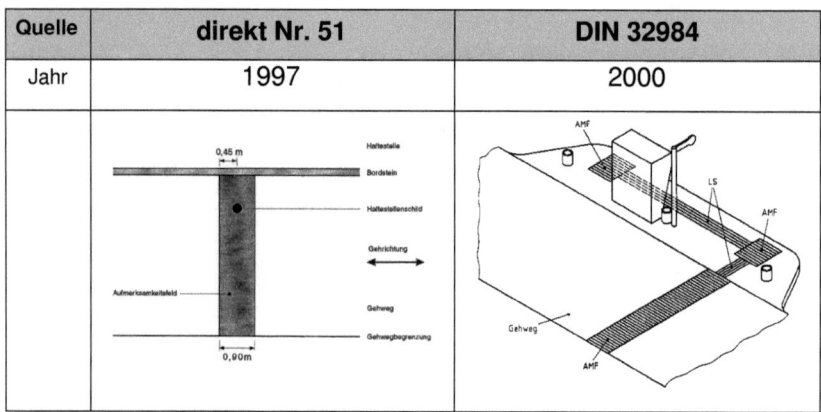

Abbildung 2: Beispiel für Widersprüche in Veröffentlichungen für generationengerechtes Bauen [Quellen: BMVBS 1997 und DIN 2000]

Die Forschung schreitet voran und bringt ständig neue Erkenntnisse. Manchmal liegen in Teilbereichen der Regelwerke bereits neuere Forschungsergebnisse vor, die in eigenständigen Forschungsberichten veröffentlicht sind. Regelwerke basieren häufig auf den Ergebnissen

---

[24] DIN 18024-1 1998: S. 5.

dieser Forschungsberichte, die i. d. R. frei verfügbar veröffentlicht werden. Allerdings folgt nicht auf jede neue Erkenntnis eine Überarbeitung des Regelwerks. Die Forschungsberichte gehören i. d. R. in den kommunalen Planungsabteilungen nicht zur Standardliteratur und sind damit für die Planer selten verfügbar. Wenn überhaupt, werden relevante Regelwerke erworben. Hier spielen u. a. finanzielle Gründe eine Rolle. Häufig besteht bei den kommunalen Planern daher keine Kenntnis über aktuellste Ergebnisse aus der Forschung (Gerlach et al. 2006). Erst, wenn ein Regelwerk aufgrund neuer Erkenntnisse überarbeitet und neu aufgelegt wurde, rückt es in das Blickfeld der Fachplaner und damit auch die darin enthaltenen neuen Forschungsergebnisse. Die Qualifizierung von Planern zu Sicherheitsauditoren für Straßen stellt hier einen wichtigen Schritt dar, um diese Lücke zu füllen. Die Sicherheitsauditoren, die die Planungen auf Defizite und Regelwerkskonformität überprüfen, werden durch obligatorische Fortbildungsmaßnahmen immer auf einem aktuellen Stand gehalten.

Ein weiterer Grund für abweichende Lösungen liegt in der unzureichenden Abstimmung zwischen den Gremien der verschiedenen Herausgeber bzw. unzureichenden Querverweisen innerhalb der Regelwerke begründet. Im Zweifel sollte immer die aktuellste Veröffentlichung herangezogen werden (s. dazu auch Kap. 6.7).

3.4.2 Einflüsse von Verbänden und Beiräten

In allen untersuchten Kommunen gab es einen Seniorenbeirat, nicht aber eine(n) Seniorenbeauftragte(n).[25] Häufig handelt es sich bei Kleinstädten um kreisangehörige Städte (hier Untersuchungsbeispiel Lüdinghausen), so dass bestimmte Aufgaben und Ämter auf Kreisebene angelegt sein können und Funktionen städteübergreifend ausgeübt werden. Dann kann auch auf Kreisebene ein(e) Seniorenbeauftragte(r) für die kreisangehörigen Städte zur Verfügung stehen. Hier war dies nicht der Fall.

---

[25] Die Städte Gelsenkirchen und Siegen verfügen inzwischen (2010) über ein(e) Seniorenbeautragte(n).

Nicht in allen der drei Kommunen gab es zum Zeitpunkt der Untersuchung eine(n) Behindertenbeauftragte(n) oder einen Behindertenbeirat. Hier gilt dieselbe Feststellung, wie bei den Seniorenvertretungen: Mit abnehmender Stadtgröße sinkt die Wahrscheinlichkeit, dass ein(e) eigener Behindertenbeauftragte(r) oder Behindertenbeirat vorhanden ist, bzw. kann diese Stelle auf Kreisebene angesiedelt sein.

In allen drei Kommunen waren Interessenvertretungen der älteren Menschen in unterschiedlicher Ausprägung vorhanden und wurden am Planungsprozess beteiligt. So wurden Planungen i. d. R. immer mit den örtlichen Behindertenverbänden abgestimmt. Dies natürlich nicht zuletzt wegen der gesetzlich vorgeschriebenen Beteiligung, um z. B. Fördermittel im Rahmen des Gesetzes über Finanzen des Bundes zur Verbesserung der Verkehrsverhältnisse in Kommunen (GVFG) zu erhalten.[26] Eine Beteiligung der Verbände ist seit Verabschiedung der Gleichstellungsgesetze auf Bundes- und Landesebene obligatorisch. Die Interessenvertretungen verfügten ebenfalls lediglich über die Möglichkeit, Empfehlungen auszusprechen; ein Entscheidungsrecht wurde nicht zugestanden. Eine der drei untersuchten Kommunen plante allerdings, dem Behindertenbeirat zukünftig ein Klagerecht einzuräumen.

3.4.3 Einfluss der Größe einer Kommune

Neben den bereits genannten Unterschieden bei der Anzahl und den Fähigkeiten der Interessenvertreter (vgl. Kap. 3.2), gibt es weitere Faktoren, die von der Stadtgröße beeinflusst werden. Insbesondere in kleinen Kommunen besteht häufig die Schwierigkeit für Interessenverbände, die Notwendigkeit spezieller Einrichtungen zur Verbesserung der Mobilität zu rechtfertigen (z. B. Ausstattung von Lichtsignalanlagen mit Zusatzeinrichtungen für Blinde und Sehbehinderte). Aufgrund zahlenmäßig geringer Stärke bestimmter Nutzergruppen fällt der Nachweis einer Notwendigkeit zeitweilig schwer, da ein Nachrüsten oder

---

[26] Zur Info: Die Bundesfinanzhilfen des GVFG für die Länderprogramme laufen im Jahr 2019 aus, die aufgabengebundene Zweckbindung entfällt bereits 2014. Bisher bestehen keine Ersatzleistungen.

ein Umbau bestehender Verkehrsanlagen kostenintensiv sein kann. In einigen Fällen wird die Verantwortung zwischen verschiedenen Verantwortungsträgern (Kommune, Kreis) hin- und hergeschoben. Mit dem Argument geringer Nutzerzahlen wird die Nachrüstung bestehender Anlagen oftmals abgelehnt, obwohl viele Einrichtungen einer deutlich größeren Gruppe einen Nutzen bringen können.[27] Dazu zählen mobiltätseingeschränkte Menschen, die z. B. temporär in Ihrer Bewegungsfähigkeit eingeschränkt sind (z. B. Kinder, Nutzer von Kinderwagen usw.). In größeren Städten sind Senioren- und Behinderteneinrichtungen zahlreicher vertreten und insgesamt lebt dort wegen der günstigeren Versorgungslage eine höhere Zahl mobilitätsbehinderter Menschen. Dort lässt sich die Erfordernis barrierefreier Gestaltung für die jeweilige Gruppe meist einfacher durchsetzen, weil sie gegenüber Entscheidungsträgern besser zu rechtfertigen ist.

3.4.4 Einschätzung der Berücksichtigung der Belange älterer Menschen in der eigenen Stadt

In allen untersuchten Städten bestand nach eigener Einschätzung die Meinung, dass die Belange mobilitätseingeschränkter Menschen bei der Planung und Umsetzung von Maßnahmen im Straßenverkehr in der eigenen Stadt immer größere Berücksichtigung fänden. Eine Kommune gab an, schon jetzt die Belange ausreichend zu berücksichtigen, aber für neue Ideen und Vorschläge dritter Personen zum Wohl der Bürger dankbar zu sein. Ein Beteiligter aus einer der befragten Städte berichtete, dass es derzeit aus eigener Sicht schon viele gute Beispiele im Ort gäbe, die eine Berücksichtigung der Belange mobilitätseingeschränkter Menschen widerspiegeln.

Die Befragten gaben teilweise aber auch an, dass sie es für notwendig erachten würden, Regelwerke verständlicher und handhabbarer aufzubauen. Nicht nur Experten für spezifische Anforderungen verschiedener Handicaps, sondern auch Planer und Interessenvertreter sollten

---

[27] Z. B.: "Wir haben doch nur zwei Blinde am Ort, müssen wir da wirklich fünf Lichtsignalanlagen umrüsten?"

mit den Angeboten leicht arbeiten können. Eine Kommune kündigte die Erstellung eines Handbuchs für Bauweisen und Baustoffe an, das diesen Anforderungen aus ihrer Sicht genügen würde.

3.5 Analyse des Status quo – Fazit

Die Analyse des Status quo hinsichtlich der Berücksichtigung der Belange älterer Menschen lässt sich in folgenden Hypothesen zusammenfassen:

1. Die örtliche Unfalluntersuchung und die Arbeit der Unfallkommission hat sich in den letzten Jahrzehnten in der derzeitigen Form bewährt, um unfallauffällige Bereiche im Straßenverkehrsraum anhand festgelegter Grenzwerte zu identifizieren. Die örtliche Unfalluntersuchung bezieht auch die Unfälle älterer Menschen mit ein, die mengenmäßig eine nicht unerhebliche Teilgruppe der aktiven Verkehrsteilnehmer bilden (20 % der Bevölkerung sind mindestens 65 Jahre alt, viele davon mobil). Somit ist davon auszugehen, dass sich Straßenräume, in denen ältere Menschen überdurchschnittlich häufig verunglücken, in den Unfallhäufungsstellen der Unfalltypen-Steckkarten wiederfinden.
2. Die Untersuchung von Unfallschwerpunkten ist ein objektives und hinreichendes Kriterium, um alle Sicherheitsprobleme älterer Menschen im Verkehrsraum zu ermitteln und darzustellen. Die Probleme älterer Menschen bei der Mobilität spiegeln sich im Unfallbild wider.
3. Die Beteiligung von Behindertenbeauftragten oder Behindertenbeiräten oder den Interessenvertretern an Planungsprozessen ist gesetzlich vorgeschrieben. Die freiwillige Einbeziehung von Seniorenbeiräten in die Planungsprozesse hat sich bereits seit Jahrzehnten bewährt. Es ist anzunehmen, dass diese Beteiligungsprozesse zu einer ausgewogenen und hinreichenden Berücksichtigung der Belange aller älteren Menschen bei der Verkehrsraumgestaltung führen, da die Nutzer ihre Interessen in solchen Gremien äußern können.

4. Es gibt eine Vielzahl von technischen Regelwerken für die Planung von Verkehrsräumen, die Lösungen teilweise sehr detailliert darstellen. Es ist davon auszugehen, dass die derzeitigen Regelwerke die Anforderungen älterer Menschen an die Verkehrsraumgestaltung in ausreichendem Maße berücksichtigen.
5. Die demografische Entwicklung hat die Städte erreicht. Planer und Entscheidungsträger sehen sich daher in der Praxis mit den Problemen älterer Menschen bei der Ausübung ihrer Mobilität konfrontiert. Daher sind Planer und Entscheider für die Probleme sensibilisiert und die daraus resultierenden Anforderungen werden in den Planungsprozessen berücksichtigt.
6. Die aus den Anforderungen der verschiedenen Interessengruppen resultierenden Zielkonflikte werden von den planerisch verantwortlichen Stellen erkannt und lassen sich anhand der Beteiligung von Interessenvertretern und der Gestaltungsempfehlungen aus den Regelwerken lösen.

Die Auswertung der ausgesuchten Regelwerke ergab, dass eine Reihe von Veröffentlichungen zu finden sind, die Gestaltungsempfehlungen für eine Verkehrsraumgestaltung für mobilitätsbehinderte Personen (überwiegend sehbehinderte und gehbehinderte Menschen) geben. Wenn ältere Menschen einer dieser Gruppen zuzuordnen sind, sind die Belange deckungsgleich. Die Schwierigkeiten älterer Menschen im Verkehrsraum sind jedoch vielfältiger und nicht immer durch eine sensorische oder körperliche Einschränkung gegeben. Veröffentlichungen, die sich explizit dem Thema „Verkehrsraumgestaltung für ältere Menschen" widmen, sind allerdings die Ausnahme.

Zudem behandeln die Werke zur barrierefreien Verkehrsraumgestaltung überwiegend Belange des Fußgängerverkehrs, an Schnittstellen zum ÖPNV auch die Belange der Nutzer öffentlicher Verkehrsmittel. Ältere Radfahrer oder Kraftfahrer werden gar nicht thematisiert (einzige Ausnahme: Behindertenstellplätze).

Während einige Werke sehr konkrete Fragestellungen behandeln, nähern sich andere Schriften dem Themenkomplex eher global. Planer scheinen kompakte, dennoch inhaltlich umfassende Regelwerke zu bevorzugen. Daraus kann ein unterschiedlicher Detaillierungsgrad bei der Kenntnisaneignung und Umsetzung resultieren. Allerdings war bei spezialisierten Abteilungen zu beobachten, dass Regelwerke zu Spezialfragen hinzugezogen wurden. Für die Verfügbarkeit und Anwendung der Regelwerke ließen sich aber weitere Faktoren ermitteln (s. u.).

Die Anwendung der Regelwerke ist in den meisten Fällen für die kommunalen Planer nicht verbindlich, wenn die Bindung nicht per Gesetz o. Ä. festgeschrieben ist. Ein gewisser Zwang der Anwendung ergibt sich durch den Status „Stand der Technik", dessen Nichtbeachtung insbesondere im Schadensfall zu Fragen führen kann. Ein Abweichen vom Stand der Technik ist möglich, wenn er begründet wird. Die fehlende Verbindlichkeit erschwert somit die Umsetzung von bundesweit einheitlichen Standards, die bei Planern und Betroffenen zu mehr Transparenz und Sicherheit führen könnte.

Im Rahmen der Befragung der Planer konnte herausgestellt werden, dass von der Vielzahl verfügbarer Schriften anscheinend nur wenige als Grundlage für die Planung generationengerechter Verkehrsräume herangezogen werden. Dieses Ergebnis könnte aber methodisch beeinflusst sein: Es wurde gezielt nach Literatur zum Thema generationengerechte Gestaltung gefragt. Anscheinend wurden bestimmte Regelwerke nicht genannt, da sie sich nicht explizit dem Thema widmen, sondern die Verkehrsraumgestaltung im Allgemeinen beschreiben. Festzustellen war jedoch, dass der Umfang herangezogener Literatur von weiteren Faktoren abhängt, u. a. von

- der Finanzausstattung der Kommune und damit den Mitteln, die für Umfang und Aktualisierung des Regelwerkbestands investiert werden können,
- dem Spezialisierungsgrad innerhalb der Verwaltung mit Auswirkungen auf das Fachwissen von Mitarbeitern in Teilbereichen sowie
- dem persönlichen Engagement einzelner Mitarbeiter („Kümmerer"), die ihre Motivation nicht selten aus einer persönlichen Be-

troffenheit erhalten (z. B. mobilitätsbehinderte Familienmitglieder).

Bemängelt wurde die als unzureichend empfundene Abstimmung einzelner Regelwerke aufeinander, insbesondere institutionsübergreifend, sowie die teils schlechte Handhabung bzw. Schwierigkeit, die dargestellten idealtypischen Lösungen in die Realität zu übertragen. Kommunen gehen dazu über, eigene Gestaltungslösungen in Richtlinien festzulegen. Diese Konzepte sind mit den Beteiligten vor Ort abgestimmt, enthalten festgeschriebene Standards und beschleunigen so den Abstimmungsprozess bei Neu- und Umbauplanungen. Diese Praxis erschwert andererseits die Einführung bundesweiter Standards.

Im Rahmen dieses Arbeitspaketes zeigte sich weiterhin, dass Beteiligung und Einfluss von Interessenvertretern an den Planungen in den Kommunen recht unterschiedlich sein können. Übereinstimmend wurde zwar gesagt, dass die Beteiligung einen wichtigen Baustein in der Planungspraxis darstellt („Experten in eigener Sache") und bereits positive Ergebnisse erreicht worden wären. Bestimmender Faktor für eine Beteiligung ist aber zuerst einmal die bloße Existenz einer Gruppe oder eines Vertreters, der dann für die Interessen seiner Gruppe eintritt sowie die Ausgewogenheit der Interessen durch Vielfalt der Gruppen und ihre zahlenmäßige Stärke. Eine ausgewogene Zusammensetzung für nachhaltiges Bauen entsteht längst nicht in jeder Kommune, so dass gerade im Hinblick auf die Lösung von Zielkonflikten, Maßnahmen zum Ausgleich von Ungleichgewichten ergriffen werden müssen (z. B. externe Beratung). Weiterer Faktor ist die fachliche Kompetenz der Beteiligten aus der Zielgruppe, denen die Möglichkeit der fachlichen Bildung gegeben werden sollte, um eine planerische Diskussion auf Augenhöhe zu ermöglichen.

4 Mobilitätskennwerte älterer Menschen – Status quo und Prognosen

4.1 Definition der Zielgruppe „Ältere Menschen"

Mit 65 Jahren erreicht man in Deutschland derzeit die Regelaltersgrenze, die den Renteneintritt markiert. Dieser Renteneintritt definiert daher gleichzeitig die Grenze zum Alter und geht i. d. R. mit einschneidenden Änderungen einher, z. B. beim Mobilitätsverhalten aufgrund der mit Eintritt in den Ruhestand wegfallenden beruflichen Fahrten. Diese Altersgrenze spiegelt sich ebenfalls in den meisten Statistiken wider, in denen Menschen ab 65 Jahre üblicherweise als Senioren geführt werden.

Diese Festlegung basiert allerdings lediglich auf dem sogenannten kalendarischen Alter, das aber nicht die Spannbreite der individuellen Leistungsfähigkeit innerhalb der Gruppe wiedergibt. Bei älteren Menschen handelt es sich demnach nicht um eine homogene Gruppe, weshalb die Gerontologie verschiedene Altersbegriffe unterscheidet, um die Heterogenität berücksichtigen zu können. Unterschieden wird in (vgl. Engeln & Schlag, 2001):

- **Kalendarisches Alter**:
  Entspricht der Anzahl der Lebensjahre. Die meisten Statistiken beziehen sich hierauf.

- **Biologisches Alter**:
  Drückt den Gesundheitszustand einer Person aus und bezieht die noch zu erwartende Lebensspanne mit ein.

- **Funktionales Alter**:
  Beschreibt die körperliche und geistige Leistungsfähigkeit einer Person.

- **Psychologisches Alter**:
  Erläutert die Fähigkeit einer Person, das Verhalten an sich ändernde Umweltbedingungen anzupassen. Ausschlaggebend dabei ist die Selbsteinschätzung des eigenen Alters.

- **Soziologisches Alter**:
  Stellt die Rolle eines Individuums in der Gesellschaft dar. Unterschiede treten dadurch auf, dass sich die Rolle der älteren Menschen im Laufe der Zeit ändert.

Da sich die meisten Statistiken auf das kalendarische Alter von 65 Jahren beziehen, wurde dieses Alter für die vorliegende Arbeit aus praktischen Gründen ebenfalls als Grenzwert herangezogen. Somit bleiben statistische Aussagen vergleichbar und objektiv.

Innerhalb der Gruppe der älteren Menschen unterscheidet man in der Fachliteratur oftmals weiterhin differenzierter zwischen

- „jungen alten" Menschen zwischen 60 und 75 Jahren,
- alten Menschen ab 75 Jahren sowie
- hochbetagten oder hochaltrigen Menschen ab 80 Jahren.

Dabei handelt es sich aber lediglich um eine Unterscheidung nach dem kalendarischen Alter, das funktionale Alter findet bei dieser Betrachtung keine Berücksichtigung. Da es sich um eine relativ junge Unterscheidung handelt, hat die differenzierte Betrachtung noch keinen breiten Eingang in die Statistik gefunden. Somit kann ein Vergleich der unterschiedlichen Gruppen älterer Menschen nicht an allen Stellen dieser Arbeit in dieser Differenziertheit durchgeführt werden.

4.2 Soziodemografische und sozioökonomische Entwicklung älterer Menschen in Deutschland

Der folgende Abschnitt beschreibt die soziodemografische und sozioökonomische Entwicklung der älteren Menschen ab 65 Jahre in Deutschland. Auf dieser Basis erfolgt der Versuch, Aussagen über die Entwicklung des zukünftigen Mobilitätsverhaltens älterer Menschen abzuleiten.

4.2.1 Bisherige und zukünftige Bevölkerungsentwicklung in Deutschland

In Deutschland stieg die Bevölkerungszahl zwischen 1960 und 2002 um etwa 12 % auf ca. 82.537 Mio. Einwohner (BiB 2008). Seit dem

Jahr 2002 nimmt die Gesamtbevölkerung mit zunehmender Geschwindigkeit ab. Selbst bei positiven Annahmen für Faktoren wie Nettozuwanderung und Geburtenrate wird bis zum Jahr 2050 ein deutlicher Rückgang der Bevölkerung in Deutschland prognostiziert. Zudem steigt die Lebenserwartung weiterhin an. In der 12. koordinierten Bevölkerungsvorausberechnung des Statistischen Bundesamtes wurden insgesamt zwölf Grundvarianten mit unterschiedlichen Ausprägungen der Faktoren betrachtet.[28] Beim Szenario Variante 1-W2 (Obergrenze der „mittleren" Bevölkerung), das als mittleres Szenario bezeichnet werden kann, wird immerhin noch mit einem Rückgang auf 73,6 Mio. Einwohner im Jahr 2050 und sogar auf 70,1 Mio. Einwohner im Jahr 2060 kalkuliert (Statistisches Bundesamt 2009a).[29]

Gravierender drückt sich die demografische Entwicklung allerdings bei der Betrachtung der Entwicklung der Altersstruktur aus. Der Anteil der älteren Menschen ab 65 Jahre wird in den nächsten Jahrzehnten deutlich ansteigen. Im Jahr 2008 lag ihr Anteil bei etwa 20 %, im Jahr 2060 soll er bereits bei etwa 33 % liegen (vgl. Tabelle 6 und Abbildung 3).[30] Dabei wird es Zunahmen in allen Altersklassen der über 65-Jährigen geben. Demgegenüber entwickeln sich die Anteile der jüngeren Menschen unter 20 Jahre und der mittleren Altersklassen entsprechend rückläufig. Die derzeitige Alterung der Bevölkerung kann dabei derzeit für einen längeren Zeitraum erst einmal als irreversibel angesehen werden, weil sie im heutigen Altersaufbau der Bevölkerung bereits angelegt ist. So sind die Rentner des Jahres 2050 bereits geboren, ihre Zahl steht nahezu fest. Steigende Geburtenzahlen oder Zuwanderungen in den Größenordnungen heutiger Annahmen können den Prozess der demografischen Veränderung lediglich mildern, jedoch nicht kurzfristig umkehren.

---

[28] Faktoren waren u. a. Lebenserwartung, Geburtenrate und Wanderungssaldo.

[29] Die Variante 1-W2 geht von einer annähernd konstanten Geburtenhäufigkeit, einer Basisannahme für die Lebenserwartung sowie einem Wanderungssaldo von 200 Tsd./Jahr aus.

[30] Basierend auf der 12. koordinierten Bevölkerungsvorausberechnung des Statistischen Bundesamtes, Variante 1-W2 [Statistisches Bundesamt 2010].

Tabelle 6: Anzahl und Anteil der über 65-Jährigen in Deutschland zum 31.12.2008 (jeweils in 1.000 Personen) [Quelle: Statistisches Bundesamt 2010]

Altersgruppe	Insgesamt	Anteil an der Gesamtbevölkerung (in %)
65 bis unter 70 J.	5.144,2	6,3
70 bis unter 75 J.	4.522,3	5,5
75 bis unter 80 J.	3.001,1	3,7
80 bis unter 85 J.	2.258,7	2,8
86 bis unter 90 J.	1.297,0	1,6
90 J. und älter	505,4	0,6
65 und älter (Summe)	**16.729,0**	**20,4**
alle Altersgruppen	82.002,4	100,0

Die Alterung der Gesellschaft in Deutschland lässt sich besonders anschaulich an der Veränderung der Bevölkerungspyramide verfolgen, deren Form sich in den Vergleichsjahren 1950, 2009 und 2050 deutlich ändert (vgl. Abbildung 3).

Ein weiterer aussagekräftiger Indikator für die Entwicklung der Altersstruktur ist der Altenquotient. Diesen erhält man, wenn man die Anzahl der älteren Menschen ab 65 Jahre ins Verhältnis zu den Personen der mittleren Generation zwischen 20 und 64 Jahre setzt. Im Jahr 2008 lag der Altenquotient bei fast 34; d. h., dass auf 100 Menschen im erwerbsfähigen Alter 34 Personen im Rentenalter kamen. Nach der Variante 1-W2 der 12. koordinierten Bevölkerungsvorausberechnung steigt der Altenquotient auf fast 39 im Jahr 2020, auf über 51 im Jahr 2030 und weiter auf etwa 63 im Jahr 2060. Da allerdings in den letzten Jahren besonders viele Menschen bereits mit 60 Jahren in Rente gingen, sieht die Prognose für die nächsten Jahrzehnte sogar noch schlechter aus (87 in 2060).

Jahr	1950	2010	2030	2060
Altersgruppe	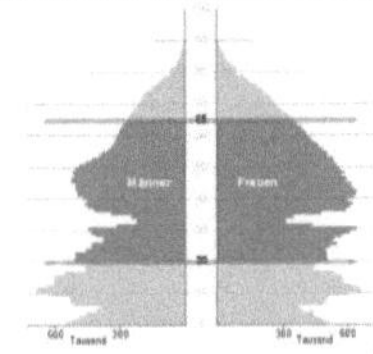	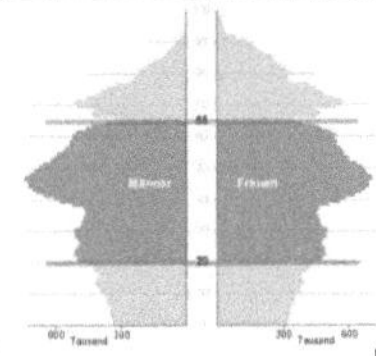	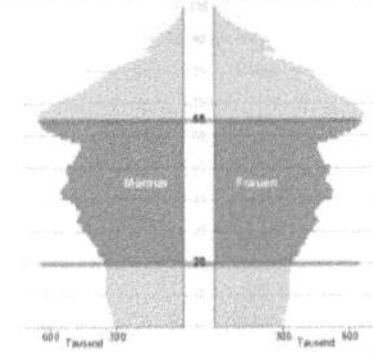	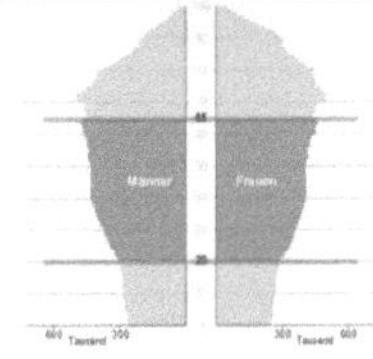
	Größe der jeweiligen Altersgruppe in Mio. (und Anteil an der Gesamtbevölkerung in %)			
ab 65	6,7 (10 %)	16,8 (21 %)	22,3 (28 %)	22,9 (33 %)
20-64	41,5 (60 %)	49,7 (61 %)	43,5 (55 %)	36,2 (52 %)
0-19	21,1 (30 %)	15,0 (18 %)	13,2 (17 %)	11 (16 %)

Abbildung 3: Altersaufbau der Bevölkerung in Deutschland 1950 bis 2060 (Variante 1-W2)
[Quelle: Statistisches Bundesamt 2009a]

Jedoch könnte dieser Trend aufgrund von Reformen im Rentenwesen abgeschwächt werden. Die Anzahl der Bürger, die möglichst bis nahe an das Renteneintrittsalter arbeiten, nimmt nach Beobachtungen der Deutschen Rentenversicherung wieder zu, um Abschläge zu vermeiden (Geißler 2009). Inzwischen ist dazu bereits beschlossen worden, dass das Rentenalter in einigen Jahren schrittweise auf 67 Jahre angehoben wird. Diese politische Entscheidung wurde in der 12. koordinierten Bevölkerungsvorausberechnung bereits berücksichtigt, wodurch sich ein etwas günstigerer Altersquotient von 55,5 für das Jahr 2060 ergibt. Besonders relevant wird jedoch die rasante Entwicklung zwischen 2020 und 2030 eingeschätzt (vgl. Tabelle 7); dort erlebt der Altenquotient eine kritische Erhöhung. Dass zeigt, dass die Alterung der deutschen Gesellschaft nicht erst in 40 bis 50 Jahren zu Problemen führen wird, sondern bereits in den nächsten beiden Jahrzehnten eine große Herausforderung für Politik und Planung darstellt. Die für die nächsten Jahre prognostizierte Entwicklung lässt sich selbst unter positiven Annahmen kaum nachhaltig stoppen oder sogar umkehren.

Tabelle 7: Jugend-, Alten- und Gesamtquotient (Variante 1-W2, Altersgrenze 67 Jahre)
[Quelle: Statistisches Bundesamt 2009a][31]

Auf 100 20- bis unter 67-Jährige kommen	2008	2020	2030	2040	2050	2060
unter 20-Jährige	30,3	27,3	28,7	29,3	28,3	29,0
67-Jährige und Ältere	29,0	33,1	42,7	52,5	52,9	55,5
Zusammen	*59,3*	*60,4*	*71,4*	*81,8*	*81,2*	*84,5*

Diese altersstrukturelle Entwicklung wird natürlich gleichsam erhebliche Auswirkungen auf das Mobilitätsbild haben. Durch die weiter ansteigende Lebenserwartung und geänderte Lebensstile, z. B. immer mehr Single-Haushalte auch bei älteren Menschen, werden nicht nur immer mehr ältere Menschen auf unseren Straßen unterwegs sein; genauso nimmt die Zahl der hochaltrigen Menschen zu, die aktiv mobil bleiben wollen und dies umsetzen werden. Insbesondere diese Gruppe ab einem Alter von 75 Jahren ist derzeit bei Unfällen besonders gefährdet. Statistisch gesehen werden Menschen aus dieser Gruppe überdurchschnittlich oft getötet oder verletzt; egal, ob sie als Fußgänger, Radfahrer oder Kraftfahrer unterwegs sind (vgl. Mollenkopf u. Flaschenträger 2001).

4.2.2 Wohn- und Lebenssituation

Im Jahr 2007 lebten 16,2 Mio. ältere Menschen in Privathaushalten (Statistisches Bundesamt 2008b). Die Lebenssituation der meisten älteren Menschen ist dabei dadurch gekennzeichnet, dass sie allein oder zusammen mit anderen in einem privaten Haushalt leben (BMFSFJ 2001a). Hinsichtlich des Familienstandes gilt, dass rund die Hälfte der Frauen ab 65 Jahre verwitwet ist. Bei den Männern sind dies nur 15 %. Verheiratet sind 37 % der Frauen und 77 % der Männer (MGSFF NRW 2003). 51 % der älteren Menschen leben mit ihrem Partner zusammen, 36 % wohnen allein. Deutlich werden die Unterschiede innerhalb der Zielgruppe der älteren Menschen. Während von den 65- bis 69-Jährigen ca. 71 % in einer Partnerschaft leben, sind es

---

[31] Ab 202 Schätzwerte der 12. Koordinierten Bevölkerungsvorausberechnung.

in der Altersgruppe der über 80-Jährigen, in welcher ca. 60 % verwitwet sind, nur noch etwa 30 % (Statistisches Bundesamt 2006b). Der ungebrochene Trend zu kleineren und damit mehr Haushalten wird sich in den kommenden Jahren fortsetzen. Zum einen ist dies ein Effekt der längeren Lebenserwartung von Frauen, zum anderen der sich wandelnden Lebensformen und Lebensstile. Die bekannte Veränderung der Familienstrukturen und die zunehmende Singularisierung der Lebensformen bewirken zudem, dass familiäre Netze kleiner und brüchiger werden. Die demografischen Veränderungen führen dazu, dass z. B. in den Großstädten mit mehr als 100.000 Einwohnern bereits heute etwa die Hälfte der Bevölkerung in Einpersonenhaushalten lebt. Die größte Gruppe darunter sind Menschen im Alter von 65 Jahren und höher (BMVBW 2005).

Auch der im Verlauf des Alterns eintretende Verlust nicht-familiärer Bezugspersonen scheint nicht mehr so leicht ausgeglichen werden zu können wie in jüngeren Jahren. In Verbindung mit gesundheitlichen Beeinträchtigungen, die mit steigendem Alter zunehmend wahrscheinlicher werden, können die beschriebenen Tendenzen die Autonomie und soziale Teilnahme älterer Menschen beträchtlich erschweren. Gefühle der Einsamkeit und Isolation treten insbesondere bei hochaltrigen Menschen auf, die bereits den Partner oder andere nahe Familienangehörige verloren haben. Unter diesen Umständen wächst auch die Bedeutung von Mobilität für die Sicherung gesellschaftlicher Teilnahme (Mollenkopf u. Flaschenträger 1996).

4.2.3 Derzeitige und prognostizierte Einkommenssituation älterer Menschen in Deutschland

Für die Abschätzung zukünftiger Mobilität älterer Menschen muss ebenfalls deren ökonomische Situation betrachtet werden. Die Grundannahme lautet: Je besser die ökonomische Situation einer Person ist, desto größer ist ihre Mobilität. Ältere Menschen, die einen größeren finanziellen Spielraum zur Verfügung haben, können z. B. häufiger reisen. Ebenso gilt dies für den Besitz und die damit verbundenen Unterhaltungskosten von Fahrzeugen. Schließlich ist anzunehmen, dass die

Kilometerleistung bei engeren finanziellen Möglichkeiten abnimmt, da nur noch die notwendigsten Fahrten durchgeführt werden (Versorgung, Arzt etc.).

Zwar ist die Sicherung des Lebensunterhaltes von älteren Menschen heute im Durchschnitt besser gewährleistet, als in früheren Jahren. Allerdings wird es auch in dieser Altersgruppe zukünftig eine stärkere Spreizung der Einkommens- und Vermögensverhältnisse geben. Zudem weisen die Rentenzahlungen der gesetzlichen Rentenversicherung und die betrieblich angeschlossenen Altersvorsorgen derzeit für die zukünftigen Generationen älterer Menschen eine unsichere Perspektive auf. Viele ältere Menschen können jedoch auf privat vorgesorgtes Kapital, wie beispielsweise fällige Lebensversicherungen, zurückgreifen. Hinzu kommen noch Erbschaften, die jedoch in ihren Auswirkungen schwer abzuschätzen sind (Leschinsky 2002). Allerdings ist derzeit wenig über die tatsächliche Verteilung dieser Finanzmittel bekannt.

Die Gruppe der älteren Menschen verfügt über einen erheblichen Anteil der Wirtschaftskraft in Deutschland. Aufgrund des demografischen Wandels stiegen die Konsumausgaben älterer Menschen in den vergangenen Jahren überproportional an. Die Haushalte dieser Gruppe verfügen bereits heute über einen beachtlichen Anteil der Kaufkraft. Die Ausgaben der Haushalte von Menschen im Alter ab 60 Jahre betrugen im Jahr 2003 fast ein Drittel der Gesamtausgaben für den privaten Verbrauch. Insbesondere die Konsumausgaben der Haushalte im Alter von 75 Jahren und älter werden in den nächsten Jahren bis zum Jahr 2050 zunehmen. Die Steigerung reicht jedoch nicht aus, den Verlust der Konsumausgaben in den anderen Altersgruppen zu kompensieren. In allen Altersgruppen bis 75 Jahre findet ein Rückgang der Konsumausgaben statt (DIW 2007). Dieser schlägt sich jedoch unterschiedlich auf verschiedene Sektoren nieder. Ältere Menschen werden sogar häufiger als bisher von ihrer Einkommenssituation her in der Lage sein, einen eigenen Pkw zu erwerben und diesen zu benutzen. Die Frage muss lauten, wie oft der Pkw benutzt wird, insbesondere unter dem Eindruck weiter steigender Unterhaltungskosten. Zur Beantwortung dieser Frage soll ein Vergleich der jetzigen und künftig zu erwartenden Ausgaben für Mobilität herangezogen werden.

Die Verkehrsausgaben variieren je nach Altersklasse. Jüngere und mittlere Altersgruppen geben überdurchschnittlich viel für Mobilitätszwecke aus. Hochaltrige Menschen geben lediglich noch 6 % ihres Haushaltseinkommens für Mobilitätszwecke aus (vgl. Abbildung 4). Geht man davon aus, dass die Bevölkerung immer älter wird, muss von einem Rückgang der Ausgaben im Verkehrssektor ausgegangen werden (Deutsche Shell 2009).

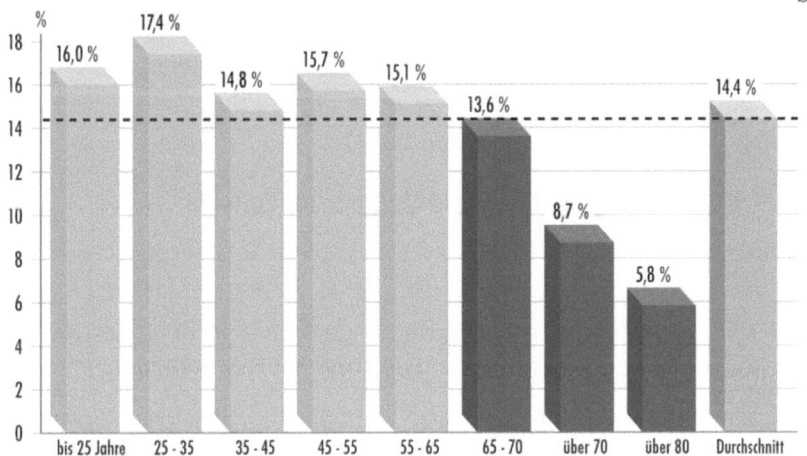

Abbildung 4: Verkehrsausgaben nach Alter, Anteil am Privatkonsum 2003 [Quelle: Statistisches Bundesamt 2005]

Dem Altersstruktureffekt entgegen wirkt allerdings der Kohorteneffekt. In den letzten Jahren stieg der Anteil der Ausgaben für Verkehrsleistungen innerhalb der Altersgruppen kontinuierlich an. Waren es 1983 noch gut 10 % in der Altersklasse 65 bis 70 Jahre, stieg der Wert 20 Jahre später bereits auf 13,6 % an. Da ältere jedoch unterdurchschnittliche Ausgaben für Mobilität tätigen, werden die Kohorteneffekte von den Altersstruktureffekten aufgebraucht. Somit kann der Pkw-Bestand bei älteren Menschen höher sein, als es heute der Fall ist. Eine höhere Verkehrsleistung mit dem Pkw, aber auch mit anderen gebührenpflichtigen Verkehrsmitteln, ist nicht sicher zu prognostizieren.

Das spricht für eine verstärkte Nutzung des Fahrrads und der eigenen Füße zur Fortbewegung.

4.3 Mobilität im Alter

Im Laufe seines Lebens verändert der Mensch sein Mobilitätsverhalten mehrfach. Grundlegende Veränderungen ergeben sich insbesondere in den verschiedenen Lebensabschnitten. Der Beginn der Schulzeit, der Erwerb des Führerscheins, der Eintritt in das Berufsleben sowie der Eintritt in die Rente führen zu wesentlichen Veränderungen der Verkehrsteilnahme. Typisch für das Mobilitätsverhalten der älteren Menschen ist, dass sie seltener das Haus verlassen und weniger Wege und geringere Distanzen zurücklegen als jüngere Menschen. Ebenfalls besitzen sie derzeit noch seltener einen Führerschein und Pkw als jüngere Menschen (vgl. Mäder 2001).

4.3.1 Mobilitätskennziffern und Verkehrsmittelwahl

Ab dem 60. Lebensjahr verringert sich die Anzahl der täglichen Wege kontinuierlich (vgl. Abbildung 5) (Brög et al. 1998). Dabei bleibt die Anzahl der Wege bei den mobilen Personen, d. h. den Personen, die regelmäßig das Haus verlassen, auf einem recht hohen Niveau.

Betrachtet man alle Personen, also auch die, die nicht mehr täglich am Verkehrsgeschehen teilnehmen, sinkt die Wegezahl deutlich stärker. Ältere Menschen verlassen ihre Wohnung im Durchschnitt 1 bis 1,3 Mal, wobei die Anzahl der Wege zwischen 3 und 3,6 liegt. Mit zunehmendem Alter verändern sich die Wegezwecke. Während berufliche Wege entfallen, nehmen die Wege zu Freizeit- und Versorgungszwecken zu. Mit einem Anteil von über 40 % dienen die meisten Wege alltäglichen Einkäufen und Besorgungen sowie Spaziergängen, gefolgt von Besuchen bei Familie oder Freunden. Weitere Gründe sind Besuche zur ärztlichen Versorgung, Behördengänge sowie Erledigungen bei der Post oder Bank (VCÖ 1999, Mollenkopf und Flaschenträger 1996).

Ein Blick auf die Wegelängen zeigt, dass im Alter die Anzahl der kürzeren Wege bis zu einer Wegelänge von einem Kilometer weniger stark sinkt als die Anzahl der längeren Wege über fünf Kilometer.

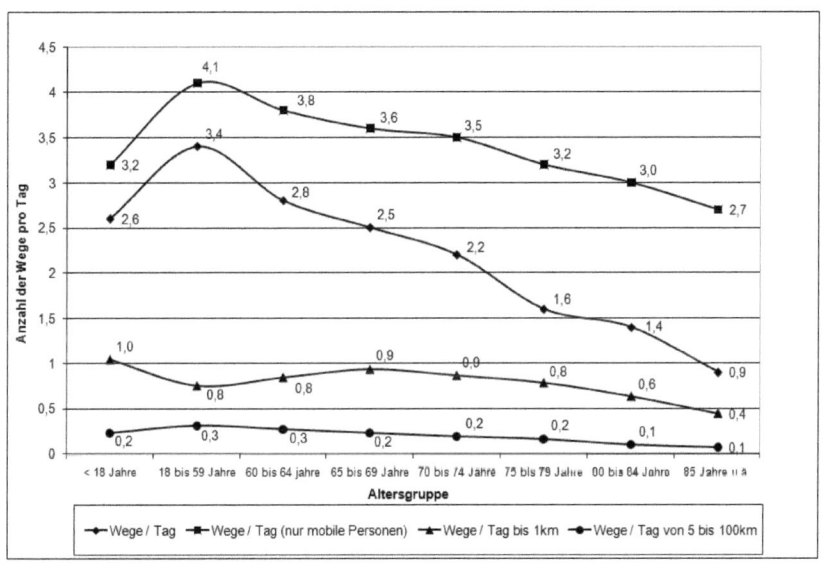

Abbildung 5: Anzahl der Wege pro Tag je Altersklasse [Eigene Darstellung nach Brög et al. 1998]

Mit dem Eintritt ins Rentenalter beginnt zudem die Verkehrsbeteiligungsdauer deutlich zu sinken. Mit fast eineinhalb Stunden pro Tag bewegen sich Personen im Alter zwischen 25 und 44 Jahren am längsten im Verkehr. Dies ändert sich auch in den folgenden Altersgruppen der 45- bis 59-Jährigen und der 60- bis 64-Jährigen kaum. Bei den Personen ab einem Alter von 65 Jahren sinkt die tägliche Verkehrsbeteiligungsdauer dann auf unter eine Stunde ab (BMVBW 2003). Damit sinkt auch die zurückgelegte Wegelänge (vgl. Walker 2004).

Folgende Gründe sind für die kürzere Verkehrsbeteiligungsdauer und die kürzeren Wegstrecken älterer Menschen maßgeblich:

- Ältere Menschen bewegen sich überwiegend in ihrem direkten Wohnumfeld,
- Wege zum Arbeitsplatz entfallen,

- sehr alte Personen legen nur noch sehr wenige und kurze Wege zurück und
- Wege dienen insbesondere der Versorgung und den sozialen Kontakten in Wohnortnähe.

Die kürzeren Wegstrecken und die sinkende Reisedauer, mit denen sich ältere Menschen am Verkehrsgeschehen beteiligen, spielen auch für die Wahl des Verkehrsmittels eine wichtige Rolle. Dabei sind insbesondere die körperliche Verfassung, die Länge des Weges und der Wegezweck von Bedeutung. Längere Wege werden i. d. R. nach wie vor mit dem Pkw (Fahrer oder Mitfahrer) zurückgelegt (Bourauel 2000). Betrachtet man jedoch die Anzahl der Wege, ergibt sich ein anderes Bild. Zu erkennen ist, dass der Anteil der zu Fuß und mit öffentlichen Verkehrsmitteln zurückgelegten Wege mit zunehmendem Alter kontinuierlich steigt (vgl. Abbildung 6). Bemerkenswert ist es, dass der Anteil der Wege mit dem Fahrrad im Alter von 60 bis 85 Jahre mindestens genauso groß ist, wie bei der Gruppe der 18 bis 59-Jährigen; bis zum Alter von 69 Jahren ist der Anteil sogar höher. Und selbst in der Gruppe der Menschen über 85 Jahre (Hochbetagte) beträgt der Anteil der mit dem Fahrrad zurückgelegten Wege immerhin noch 6 %.

Der Anteil der Pkw-Nutzung im Alter nimmt demgegenüber stetig ab. Es zeigt sich aber auch, dass im hohen Alter insgesamt viele Wege als Fahrer mit dem Pkw zurückgelegt werden. Immerhin werden in der Altersgruppe der 70- bis 74-Jährigen fast ein Viertel aller Wege als Selbstfahrer absolviert. Erst in der nächsten Altersgruppe der 75- bis 79-Jährigen übersteigt die Anzahl der Wege, die mit öffentlichen Verkehrsmitteln zurückgelegt werden, diejenigen des motorisierten Individualverkehrs. Besonders deutlich ist die Zunahme des Anteils der Fußwege im Alter. Ab einem Alter von ca. 60 Jahren steigt der Anteil der Fußwege immer weiter an.

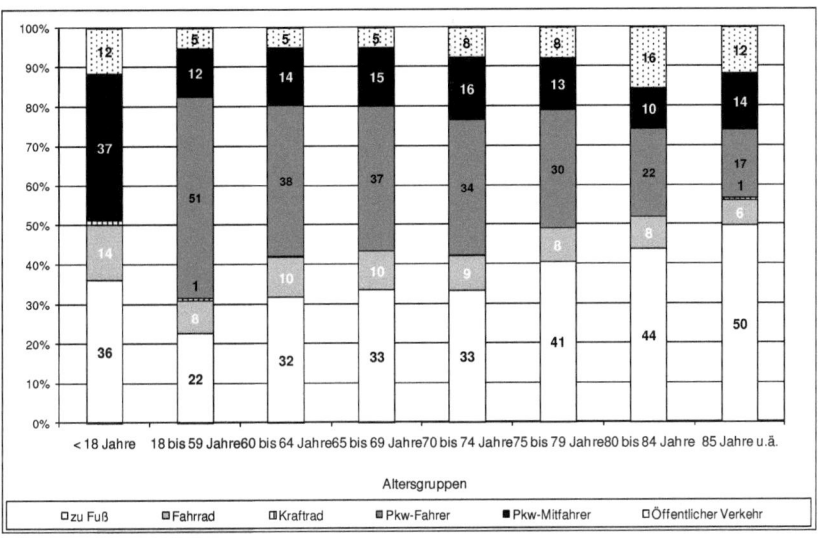

Abbildung 6 : Entwicklung des Modal-Splits für verschiedene Altersgruppen [Eigene Darstellung nach Mobilität in Deutschland 2002]

Im zeitlichen Vergleich der Verkehrsbeteiligungsdauer ist zu erkennen: Je älter die Menschen sind, desto länger und häufiger sind sie als Fußgänger unterwegs und desto weniger Zeit verbringen sie im Auto (vgl. Abbildung 7 und Abbildung 8). Als Fußgänger legen sie anteilig größere Wegstrecken zurück. Mit 13,5 % bei den über 74-Jährigen bleibt die anteilige Wegelänge jedoch erwartungsgemäß deutlich hinter den zurückgelegten Strecken mit dem Pkw.

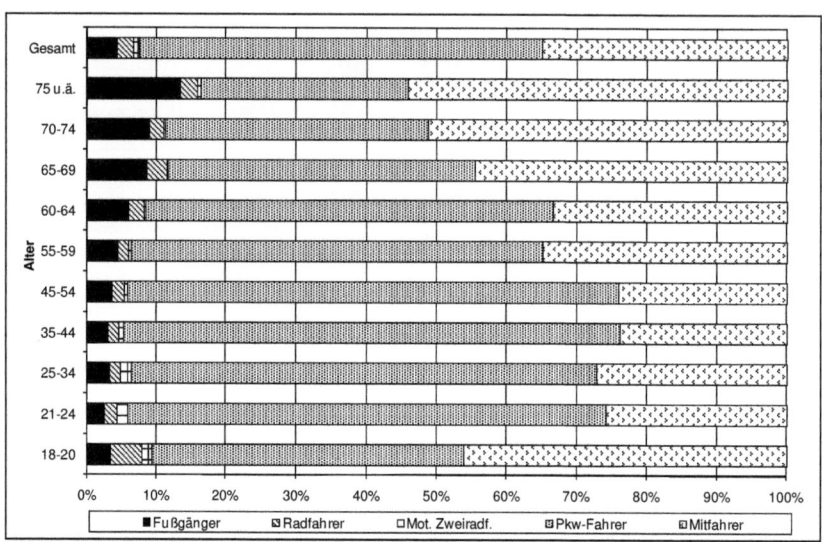

Abbildung 7: Anteile der Verkehrsleistung nach Alter und Art der Verkehrsbeteiligung in Westdeutschland 1991 [Eigene Darstellung nach Hautzinger et. al. 1996]

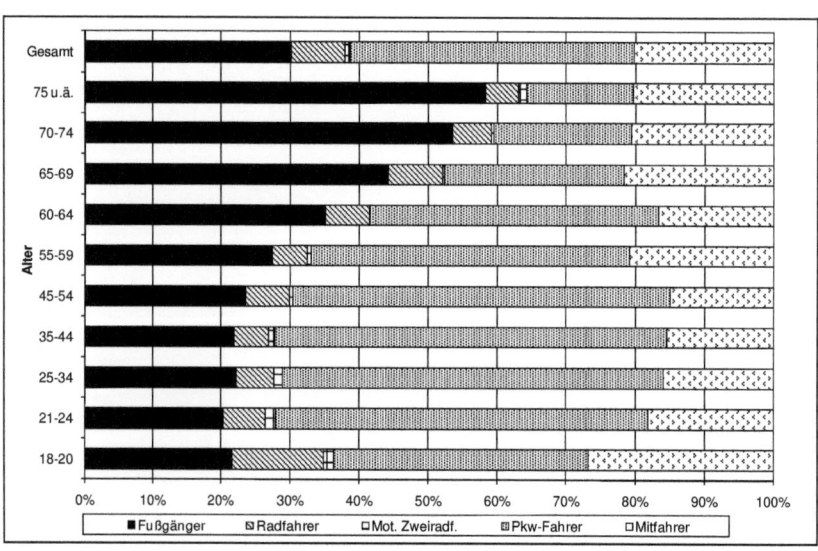

Abbildung 8: Anteile der Verkehrsbeteiligungsdauer nach Alter und Art der Verkehrsbeteiligung in Westdeutschland 1991 [Eigene Darstellung nach Hautzinger et. al. 1996]

Fast 30 % der Verkehrsleistungen erbringen die über 74-Jährigen, indem sie sich selbst hinter das Steuer setzen. Mit zunehmendem Alter sind sie dabei aber immer häufiger als Beifahrer unterwegs.

Unterschiede zeigen sich zudem in der Verkehrsmittelwahl in Abhängigkeit von der Stadtgröße (Flade 2002). In Großstädten greifen ältere Menschen häufiger auf den ÖPNV zurück, während sie in kleineren Orten eher das Fahrrad benutzen. Hier spiegelt sich vor allem das bessere Angebot im öffentlichen Verkehr in den Großstädten wider. Allerdings besteht dort durch das hohe Verkehrsaufkommen, sowohl objektiv als auch subjektiv, eine wesentlich größere Gefahr, in einen Unfall verwickelt zu werden. Ältere Menschen versuchen gerade als Radfahrer, solche Gefahren zu vermeiden. Daher stehen Rad- und ÖPNV-Nutzung in einem komplementären Verhältnis zueinander. In Großstädten nutzen immerhin ca. 80 % der über 64-Jährigen den öffentlichen Personennahverkehr zumindest gelegentlich. Bei dem Fünftel der älteren Menschen, die den ÖPNV nie nutzen, handelt es sich vor allem um Menschen über 75 Jahre (vgl. Mollenkopf und Flaschenträger 1996). Hier spielen Zugangshemmnisse, wie z. B. schwer zu bedienende Automaten beim Fahrkartenkauf, eine Rolle.

Der Freizeitverkehr macht inzwischen einen Großteil der Wege älterer Menschen aus. Hier gibt es nur geringe Unterschiede zwischen großen und kleinen Städten in der Verkehrsmittelnutzung (Rudinger 2004). Danach werden kurze Wege bis zu einem Kilometer Länge in allen Gebieten zu etwa 85-90 % zu Fuß bewältigt. Bei Wegen über zwei Kilometer Länge beträgt der Fußwegeanteil bereits weniger als 10 %. Das Fahrrad spielt im ländlichen Raum[32] kaum eine Rolle. Es wird im suburbanen Raum auch für Wege bis zu zwei Kilometer Länge genutzt, im städtischen Raum gelegentlich für längere Strecken. Längere Wege werden zu rund 90 % motorisiert zurückgelegt. Der Anteil des motorisierten Individualverkehrs (MIV) beträgt dabei zwischen 50 % in der Stadt und fast 70 % im suburbanen Raum. Im städtischen

---

[32] Gemeint ist disperse Struktur – nicht kleine Orte, in denen das Fahrrad durchaus eine hohe Bedeutung haben kann.

Bereich nutzen ca. 25 % der älteren Menschen den öffentlichen Verkehr. In den ländlichen Gebieten sind dies, i. d. R. bedingt durch das schlechtere Angebot, weniger als 10 %.

4.3.2 Verkehrsmittelwahl in Abhängigkeit vom Einkommen

Ökonomische Situation und Mobilität stehen in einem gewissen Zusammenhang. Je besser die Einkommenslage, desto ausgeprägter die Mobilität. Das gilt insbesondere für die Freizeitmobilität, aber gleichfalls für die Alltagsmobilität. Es ist zu erwarten, dass die Schere zwischen Arm und Reich zwar größer werden wird, dennoch stehen zukünftig insgesamt immer mehr ältere Menschen finanziell besser da, als in der Vergangenheit (BMAS 2003 und vgl. Kap. 4.2.3). Die heutigen älteren Menschen setzen ihr angespartes Vermögen stärker für ihre Freizeitaktivitäten und die damit verbundene Mobilität ein als dies früher der Fall war (Ghh Consult GmbH 1997). Viele ältere Personen sind an einen Mobilitätslevel gewohnt, der für sie zum gehobenen Lebensstandard dazu gehört. Der bereits während der Erwerbstätigkeit erreichte Standard soll im Alter möglichst erhalten werden; dazu gehört ebenfalls ein hohes Mobilitätslevel (Institut für Psychogerontologie 2004).

Der Pkw-Besitz bzw. die Verfügbarkeit von Fahrzeugen steigt mit höherem Einkommen an und ermöglicht somit z. B. andere Formen von Mobilität als in unteren Einkommensgruppen. Somit hat die ökonomische Situation einen maßgeblichen Einfluss auf die Verkehrsmittelwahl (vgl. Abbildung 9 und Abbildung 10).

Exemplarisch sind die Wege in Abhängigkeit vom Einkommen dargestellt, die mit dem Pkw als Selbstfahrer oder zu Fuß zurückgelegt werden. Dabei wird zum einen deutlich, dass der Anteil der Wege, die mit dem Pkw zurückgelegt werden mit höheren Einkommen stark zunimmt. Die Spanne reicht dabei in der Altersklasse der 65- bis 74-Jährigen von etwa 23 % für die niedrigsten Haushaltseinkommen unter 500 Euro bis ca. 53 % bei den hohen Einkommen von über 3.600 Euro pro Haushalt. Durch die Verkehrsmittelwahl steigen gleichfalls der Radius und die Wegelänge. Menschen mit höherem Einkommen sind somit, bedingt durch die Verkehrsmittelverfügbarkeit, mobiler.

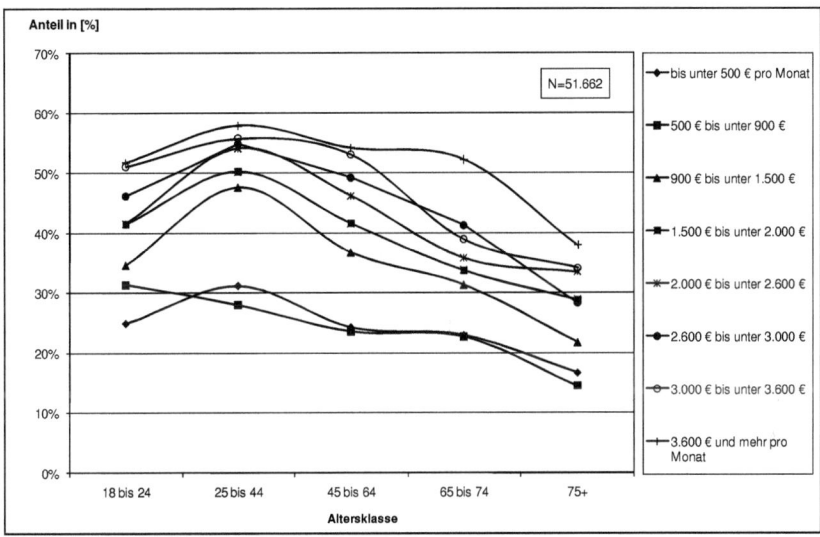

Abbildung 9: Anteile der als Selbstfahrer zurückgelegten Wege nach Alter und Nettoeinkommen je Haushalt [Eigene Auswertung und Darstellung auf Datenbasis BMVBW 2003]

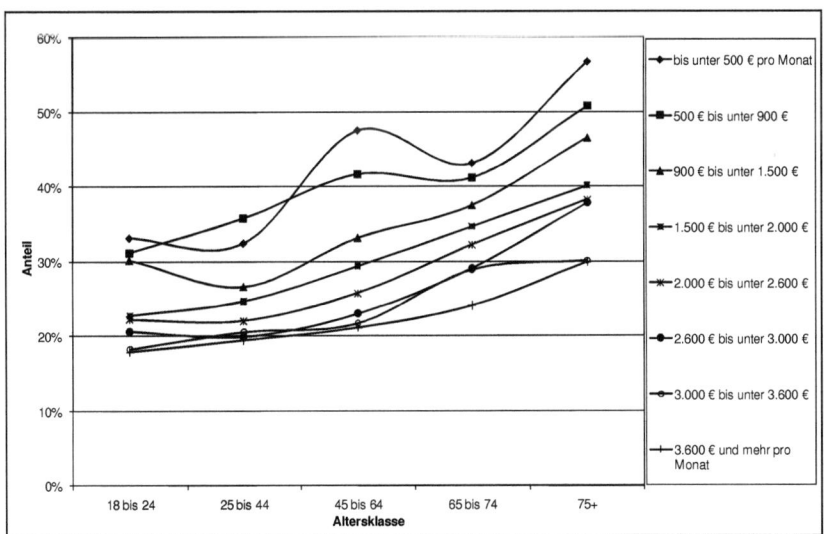

Abbildung 10: Anteile der zu Fuß zurückgelegten Wege nach Alter und Nettoeinkommen je Haushalt [Eigene Auswertung und Darstellung auf Datenbasis BMVBW 2003]

Entgegengesetzt verhält sich die Situation bei den zu Fuß zurückgelegten Wegen. Der Anteil dieser Wege reicht von ca. 23 % bei den hohen Einkommen bis ca. 43 % bei den niedrigsten Einkommen. Der Fußwegeanteil steigt dabei bei den niedrigen Einkommen ab einem Alter von 75 Jahren auf weit über 50 % an. Allerdings nimmt die Zahl der mit dem eigenen Pkw zurückgelegten Wege mit steigendem Alter generell ab, unabhängig von der Einkommensklasse. Nahezu gleichermaßen nehmen demgegenüber die zu Fuß zurückgelegten Wege zu (vgl. Kap. 4.3.1). Im Durchschnitt sinken die mit dem Pkw zurückgelegten Wege der 65- bis 74-Jährigen aller Einkommensklassen um ca. 10 % bei den über 75-Jährigen. Die Fußwegeanteile steigen entsprechend um ungefähr den gleichen Wert.

4.3.3 Führerschein- und Pkw-Verfügbarkeit

Es ist zu vermuten, dass der Pkw zukünftig im höheren Alter eine immer wichtigere Rolle spielen wird. Bislang sind es insbesondere die männlichen Senioren, die sich im Alter hinter das Steuer setzen. In den letzten Jahren ist aber die Anzahl der älteren Frauen, die Auto fahren, immer weiter angestiegen. Ein Hauptgrund ist die im Vergleich zu den früheren Kohorten derselben Altersgruppe höhere Führerscheinverfügbarkeit. Insbesondere steigt dabei die Quote der älteren Autofahrerinnen. Bereits zwischen 1994 und 2002 ist ein starker Anstieg des Führerscheinbesitzes bei den Altersgruppen der über 60-Jährigen zu erkennen (vgl. Abbildung 11).

Im Vergleich zu den Männern besitzen Frauen über 60 Jahre derzeit noch seltener einen Führerschein. So haben nur 36,6 % der Frauen einen Führerschein gegenüber 81,8 % der Männer (BMVBW 2003). In der Altersklasse zwischen 41 und 60 Jahren besitzen bereits 72,2 % der Frauen und 88,9 % der Männer einen Führerschein. Mit zunehmendem Alter der jüngeren Kohorten wird sich die Führerscheinverfügbarkeit der älteren Personen jener der jüngeren weiter annähern und insgesamt nahezu einen Sättigungsgrad erreichen.

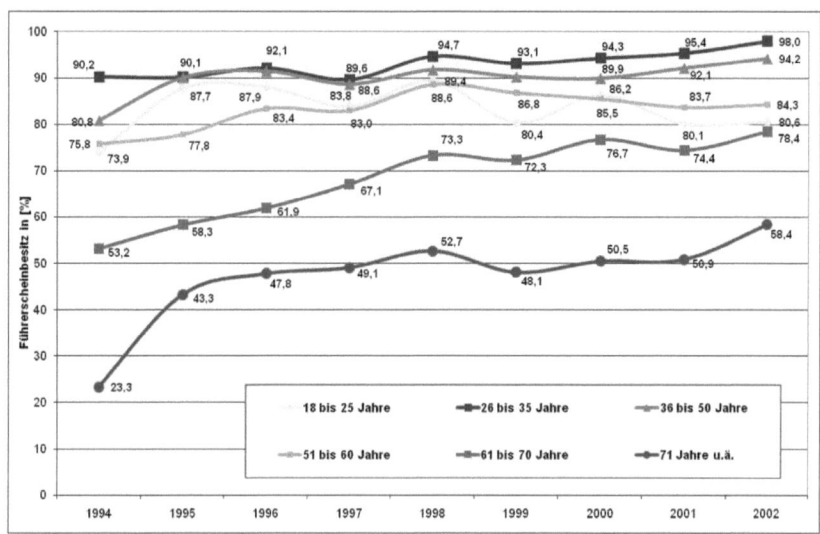

Abbildung 11: Personen mit Führerschein nach Altersklasse (1994 bis 2002) [Eigene Darstellung nach Zumkeller 2002]

Des Weiteren hat die Pkw-Verfügbarkeit in den höheren Altersgruppen in den letzten Jahren stark zugenommen. Die Anzahl der Haushalte von Personen über 60 Jahre, die über einen Führerschein und einen Pkw verfügen, ist in den Jahren von 1994 bis 2002 von 34 % auf über 61 % gestiegen (vgl. Abbildung 12). Dieser Trend wird sich in den nächsten Jahren weiter fortsetzen, da die nachrückenden Kohorten jüngerer Generationen über weit höhere Führerscheinanteile verfügen und der allgemein steigende Wohlstand zu höherem Pkw-Besitz in dieser Gruppe führen dürfte.

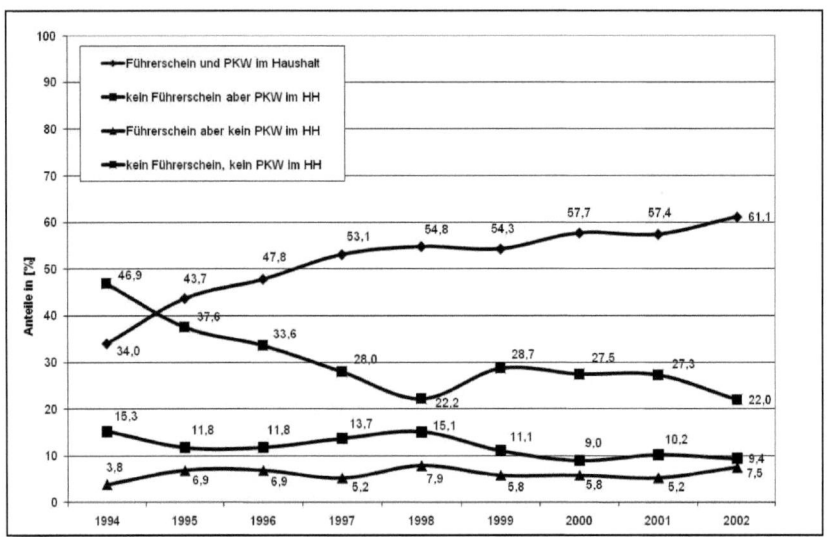

Abbildung 12: Pkw- und Führerscheinverfügbarkeit der Altersgruppe ab 60 Jahre [Eigene Darstellung nach Zumkeller 2002]

4.3.4 Entwicklungstendenzen der Verkehrsteilnahme älterer Menschen

Allein aufgrund der Tatsache, dass der Anteil der älteren Menschen an der Gesamtbevölkerung stark zunehmen wird, werden in der Zukunft immer mehr ältere Menschen am Verkehrsgeschehen teilnehmen. Die daraus entstehenden Folgen für den Verkehr lassen sich mithilfe der genannten Kenngrößen abschätzen. Insbesondere der Motorisierungsgrad bei älteren Menschen wird sich in der Zukunft weiter erhöhen. Die Zunahme der Motorisierung belegt auch die Shell-Studie (Shell Deutschland Oil 2004). In der Gruppe der Männer ab 65 Jahre lag die Motorisierung mit 767 Pkw pro 1000 Einwohner zum Zeitpunkt der Erhebung weit über dem Gesamtdurchschnitt von 664 Pkw pro 1000 Einwohner. Nach Prognosen der Shell-Studie wird die Motorisierung dieser Gruppe weiter – je nach Szenario – auf Werte zwischen 850 und 880 Pkw pro 1.000 Einwohner im Jahr 2030 steigen. Bei den Frauen ab 65 beträgt die Motorisierung derzeit nur 146 Pkw pro 1000 Einwohner. Je nach Szenario prognostiziert die Shell-Studie einen Zuwachs auf knapp 350 bis 360 Pkw pro 1.000 weibliche Einwohner im Alter von 65 und älter. Der Grund für diese Entwicklung ist, dass die Altersgruppen der Frauen mit einem deutlich höheren Anteil von Frauen mit Führerschein und eigenem Pkw jene Altersgruppen der über 64-Jährigen erreicht (vgl. Kap. 4.3.2 und 4.3.3). Daneben gibt es eine generelle Zunahme der Pkw-Verfügbarkeit und eine – wie oben beschrieben - verhältnismäßig gute finanzielle Situation der älteren Generation.

I. d. R. verlagert sich die Verkehrsmittelnutzung mit dem Eintritt in das Rentenalter vom motorisierten Individualverkehr auf den Umweltverbund.[33] Die zurückgelegten Wege verkürzen sich und die durchschnittliche Jahresfahrleistung mit dem Pkw sinkt deutlich ab (vgl. Kap. 4.3.2). Somit ist zu erwarten, dass als Fußgänger, mit dem Rad und im öffentlichen Verkehr in Zukunft wesentlich mehr alte Menschen anzutreffen sein werden. Zumindest für die Reisemobilität kann das erwartet werden: „Für die Zukunft wird für dieselbe Zielgruppe noch eine deutliche Zunahme der Bus- und Bahnnutzung als Reiseverkehrsmittel erwartet" (Neumann u. Bollich 2005, S. 188).

Sicher ist, dass infolge der demografischen Entwicklung in der Zukunft im Verhältnis zu anderen Altersgruppen (aber auch absolut) mehr ältere Menschen am Verkehrsgeschehen teilnehmen werden. Allerdings bestehen unterschiedliche Ansichten, inwieweit sich das auf die Gesamtfahrleistung der älteren Menschen auswirken wird. Für die Altersgruppe ab 60 Jahre prognostiziert eine Studie der Deutschen Shell AG entgegen dem allgemeinen Trend eine Steigerung der durchschnittlichen Jahresfahrleistung um etwa 10 % bis 2030 (Shell Deutschland Oil GmbH 2009).

---

[33] Umweltverbund: Nicht motorisierte Verkehre und öffentlicher Personennahverkehr.

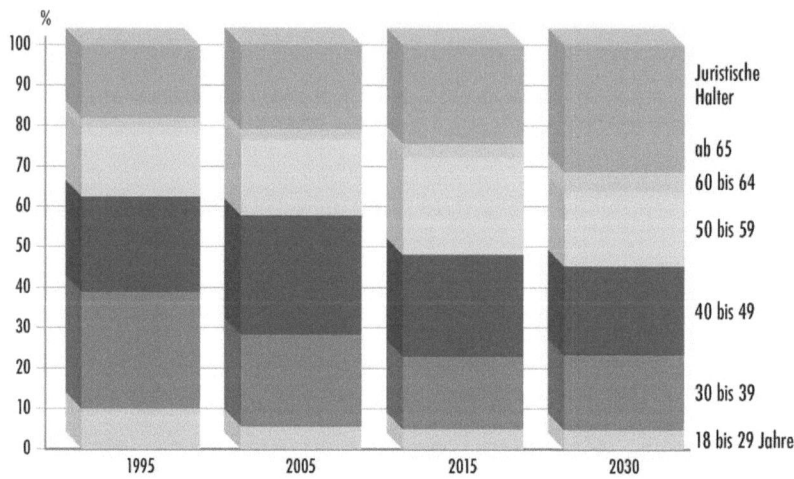

Abbildung 13: Prognostizierte Entwicklung der Fahrleistung nach Altersgruppen [Quelle: Shell Deutschland Oil GmbH 2009]

Begründet wird dies mit der steigenden Pkw-Erfahrung in den nachrückenden Kohorten (vgl. 4.3.3). Nach Meinung von Walker muss die absolut steigende Zahl älterer Verkehrsteilnehmer jedoch nicht unbedingt gleichfalls eine Steigerung der Gesamtverkehrsleistung zur Folge haben. Die erhöhte Verkehrsleistung der älteren Menschen im Individualverkehr könnte durch den Wegfall der weitaus längeren Strecken der zurückgehenden jüngeren Bevölkerung überkompensiert werden (vgl. Walker 2004).

Dennoch gibt es einige unbekannte Größen, die in allen benannten Prognosen nicht umfassend berücksichtigt wurden. Dazu gehören Änderungen im sozialen Sicherungssystem und die Situation auf dem Arbeitsmarkt sowie die Entwicklungen bei Angebot und Kompetenzen für Alternativen bei der Verkehrsmittelwahl. Das heutige Rentenniveau wird bei der sicheren Zunahme der Zahl der Empfänger kaum weiter steigen können. Hinzu kommt, dass zahlreiche Frührentner, die vorzeitig aus dem Berufsleben ausscheiden, nicht die vollen Rentenbezüge erhalten werden. Es gibt bereits erste Anzeichen, dass sich dieser Trend umkehren könnte (vgl. Kap. 4.3.1). Diese Entwicklungen könnten die prognostizierte Zunahme der Bedeutung des Pkws u. U. dämpfen. Zusätzlich bewirkt eine längere Lebensarbeitszeit (demnächst Renteneintrittsalter mit 67 Jahren) aufgrund der beruflich bedingten Fahrten eine Erhöhung der Verkehrsteilnahme älterer Personen und damit der Pkw-Nutzung. Einen ebenfalls dämpfenden Effekt haben steigende Kosten für Anschaffung und Betrieb eines Pkws. Der zunehmende Handlungsdruck aufgrund von Klimaschutzzielen kann hier einen maßgeblichen Einfluss haben.

4.4 Derzeitiges Verkehrsunfallgeschehen älterer Menschen

In einzelnen Orten nimmt die absolute Zahl der Unfälle mit Beteiligung älterer Menschen bereits zu. Gründe sind u. a. die Zunahme der Anteile älterer Menschen an der Gesamtbevölkerung (vgl. Kapitel 4.2.1) sowie das sich ändernde Mobilitätsverhalten, insbesondere mit höherer Führerscheinquote und Pkw-Verfügbarkeit (vgl. Kapitel 4.3.3). Durch das sich ändernde Unfallgeschehen rückt diese noch recht junge Problematik zunehmend in den Fokus der Polizei bzw. Öffentlichkeit (Huppertz 2006). Bei der Bewertung dieser Entwicklung sollten allerdings verschiedene Aspekte berücksichtigt werden.

4.4.1 Allgemeine Unfallentwicklung bei älteren Verkehrsteilnehmern

Im Jahr 2008 verunglückten im Straßenverkehr in Deutschland insgesamt 44.527 Menschen, die älter als 65 Jahre waren. Dabei wurden 32.147 leicht und 11.314 schwer verletzt, 1.066 ältere Menschen wurden getötet (Statistisches Bundesamt 2009c). Seit Jahren steigt die Anzahl der verunglückten Senioren im Straßenverkehr kontinuierlich an bzw. verbleibt auf einem hohen Niveau. Hierin spiegelt sich auch die veränderte und erhöhte Verkehrsteilnahme wider (vgl. Abbildung 14).

Bezogen auf 100 Tsd. Einwohner verunglückten 268 Menschen, die älter als 64 Jahre waren, sechs starben. Damit ist das Risiko zu verunglücken für ältere Menschen etwa halb so hoch, wie das des Bevölkerungsdurchschnitts. Weitaus größer ist bei dieser Gruppe allerdings die Gefahr, bei einem Unfall verletzt oder getötet zu werden. Gründe sind die mit zunehmendem Alter nachlassende physische Widerstandskraft sowie die Art der Verkehrsteilnahme: Ältere Menschen sind häufiger als ungeschützte Fußgänger im Straßenverkehr unterwegs als jüngere Personen.

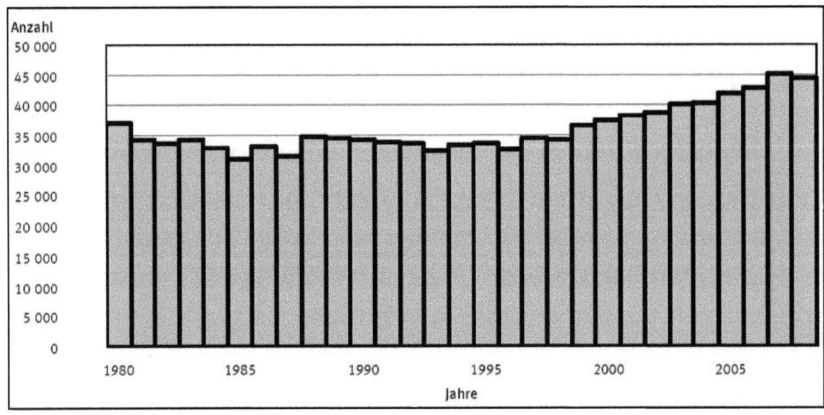

Abbildung 14: Verunglückte Senioren im Straßenverkehr 1980 bis 2008 [Quelle: Statistisches Bundesamt 2009c]

Trotz stetig wachsender Zahlen verunglückter Senioren ist das Risiko für ältere Menschen, im Straßenverkehr zu verunglücken oder getötet zu werden, insgesamt nicht angestiegen (vgl. Abbildung 15). Lediglich ältere Radfahrer sind deutlich gefährdeter, im Straßenverkehr zu verunglücken, als dies noch 1991 der Fall war. Bei den verunglückten Pkw-Insassen stagniert die Zahl seit 1991.[34] Insgesamt führt das zu einer Stagnation, trotz geringeren Risikos für ältere Fußgänger. Allerdings ist zu bedenken, dass im selben Zeitraum die Bevölkerung dieser Altersgruppe um 40 % gewachsen ist. Dadurch relativieren sich die Verunglücktenzahlen, wenn die Entwicklung gerade bei den Radfahrern natürlich dennoch alarmieren muss.

Das Risiko, bei einem Unfall getötet zu werden, ist für ältere Verkehrsteilnehmer geringer geworden, unabhängig vom Verkehrsmittel. Diese Entwicklung entspricht dem Trend bei anderen Bevölkerungsgruppen

---

[34] Zu beachten ist, dass Mitfahrer in dieser Gruppe eingeschlossen sind.

und wird überwiegend auf den medizinischen Fortschritt (bessere Operationsmethoden, lebenserhaltende Maßnahmen) zugeschrieben.

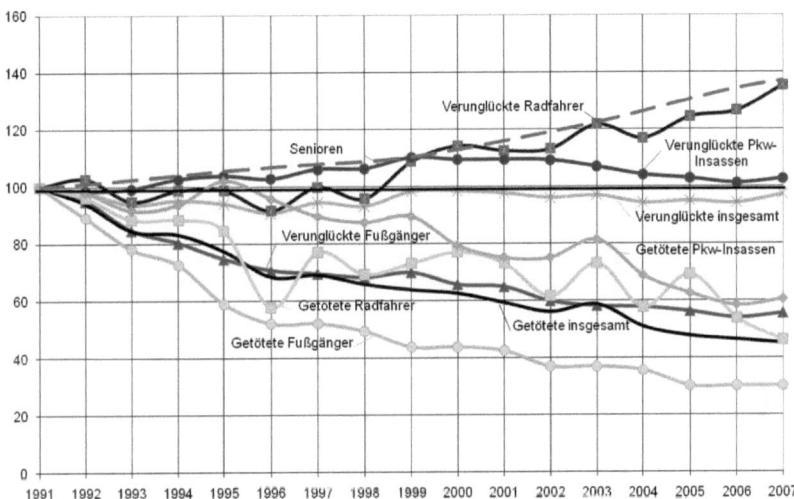

Abbildung 15: Bevölkerungsentwicklung und Entwicklung der verunglückten und getöteten Senioren insgesamt und nach ausgewählten Verkehrsmitteln 1991 bis 2007 (1991 = 100) [Eigene Darstellung auf Basis Statistisches Bundesamt 2008c]

4.4.2 Unfallgeschehen älterer Kraftfahrer

Seit 1995 verunglücken ältere Menschen am häufigsten als Pkw-Insassen und nicht mehr als Fußgänger. Im Jahr 2008 waren es 45 % (20.130) aller verunglückten älteren Menschen (Statistisches Bundesamt 2009c). Das lässt sich auf das veränderte Mobilitätsverhalten zurückführen, da der größte Teil der Verkehrsleistung in dieser Altersgruppe inzwischen mit dem Pkw erbracht wird (vgl. Kap. 4.3.1). Auch die meisten tödlichen Unfälle erfolgten im Pkw. 2008 waren es 437 getötete Personen, demnach 41% aller tödlich verunglückten älteren Menschen.

4.4.2.1 Das Unfallrisiko älterer Kraftfahrer

Wenn man die Unfälle mit Beteiligung von älteren Menschen auswertet und auf die Fahrleistung bezieht, zeigt sich: 65- bis 75-Jährige Kraftfahrer verursachen nicht mehr Unfälle als die Gruppe der 25- bis 35-Jährigen (vgl. Abbildung 16). Erst ab einem Alter von 75 Jahren ist unter Berücksichtigung der abnehmenden Fahrleistung älterer Kraftfahrer ein Anstieg des Risikos, einen Unfall zu verursachen, zu beobachten. Die über 75-Jährigen schneiden allerdings deutlich besser ab als die Gruppe der Fahranfänger im Alter von 18 bis unter 25 Jahre.

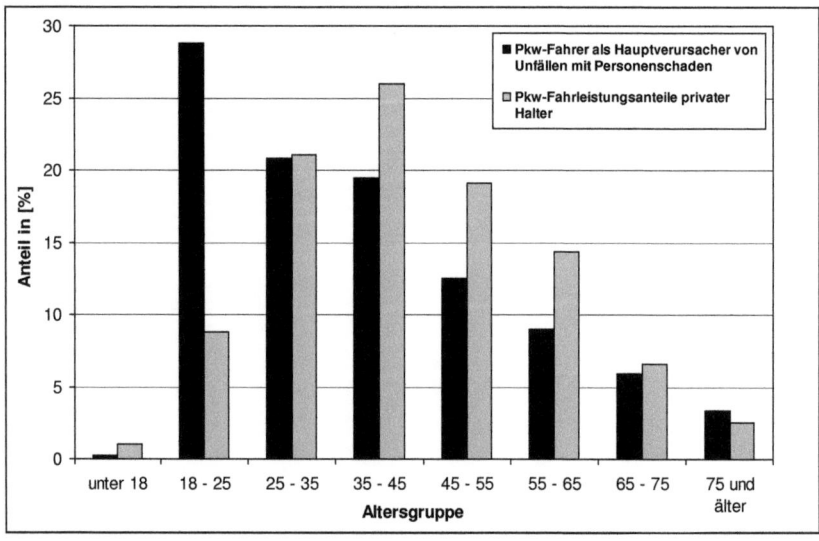

Abbildung 16: Pkw-Fahrer nach Altersgruppen und Fahrleistungsanteilen als Hauptverursacher von Unfällen [Quelle: ADAC 2005]

Dabei ist zusätzlich zu berücksichtigen, dass die Gruppenbetrachtung zu einer Verzerrung führt: Fahrer mit hohen Fahrleistungen verfügen zwangsläufig über ein niedrigeres Unfallrisiko pro Kilometer, als Fahrer mit geringen Fahrleistungen. Das Unfallrisiko älterer Fahrer lässt sich daher überwiegend auf ihre potenziell geringere Fahrleistung zurückführen (Janke 1991). Es lässt sich nachweisen, dass die Unfallbeteiligung älterer Autofahrer bei Fahrern zunimmt, die weniger als 3.000 km im Jahr zurücklegen (Langford et al. 2006). Dieser Rückgang bei der Fahrleistung tritt überwiegend ab dem 75. Lebensjahr ein. Ältere Autofahrer mit durchschnittlicher oder hoher jährlicher Fahrleistung haben ein vergleichbares Unfallrisiko zu jüngeren Altersgruppen mit gleicher Fahrleistung (Hakamies-Blomqvist et al. 2002; Langford et al. 2006). Wenn man diese Faktoren berücksichtigt, haben ältere Kraftfahrer fahrleistungsbereinigt gegenüber jüngeren Kraftfahrern sogar ein deutlich geringeres Potenzial, einen Unfall zu verursachen.

4.4.2.2 Unfallursachen bei Unfällen älterer Kraftfahrer

Wenn ältere Kraftfahrer als Verursacher eingestuft wurden, dann ließen sich folgende maßgebliche Unfallursachen feststellen (Statistisches Bundesamt 2008e):

- Vorfahrtmissachtung (25 %) sowie
- Abbiegefehler, Wenden und Rückwärtsfahren, Ein- und Anfahren (21 %) sowie
- Fehler beim Fahrstreifenwechsel und Fehler beim Verlassen einer Parklücke.

Abbiegefehler und Vorfahrtsmissachtung sind damit die häufigsten Unfallursachen bei der Benutzung des Pkws durch ältere Menschen. Der Großteil der Unfälle mit Personenschaden lässt sich sowohl in der Altersgruppe 65-74 Jahre als auch in der Altersgruppe über 75 Jahre einer Missachtung der Vorfahrtsregelung zuordnen. Fast vier Fünftel dieser Unfälle (78 %) ereignen sich an vorfahrtgeregelten Knotenpunkten. Allerdings ist in den aggregierten Statistiken der Statistischen Ämter nicht zu erkennen, welche typischen Konfliktsituationen für ältere Kraftfahrer maßgeblich sind. Solche genaueren Betrachtungsweisen der Unfallsituationen können in einer aggregierten Bundes- oder Landesstatistik nicht durchgeführt werden, sondern müssten vor Ort in der jeweiligen Kommune erfolgen.

Ältere Menschen verzeichnen häufig Einbußen bei der physischen Leistungsfähigkeit. Das führt trotz gewisser Kompensationsmöglichkeiten in bestimmten Verkehrssituationen zu Konflikten. Mit steigendem Alter nehmen die Unfallursachen im Zusammenhang mit

- Abbiegen, Vorfahrt und Vorrang sowie
- Wenden, Rückwärtsfahren, Ein- und Anfahren

über alle Altersgruppen betrachtet deutlich zu (vgl. Abbildung 17). Hingegen nehmen Unfälle im Zusammenhang mit

- nicht angepasster Geschwindigkeit sowie
- Einhalten des vorgeschrieben Abstands

gegenüber jüngeren Altersgruppen in der Häufigkeit ab. Diese Entwicklung lässt sich wahrscheinlich u. a. auf eine Veränderung der Persönlichkeitsmerkmale bei den älteren Menschen und auf taktische Kompensation zurückführen.[35]

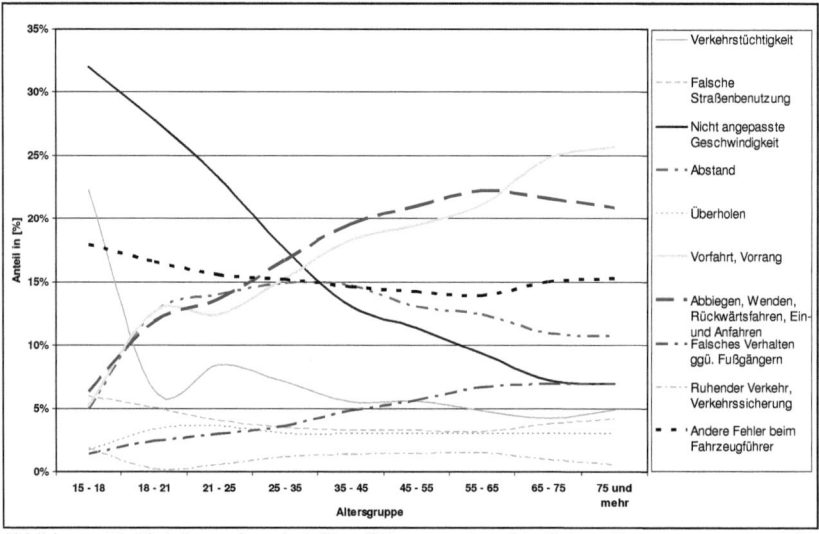

Abbildung 17: Unfallursachen bei Pkw-Führern unterschiedlicher Altersgruppen im Jahr 2007 in Deutschland [Eigene Darstellung nach Statistisches Bundesamt 2008c]

4.4.2.3 Exkurs: Fahreignung älterer Menschen

Krankheiten und andere Mängel können einen Verkehrsteilnehmer entscheidend beeinträchtigen. Kognitive Funktionsstörungen oder physische Mängel werden immer wieder als Grund für Unfälle gerade älterer Menschen genannt (z. B. Jansen et al. 2001). In aktuellen Diskussionen zum Thema Verkehrssicherheit werden daher immer wieder Stimmen laut, die eine Überprüfung älterer Menschen auf Verkehrs-

---

[35] Taktische Kompensation betrifft Verhaltensweisen während der Fahrt, die helfen, kritische Verkehrssituationen zu vermeiden und erforderliche Reaktionszeiten zu verlängern (z. B. größere Sicherheitsabstände, Wahl einer geringeren Geschwindigkeit, langsames Heranfahren an komplexe Verkehrssituationen)

tauglichkeit fordern, da vermutet wird, dass von ihnen eine Gefahr für die Sicherheit im Straßenverkehr ausgehen könnte. Schließlich gehen gerade mit dem Alter physische, physiologische, psychophysische und psychische Veränderungen einher, die sich auf die Verkehrsteilnahme auswirken können (vgl. Kap. 4.5).

Welchen Voraussetzungen ein Kraftfahrer genügen muss, ist im Straßenverkehrsgesetz (StVG) geregelt. Nach § 2 Abs. 4 StVG muss ein Verkehrsteilnehmer zunächst körperliche und psychische Voraussetzungen erfüllen, um überhaupt einen Pkw im Straßenverkehr führen zu dürfen (StVG). Ferner darf die Person nicht erheblich oder nicht wiederholt gegen verkehrsrechtliche Vorschriften oder gegen Strafgesetze verstoßen haben. Die körperlichen und psychischen Voraussetzungen werden in der Fahrerlaubnisverordnung (FeV) geregelt. Eine Anlage zur FeV benennt konkret Krankheiten und Mängel, die die Fahreignung beeinträchtigen können. In der Anlage 4 zur FeV sind folgende Mängel genannt, die verstärkt im Alter auftreten:

- mangelndes Seh- und Hörvermögen,
- Gleichgewichtsstörungen,
- Herz- und Gefäßkrankheiten,
- Stoffwechselkrankheiten,
- Krankheiten des Nervensystems,
- Altersdemenz und schwere Persönlichkeitsveränderungen durch pathologische Alterungsprozesse.

Je nach Art und Schwere dieser Mängel können die Fähigkeiten, ein Fahrzeug sicher im Straßenverkehr zu führen, stark eingeschränkt werden. In welchem Alter diese Veränderungen auftreten und ob sie die Fahreignung entscheidend beeinträchtigen, lässt sich nicht allgemein bestimmen, sondern ist individuell verschieden. Man muss daher bei jeder Person das kalendarische Alter vom funktionalen oder biologischen Alter unterscheiden. Dies ist ein entscheidendes Argument der Gegner einer regelmäßigen Kontrolle der Fahreignung ab einem gewissen Alter. Sie fordern vielmehr, dass eine Untersuchung nur dann erfolgt, wenn konkrete Zweifel begründet werden können.

Ältere Menschen passen ihr Verkehrsverhalten, insbesondere ihr Fahrverhalten, an die persönlichen Voraussetzungen und äußere Umständen an. Sie nutzen weniger den Pkw, legen kürzere Strecken zurück und vermeiden bestimmte Situationen. So fahren sie beispielsweise seltener in Zeiten mit hohem Verkehrsaufkommen, bei Dunkelheit oder bei schlechten Witterungsbedingungen. Sie fahren also in „taktischer" und „strategischer" Hinsicht besser als jüngere Verkehrsteilnehmer (vgl. Pfafferott 1994). Hinzu kommt, dass ältere Kraftfahrer durchschnittlich andere Persönlichkeitsmerkmale aufweisen als jüngere. Im Gegensatz zu den jungen Menschen fahren sie langsamer und gehen weniger riskante Fahrmanöver ein. Demzufolge sind ältere Menschen in der Lage, ihre evtl. körperlichen Einschränkungen durch Erfahrung und durch angepasstes Verhalten zu kompensieren.

4.4.3 Unfallgeschehen älterer Fußgänger

Im Jahr 2008 verunglückten in Deutschland 7.136 Fußgänger im Alter von 65 Jahren oder älter, 325 von ihnen starben (Statistisches Bundesamt 2009c). Damit gehört etwa jeder zweite getötete Fußgänger im Straßenverkehr zur Gruppe der Senioren; ältere Fußgänger sind überdurchschnittlich häufig in Unfälle mit tödlichem Ausgang verwickelt. Wie auch bei den Kfz-Unfällen, lassen die aggregierten Statistiken der Statistischen Ämter keine genauen Rückschlüsse über typische Unfallsituationen älterer Fußgänger zu.

4.4.3.1 Unfallrisiko älterer Fußgänger

Verletzungen, die bei einem jungen Menschen keine Lebensbedrohung darstellen, können bei einer älteren Person aufgrund nachlassender physischer Widerstandskraft bereits tödliche Folgen haben. Das Risiko, als Fußgänger bei einem Unfall getötet zu werden, ist für ältere Menschen über vier Mal höher als das von Fußgängern mittleren Alters (25 bis 64 Jahre). Dieser Umstand ist nicht darauf zurückzuführen, dass sich ältere Menschen häufiger als andere Altersgruppen als Fußgänger im Straßenverkehr bewegen. Die Anzahl der Wege, die zu Fuß zurückgelegt werden, steigt im Alter zwar an, die zurückgelegten Entfernungen der über 65-Jährigen nehmen jedoch gegenüber den

Jüngeren deutlich ab, d. h. die Verkehrsleistung insgesamt sinkt. Über zwei Drittel ihrer Wege legen Ältere im Wohnumfeld zurück (Draeger u. Klöckner 2001).

4.4.3.2 Unfallursachen bei Unfällen älterer Fußgänger

Der größte Teil der Unfälle mit älteren Fußgängern ereignet sich erwartungsgemäß innerhalb geschlossener Ortschaften (96 % in 2007). Dabei waren lediglich bei 27 % der Unfälle die älteren Verkehrsteilnehmer selbst als Hauptverursacher festgelegt, in 73 % der Unfälle wurden diese den beteiligten Kraftfahrern angelastet (Statistisches Bundesamt 2008c). Das war Mitte der 1970er Jahre anders. In dieser Zeit war der überwiegende Teil der Unfälle von Senioren bei den Fußgängern noch auf ein Fehlverhalten der älteren Menschen zurückzuführen. Diese Entwicklung wird überwiegend Verkehrserziehungsprogrammen zugeschrieben (vgl. Limbourg u. Reiter 2001).

Bel Untersuchungen zu Fußgängerunfällen hat man festgestellt (Draeger 1997):

- 70 bis 80 % der Fußgängerunfälle mit älteren Menschen geschehen auf Hauptverkehrsstraßen,
- der größte Teil der Unfälle (80 %) ereignet sich auf der Strecke, nur 20 % an Knotenpunkten,
- je geringer die bevölkerungsbezogene Zahl von Fußgängerüberwegen ist, umso höher ist die bevölkerungsbezogene Zahl der verunglückten älteren Fußgänger.

Diese Erkenntnisse erklären, dass sich die meisten Zusammenstöße, bei denen älteren Fußgängern Fehlverhalten zur Last gelegt wird, beim Überschreiten der Fahrbahn abseits gesicherter Überquerungen ereigneten (88,9 % bei den Getöteten bzw. 85,8 % bei den Unfällen mit Personenschaden innerhalb von Ortschaften im Jahr 2007). Bei zwei Dritteln der Unfälle mit Personenschaden wurde älteren Menschen zur Last gelegt, die Fahrbahn überschritten zu haben, ohne auf den Fahrzeugverkehr zu achten (66,5 %). Weitere Unfälle mit Personenschaden bei Überquerungen passierten besonders

- beim Überqueren der Fahrbahn in der Nähe von Lichtsignalanlagen oder Fußgängerüberwegen bei dichtem Verkehr (9,9 %),
- bei Überquerungen an Stellen, die durch Lichtsignalanlagen oder die Polizei geregelt werden (7,5 %) sowie
- beim plötzlichen Hervortreten hinter Sichthindernissen (7,9 %).

Doppelnennungen sind hierbei möglich, da in der Verkehrsunfallanzeige bis zu drei Unfallursachen pro Beteiligtem eingetragen werden können (Statistisches Bundesamt 2008e).

4.4.3.3 Vergleich älterer und jüngerer Altersgruppen bei Fußgängerunfällen

Im Vergleich der älteren mit den jüngeren Fußgängern stellt sich eine Entwicklung nicht ganz so ausgeprägt dar. Da die statistischen Daten nicht genauer vorliegen, lassen sich keine detaillierten Altersgruppenvergleiche vornehmen (vgl. Abbildung 18).

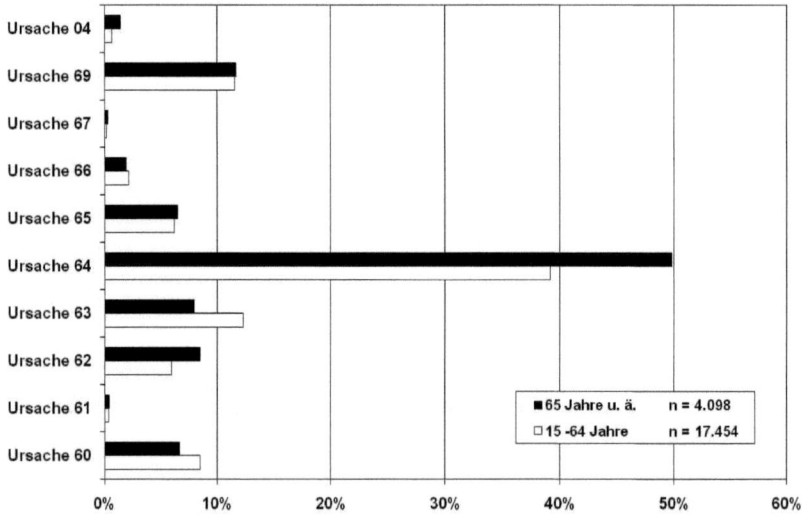

Abbildung 18: Unfallursachen bei Fußgängern in Deutschland im Jahr 2007 im Altersgruppenvergleich [Eigene Darstellung nach Statistisches Bundesamt 2008c]

Erläuterung zu den Unfallursachen in Abbildung 18:

Falsches Verhalten der Fußgänger

- Falsches Verhalten beim Überschreiten der Fahrbahn...

- ...an Stellen, an denen der Fußgängerverkehr durch Polizeibeamte oder Lichtzeichen geregelt war (Unfallursache 60)
- ...auf Fußgängerüberwegen ohne Verkehrsregelung durch Polizeibeamte oder Lichtzeichen (Unfallursache 61)
- ...in der Nähe von Kreuzungen oder Einmündungen, Lichtzeichenanlagen oder Fußgängerüberwegen bei dichtem Verkehr (Unfallursache 62)
- ...durch plötzliches Hervortreten hinter Sichthindernissen (Unfallursache 63)
- ...ohne auf den Fahrzeugverkehr zu achten (Unfallursache 64)
- ...durch sonstiges falsches Verhalten (Unfallursache 65)
- Nichtbenutzen des Gehwegs (Unfallursache 66)
- Nichtbenutzen der vorgeschriebenen Straßenseite (Unfallursache 67)
- Andere Fehler der Fußgänger (Unfallursache 69)

Verkehrstüchtigkeit

- Sonstige körperliche oder geistige Mängel (Unfallursache 04)

Besonders große Unterschiede zwischen den Altersgruppen bei der Häufigkeit der Unfallursachen gab es bei „Falsches Verhalten beim Überschreiten der Fahrbahn ohne auf den Fahrzeugverkehr zu achten" (Ursache 64). Hier wird älteren Menschen öfter ein Fehlverhalten zugeschrieben als jüngeren. Die Hälfte aller von älteren Fußgängern verursachten Unfälle lässt sich auf diese Ursache zurückführen.

Im Gegensatz dazu traten jüngere Fußgänger häufiger hinter Sichthindernissen auf die Fahrbahn, wenn sie einen Unfall verursachten. Dies ist ein Indiz dafür, dass sich ältere Fußgänger durchaus der Gefahren solcher Situationen bewusst sind. Ein Hauptgrund für die Kollision zwischen Kraftfahrzeug und älterem Fußgänger könnte in vielen Fällen eher die unterschätzte Geschwindigkeit des Fahrzeugs gewesen sein. Nicht angepasste bzw. überhöhte Geschwindigkeit spielt bei der überwiegenden Zahl von Unfällen sicherlich eine Rolle, lässt sich statistisch aber nicht sicher erfassen (vgl. Menzel 2002).

Bemerkenswert ist der Vergleich der Unfallursache 60 („Falsches Überschreiten der Fahrbahn an Stellen, an denen der Fußgängerverkehr durch Polizeibeamte oder Lichtzeichen geregelt war") für die unterschiedlichen Altersgruppen. Hier zeigt sich wiederum ein höheres Gefahrenbewusstsein älterer Fußgänger, die aufgrund von Rotlichtmissachtung anscheinend seltener in Unfälle verwickelt werden.

4.4.4 Unfallgeschehen älterer Radfahrer

Der Stellenwert des Fahrrads hat für die Fortbewegung älterer Menschen oftmals unterschätzte Bedeutung. Bei der Verkehrsmittelwahl bleibt der Anteil der mit dem Fahrrad zurückgelegten Wege bis zum Alter von 80 Jahren nahezu konstant, ältere Radfahrer nutzen das Fahrrad ähnlich häufig wie junge Erwachsene (Steffens et. al. 1999). Dabei gehören ältere Radfahrer leider vielerorts zu einer besonders gefährdeten Gruppe. Im Jahr 2008 verunglückten 12.546 Radfahrer, die älter als 64 Jahre waren, 218 von ihnen starben (Statistisches Bundesamt 2009c). Damit kommt nahezu jeder zweite getötete Radfahrer aus der Altersgruppe 65 Jahre und älter. Das Risiko, als älterer Radfahrer zu verunglücken, ist in den letzten Jahren kontinuierlich angestiegen (vgl. Kap. 4.4.1).

4.4.4.1 Unfallrisiko älterer Radfahrer

Die Wahrscheinlichkeit für ältere Menschen beim Radfahren eine tödliche Verletzung zu erleiden, ist im Vergleich zu jüngeren Menschen deutlich höher. Insbesondere ab einem Alter von 75 Jahren verdoppelt sich die Verunglücktenquote (bezogen auf die Zeit der Verkehrsteilnahme) und übersteigt sogar den Wert der Kinder und Jugendlichen.

4.4.4.2 Unfallursachen bei Unfällen älterer Radfahrer

Bei detaillierten Unfallanalysen wurde festgestellt, dass es drei maßgebliche Unfallursachen gibt, die für 60 % aller Unfälle älterer Radfahrer zutreffen (Steffens et al. 1999):

- Vorfahrt- und Vorrangfehler,
- Fehler beim Abbiegen sowie

- falsche Straßenbenutzung.[36]

Mit etwa einem Viertel aller Unfälle rangieren Vorfahrt- und Vorrangfehler an erster Stelle. Bei dieser Unfallursache überwiegt mit einem Anteil von 20 % das Nichtbeachten der die Vorfahrt regelnden Verkehrszeichen. An zweiter Position folgen Fehler beim Abbiegen, Wenden, Ein- und Anfahren (ca. 20 %), wobei maßgebliche Fehlerursache das Abbiegen ist (14 %). Die dritthäufigste Unfallursache bei älteren Radfahrern ist eine falsche Straßenbenutzung (14%). Mit einem Anteil von 10 % dominiert in dieser Kategorie die Benutzung der falschen Fahrbahn bzw. verbotener Straßenteile (Steffens et al. 1999). Zusätzlich muss das Einfädeln in den fließenden Verkehr als besonders risikoreich für ältere Radfahrer angesehen werden (immerhin ca. 5 % der verunglückten Fahrer).

4.4.4.3 Vergleich älterer und jüngerer Altersgruppen bei Radfahrunfällen

Gegenüber jüngeren Radfahrern ergibt sich damit eine völlig andere Ursachenstruktur. Ältere Radfahrer verunglücken im Vergleich zu jüngeren

- viermal häufiger an Verkehrsknoten, an denen sie die Vorfahrtszeichen nicht beachten,
- ca. dreimal häufiger beim Abbiegen sowie
- ca. zweimal häufiger beim Einfädeln in den fließenden Verkehr.

4.4.5 Unfallgeschehen älter Menschen im öffentlichen Nahverkehr

Das geringste Unfallrisiko für ältere Menschen besteht bei der Benutzung öffentlicher Verkehrsmittel. Im Jahr 2008 verunglückten 1.275 Personen dieser Altersgruppe in Linienbussen, 5 wurden getötet (Statistisches Bundesamt 2009c). Oftmals werden in die Untersuchungen die Zu- und Abgänge zur bzw. von der Haltestelle in die Auswertungen

---

[36] Zu dieser Unfallursache zählen: Benutzung der falschen Fahrbahn (auch Richtungsfahrbahn), verbotswidrige Benutzung anderer Straßenteile, Verstoß gegen das Rechtsfahrgebot (lt. Ursachenverzeichnis für die Straßenverkehrsunfallstatistik).

einbezogen. Wenn man nur die ÖPNV-Fahrt betrachtet, ergeben sich mit Unfallraten von 0,02 (Eisenbahn) bis 0,1 (Straßenbahn) Verunglückte auf 1 Mio. Personenkilometer deutlich geringere Werte, als bei den anderen Verkehrsmitteln (Limbourg u. Reiter 2001).[37]

4.5 Typische Beeinträchtigungen im Alter und ihre Folgen für die Mobilität

Wenn eine seelische, geistige oder körperliche dauerhafte Einschränkung vorliegt, spricht man von Behinderung. Ab einem Grad der Behinderung (GdB) von 50 gilt eine Person nach deutschem Recht als schwerbehindert.[38] Schwerbehinderte Menschen erhalten einen Schwerbehindertenausweis, in dem Art und Grad der Behinderung vermerkt sind. Zum Stichtag 31.12.2008 waren in Deutschland 7.111.174 Schwerbehindertenausweise ausgegeben; das entsprach zu diesem Zeitpunkt einem Anteil von 8,7 % der Gesamtbevölkerung. Ein nicht unerheblicher Teil der Bevölkerung ist in seiner Mobilität deutlich eingeschränkt (Merkzeichen „aG", „B", „H" und „BL"; „RF" und „GL", vgl. Tabelle 8). Diese Menschen benötigen für ihre Fortbewegung zwingend eine barrierefrei gestaltete Umwelt.

Hinzu kommen ca. 1,4 Mio. Menschen mit einem GdB von mindestens 30 aber unter 50, die mit schwerbehinderten Personen gleichgestellt sind, aber keinen Ausweis erhalten.[39] Zusätzlich besteht eine Dunkelziffer von Personen, die Anspruch auf einen Schwerbehindertenausweis hätten, keinen beantragt haben und keine sozialen Leistungen beziehen (vgl. Neumann 2006).[40] Insgesamt wird derzeit mit einem

---

[37] Risikokennziffern von Senioren als: Pkw-Fahrer 0,24 – 0,57, Radfahrer 2,95 – 6,19, Fußgänger 0,64 – 2,80 (höhere Werte jeweils Gruppe ab 75 Jahre) (Limbourg u. Reiter 2001).

[38] Vgl. SGB IX § 2 Abs. 2 i. d. F. v. 19.6.2001.

[39] Vgl. SGB IX § 2 Abs. 3 i. d. F. v. 19.6.2001.

[40] Bei einer Behinderung besteht in Deutschland keine Meldepflicht und der Antrag auf Ausstellung eines Schwerbehindertenausweises ist freiwillig (vgl. SGB IX § 69 Abs. 5 i. d. F. v. 19.6.2001).

Anteil schwerbehinderter Menschen an der Gesamtbevölkerung von rund 11 % bis 12 % gerechnet.

Tabelle 8: Aufteilung der Merkzeichen der amtlich registrierten schwerbehinderten Menschen in Deutschland zum 31.12.2008 [Quelle: BMAS 2010]

Merkzeichen	in % der Ausweisinhaber[41]
„G" (gehbehindert)	49,1
„aG" (außergewöhnlich gehbehindert)	9,8
„H" (hilflos)	12,9
„BL" (blind)	1,5
„RF" (Befreiung von der Rundfunkgebührenpflicht)[42]	14,9
„GL" (gehörlos)	0,5
„1.KL" (1. Klasse Nutzung erlaubt)	0,2
„B" (Begleitperson benötigt)	25,8
„Kriegsbeschädigt"	0,7
„VB" (weniger als 50 % Erwerbsfähigkeit)	0,1
„EB" (weniger als 50 % Erwerbsfähigkeit)	>0,1

Die Unterscheidung nach Altersgruppen zeigt, dass der Anteil der Menschen mit Behinderung mit steigendem Alter deutlich zunimmt. So wird bei den Menschen ab 65 Jahre bereits jeder Vierte als Schwerbehindert nach dem Gesetz geführt (vgl. Tabelle 9). Diese Gruppe ist also besonders auf eine Anpassung der baulichen Umwelt angewiesen, um die gewünschte Mobilität ohne Einschränkungen ausüben zu können.

---

[41] Es besteht die Möglichkeit des Eintrags mehrerer Merkzeichen für eine Person.

[42] Die gesundheitlichen Voraussetzungen für die Befreiung von der Rundfunkgebührenpflicht sind erfüllt bei blinden oder nicht nur vorübergehend wesentlich sehbehinderten Menschen mit einem GdB von wenigstens 60 allein wegen der Sehbehinderung, hörgeschädigten Menschen sowie behinderten Menschen mit einem GdB von wenigstens 80, die wegen ihres Leidens an öffentlichen Veranstaltungen ständig nicht teilnehmen können.

Tabelle 9: Nach dem Gesetz behinderte Menschen in Deutschland nach Altersgruppen
[Quelle: Statistisches Bundesamt 2009b]

Alter	Anzahl insgesamt	Anzahl je 1.000 Einwohner
unter 4	14.297	5
4 – 15	105.930	12
15 – 25	157.075	17
25 – 35	200.510	21
35 – 45	447.270	34
45 – 55	826.264	66
55 – 65	1.410.756	148
65 und mehr	3.756.070	227
Insgesamt[43]	6.918.172	-

Speziell bei älteren Menschen lassen sich folgende altersbedingte Veränderungen des psychophysischen Leistungsvermögens feststellen, die für die Teilnahme am Straßenverkehr relevant sind (Limbourg 1999):

- die Verschlechterung des Sehvermögens,
- Einschränkungen der motorischen Beweglichkeit,
- das nachlassende Leistungstempo bei der Informationsverarbeitung, der Entscheidung und bei der Ausführung einer geplanten Handlung,
- die verringerte Belastungsfähigkeit,
- die schnellere Ermüdbarkeit.

---

[43] Die Unterschiede bei der Gesamtzahl schwerbehinderter Menschen bei Statistischem Bundesamt und BMAS ergibt sich aufgrund des unterschiedlichen Stichtags. Die Auswertung des Statistischen Bundesamts zur Schwerbehindertenstatistik erscheint lediglich alle 2 Jahre. Die nächste Auswertung wird voraussichtlich Anfang 2011 verfügbar sein. Anhand der beiden Quellen ist erkennbar, dass die Anzahl schwerbehinderter Personen tendenziell zunimmt.

Nachfolgend sind die typischen altersbedingten Einschränkungen und ihre Folgen für die Mobilität beschrieben.

4.5.1 Physiologische Einschränkungen

Eine Reihe von physiologischen Faktoren kann die Verkehrsteilnahme älterer Menschen beeinträchtigen. Dazu zählen z. B. das Nachlassen von Muskelkräften oder Beweglichkeit und Gelenkigkeit. Zudem nimmt die Wahrscheinlichkeit, an einer rheumatischen Erkrankung zu leiden, mit steigendem Lebensalter zu. Zu den altersabhängigen rheumatischen Erkrankungen zählen z. B. Arthrose, Gicht und Osteoporose. Folge der physiologischen Veränderung – alters- oder krankheitsbedingt – sind Einschränkungen des Bewegungsapparates mit Gehbehinderungen und Greifbehinderungen.

Menschen mit **Gehbehinderung** haben Schwierigkeiten mit langen und unebenen Wegen. Gehhilfen oder Rollatoren können den Betroffenen bei der Fortbewegung helfen. Die Überwindung von Treppen oder Rampen mit größeren Steigungen bereitet ebenso häufig Probleme wie Fahrzeugeinstiege mit hohen Stufen, letzteres besonders dann, wenn eine Gehhilfe oder ein Rollator mitgeführt wird. Gehbehinderte Personen meiden i. d. R. Umwege. Ein gehbehinderter Mensch hat häufig Schwierigkeiten bei der Nutzung von nicht barrierefreien öffentlichen Verkehrsmitteln, des Fahrrades oder des Autos.

Rollstuhlbenutzer haben häufig besondere Probleme mit Höhenunterschieden im Gelände oder Gebäuden. Auch wenn sie durch Rampen erschlossen sind, können sie teilweise nur mit Hilfe Dritter überwunden werden. Das gilt ebenso für das Überwinden von Schwellen und Stufen. Oftmals ist es auch schwierig für Rollstuhlbenutzer, aus ihrer Sitzposition wichtige Bedienvorrichtungen zu erreichen.

Menschen mit **Stehbehinderung** haben häufig Rückenbeschwerden. Langes Warten an Haltestellen und das Stehen in Verkehrsmitteln bereitet ihnen Schmerzen.

Menschen mit **Greifbehinderung** haben häufig Probleme mit dem Festhalten an Handläufen und bei der Benutzung von Automaten, die nicht barrierefrei gestaltet sind. Während der Fahrt im ÖPNV sind sie bei hoher Seitenbeschleunigung und starken Bremsverzögerungen sturzgefährdet, wenn nicht entsprechende Vorrichtungen angebracht sind (BMVBW 2001).

4.5.2 Sensorische Einschränkungen

Vor allem die altersbedingte Verschlechterung des Sehens und Hörens stellt für die Verkehrsteilnahme einen relevanten Prozess dar. Einschränkungen dieser Sinne müssen durch andere Wahrnehmungen kompensiert werden. Menschen mit sensorischen Einschränkungen sind daher bei der Gestaltung des Verkehrsraums besonders auf die Einhaltung eines „Zwei-Sinne-Prinzips" angewiesen (vgl. Kap. 7.1.1).[44] Z. B. sollten visuelle Fahrgastinformationen auf einem Display gleichzeitig akustisch verfügbar gemacht werden, um sowohl Menschen mit Sehbeeinträchtigungen als auch Hörschädigungen erreichen zu können.

4.5.2.1 Sehschädigung – Blindheit und Sehbehinderung

Sehschädigung umfasst Sehbehinderung und Blindheit. Zur Gruppe der Sehgeschädigten gehört allein aufgrund der i. d. R. mit steigendem Alter nachlassenden Sehkraft (Sehbehinderung) bzw. altersabhängigen Augenkrankheiten ein Großteil älterer Menschen. Die Dunkelziffer wird bei vielen Augenkrankheiten besonders hoch eingeschätzt, da die Krankheit oftmals schleichend verläuft. Sehschädigungen können erhebliche Auswirkungen auf die Mobilität haben. Über Kurz- und Weitsichtigkeit bis zur Blindheit mit dem totalen Verlust der Sehfähigkeit gibt es unterschiedliche Ausprägungen einer Sehschädigung. Menschen mit voller Sehkraft nehmen etwa 90 % der Informationen aus der Umwelt über das Auge wahr. Menschen mit Sehschädigungen müssen diese Informationsaufnahme teilweise oder ganz kompensieren.

---

[44] Informationen müssen durch mindestens zwei der drei Sinne „Sehen", „Hören" und „Tasten" wahrnehmbar sein.

Blindheit

Unter Blindheit versteht man in Deutschland nach der gesetzlichen Definition eine Sehschärfe (Visus) von höchstens 0,02 oder eine Einschränkung des Gesichtsfeldes auf 5 Grad und weniger, jeweils bezogen auf das bessere und voll korrigierte Auge. Das bedeutet, dass die Sehleistung eines per Definition blinden Menschen lediglich 2 % der Sehkraft eines normal Sehenden beträgt. Ein Sehrest von 2 % kann bedeuten, dass ein Mensch einen Gegenstand, den ein normal Sehender bereits in 100 m Entfernung erkennen würde, erst in 2 m Entfernung erkennt. Es kann aber auch bedeuten, dass sich ein „Tunnelblick" mit lediglich 2 % Gesichtsfeld ergibt. Selbst nach der gesetzlichen Definition können blinde Menschen theoretisch eine Restsehkraft besitzen, die sich allerdings maximal auf Hell-/Dunkelwahrnehmung beschränkt.

Als sensorische Kompensation werden Tastsinn, Geruchssinn und Gehör genutzt. Alle Informationen, die über die verschiedenen Kanäle aufgenommen werden, spielen zusammen und je eindeutiger sie zuordenbar sind, desto einprägsamer sind Räume und desto einfacher wird die Orientierung für Blinde im öffentlichen Raum. Blinde Menschen benutzen i. d. R. einen Langstock oder haben einen Führhund. In beiden Fällen beanspruchen sie daher mehr Raum bei der Fortbewegung. Besonders taktile Informationen, die über Füße oder Langstock erkennbar sind, lassen sich gezielt einsetzen und können somit dazu beitragen, die Orientierung von blinden Personen zu verbessern.

Neben angeborener oder unfallbedingter Blindheit kann im Alter insbesondere die altersbedingte Makuladegeneration, eine Netzhauterkrankung, zur Blindheit führen.

Sehbehinderung

Ein Mensch gilt nach deutschem Recht als sehbehindert, wenn er auf dem besseren Auge selbst mit Brille oder Kontaktlinse nicht mehr als 30 % sieht als es ein Mensch mit voller Sehkraft (s. o.). Hochgradig sehbehinderte Menschen besitzen eine Restsehkraft von lediglich 5 % (Visus höchstens 0,05). Sehbehinderte Menschen können niedrige

Hindernisse oder Höhenunterschiede schlecht erkennen, wenn sie nicht optisch hervorgehoben sind. Zudem haben sie Schwierigkeiten Informationen zu erfassen, wenn diese kleinflächig dargestellt sind. Sehbehinderte Menschen sind daher besonders auf optische Informationen und Reize angewiesen. Das klingt zuerst überraschend, aber Sehbehinderte haben eine Restsehkraft und bemühen sich, diese zu nutzen, um etwas von ihrer Umgebung zu erkennen. Die Orientierung wird bewirkt durch Farbe und Leuchtdichte eines Objektes im Kontrast zum Hintergrund sowie die Größe und Entfernung. Damit Sehbehinderte Objekte erkennen können, müssen Objekte daher kontrastreich gestaltet sein und entsprechende Größen aufweisen, da die zu vermittelnde Information ansonsten nicht mehr lückenlos erfasst werden kann und die Gefahr, zu verunfallen, ansteigt. Daher müssen visuelle Leit-, Warn- und Informationssysteme in Kontrast, Leuchtdichte (Helligkeit), Farbkombination sowie Schriftgröße abgestimmt und angepasst werden.

Für Menschen mit hochgradigen Sehbehinderungen reicht es dabei allerdings nicht aus, lediglich Kontraste zu schaffen. Für sie gelten ähnliche Anforderungen wie für blinde Menschen. Daher sorgen bei schwerwiegender Sehstörung, ebenso wie bei blinden Menschen, taktile und akustische Informationen für zusätzliche Orientierung. Viele Menschen mit Sehbehinderung benutzen daher ebenfalls einen Langstock, um sich besser zurechtzufinden; sie benötigen daher etwas mehr Raum als normale Fußgänger.

Viele ältere Menschen erreichen mit ihrer Sehbehinderung nicht die gesetzlich definierten Grenzwerte, haben aber dennoch Schwierigkeiten bei der Wahrnehmung optischer Informationen. Durch altersbedingte Einschränkungen ergibt sich keine permanente, sondern eine situationsbedingte Sehbehinderung, z. B. durch Blendempfindlichkeit. Typische Sehbehinderungen im Alter sind altersbedingte Makuladegeneration, Grauer Star (Katarakt) und Alterssichtigkeit (Presbyopie).

4.5.2.2 Auditive Einschränkungen

Zu den auditiven Einschränkungen zählen Gehörlosigkeit und Schwerhörigkeit, die z. T. Sprachbehinderungen nach sich ziehen können. Als schwerhörig werden Menschen bezeichnet, deren Hörvermögen um einen Hörverlust von bis zu 90 Dezibel eingeschränkt ist. Als gehörlos werden diejenigen Menschen bezeichnet, die ohne Gehör oder mit einem nur geringen Restgehör (Hörverlust größer als 90 Dezibel) geboren wurden oder das Gehör noch vor dem Spracherwerb verloren haben (DVR 2002). Bei Gehörlosigkeit sind häufig die Hörreste für den Spracherwerb unzureichend, wodurch behinderungsspezifische Hilfestellungen und Maßnahmen erforderlich sind. Bei Schwerhörigkeit sind die vorhandenen Hörreste ausreichend, um Sprache weitgehend ohne Hilfsmittel zu erlernen. Schwerhörigkeit betrifft dabei nicht nur ältere Menschen, auch wenn mit zunehmendem Alter die Anzahl der Hörschäden steigt. Durch zunehmenden Lärm wird bei zahlreichen Menschen aller Altersgruppen eine Schwerhörigkeit verursacht.

Akustische Signale und Informationen sind für diese Gruppe schwer oder gar nicht zu erfassen. Das räumliche Orientierungsvermögen ist eingeschränkt und die Empfindlichkeit gegenüber Stör- und Nebengeräuschen, also z. B. Verkehrsgeräuschen, steigt. Dadurch fällt die Aufnahme von notwendigen, akustischen Informationen schwerer, welche durch visuelle, aber auch taktile Informationen kompensiert werden müssen.

4.5.3 Altersbedingte kognitive und senso-motorische Veränderungen

Zu den altersbedingten kognitiven Veränderungen zählt eine Reihe von Faktoren, die Einfluss auf die Teilnahme am Straßenverkehr haben:

- Verschlechterung der sensorischen Informationsaufnahme,
- Aufmerksamkeitsleistungen,
- Reaktionsfähigkeit sowie

- Verringerung senso-motorischer Fähigkeiten.

Diese Faktoren sind sehr von der individuellen Fähigkeit abhängig und lassen sich nicht auf ein bestimmtes kalendarisches Alter festlegen. Aufgrund der z. T. vielschichtigen und komplexen Zusammenhänge werden die Problemfelder hier nur kurz aufgelistet.

Zu den sensorischen Fähigkeiten gehört z. B. die Sehleistung (vgl. Kap. 4.5.2.1), aber auch der Gleichgewichtssinn. Bei der Aufmerksamkeit sind vor allem die selektive und die geteilte Aufmerksamkeit von Bedeutung. Hier geht es um Unterscheidung relevanter und irrelevanter Informationen sowie um die Fähigkeit, diese parallel zu bearbeiten. Bei der Reaktionszeit verlängert sich insbesondere die Entscheidungszeit, welche die Zeit zwischen Auslösung eines Reizes und Reaktion darauf beschreibt. Dieses ist bei der Verkehrsteilnahme, z. B. bei der Reaktion und Entscheidung nach dem Erkennen von Verkehrszeichen, relevant. Eine Verringerung der motorischen Fähigkeiten hat eine Verringerung der Muskelkraft zur Folge, die ebenfalls die Ausdauer einschließt. Insbesondere senso-motorische Fähigkeiten spielen im Straßenverkehr eine große Rolle. Damit ist die Fähigkeit gemeint, mit dem Körper (motorisch) auf bestimmte Sinnesreize (sensorisch) zu reagieren.

Alle genannten Einschränkungen wirken sich auf die Leistungsfähigkeit bei der Teilnahme am Straßenverkehr aus. Verkehrsteilnehmer haben Schwierigkeiten, gleichzeitig gegebene Informationen unter Zeitdruck zu verarbeiten. Dabei sind sowohl Fußgänger, Radfahrer als auch Kraftfahrer betroffen. Durch eine Verringerung der punktuellen Konzentration von Informationen und Verteilung über eine Weg-Zeit-Achse kann eine verlängerte Entscheidungszeit kompensiert werden.

4.5.4 Menschen mit chronischen Erkrankungen

Besonders häufige Erscheinungsformen chronischer Erkrankungen sind Polio, Multiple Sklerose, Rheuma, Gicht, Allergien oder Diabetes. Einige dieser Erkrankungen sind überdurchschnittlich häufig bei älteren Menschen anzutreffen. Menschen mit chronischen Erkrankungen werden überdurchschnittlich häufig durch Einnahme von Medikamenten in ihrer Mobilität beeinträchtigt. Dieses kann dazu führen, dass keine dauernde oder zeitweilige Verkehrszuverlässigkeit gewährleistet ist. Die Einnahme von Medikamenten könnte auch ein Grund für ein erhöhtes Unfallrisiko sein (VCÖ 1999). Neben diesen körperlichen Beeinträchtigungen können bei Menschen mit chronischen Erkrankungen folgende gesundheitliche Probleme auftreten, die bei der Teilnahme am Straßenverkehr von Bedeutung sind:

- Herz-Kreislauferkrankungen (Bluthochdruck, Verengung der Herzkranzgefäße, Kreislaufschwäche, Herzinfarkt, Schlaganfall, Kreislaufkollaps),
- Stoffwechselerkrankungen (Diabetes, Hyperthyreose),
- psychiatrische Alterskrankheiten (z. B. Morbus Alzheimer, Morbus Parkinson, Tumore) sowie
- Einschränkungen des Bewegungsapparates (Arthrose, Rheuma) (Limbourg 1999).

4.5.5 Auswirkungen von alterstypischen Beeinträchtigungen auf die Mobilität

In Norwegen wurden die Anteile der Altersgruppen erfasst, die sich in ihrer Mobilität eingeschränkt fühlen. 8.836 Personen im Alter ab 13 Jahren wurden befragt, welche Probleme bei der Mobilität auftraten. Dies wurde in Bezug zur Verkehrsmittelnutzung gesetzt (vgl. Tabelle 10).

Es lässt sich erkennen, dass Einschränkungen der Mobilität mit steigendem Alter zunächst einmal unabhängig vom Verkehrsmittel zunehmen. Insbesondere haben ältere Menschen nach eigener Einschätzung jedoch gerade als Fußgänger, der wichtigsten Fortbewegungsart im höheren Alter (vgl. Kap. 4.3.1), sowie beim Radfahren die größten Probleme. Direkt anschließend folgt der ÖPNV. Die geringsten Auswirkungen haben Mobilitätseinschränkungen auf die Benutzung eines Pkw. Eine nicht adäquat angepasste bauliche Umwelt wiegt somit besonders schwer, da die wichtigsten Fortbewegungsarten offensichtlich am stärksten betroffen sind. Schwerpunkte bei Maßnahmen sollten daher überwiegend in der Verbesserung der Bedingungen für den nicht-motorisierten Individualverkehr sowie für den öffentlichen Verkehr liegen.

Tabelle 10: Mobilitätsprobleme der Bevölkerung in Norwegen (n = 8.838 Personen) [Quelle: Hjorthol 1999]

Alters- gruppe	Probleme [in %] als				
	Auto- fahrer	Mitfahrer	ÖPNV- Nutzer	Rad- fahrer	Fuß- gänger
13-17	-	1	1	2	1
18-24	1	2	2	2	2
25-34	2	2	2	3	2
35-44	3	2	4	3	3
45-54	4	4	6	7	7
55-66	8	6	8	13	13
67-74	3	6	10	17	20
75 +	10	11	16	29	33
Alle	*4*	*3*	*5*	*6*	*6*

4.5.6 Entwicklungstendenzen bei Mobilitätseinschränkungen älterer Menschen

Konkrete Prognosedaten zur Entwicklung einzelner Behinderungsformen liegen für Deutschland nicht vor. Die zu erwartende Entwicklung ist lediglich auf Basis der sich verändernden Rahmenbedingungen abzuschätzen. Angesichts des demografischen Wandels wird die Zahl älterer Menschen in den nächsten Jahrzehnten stetig steigen. Damit dürfte aufgrund der Wahrscheinlichkeit, im Alter eine Behinderung zu erleiden, ebenfalls die Anzahl der Menschen mit einer Behinderung oder chronischen Erkrankung zunehmen (vgl. Kap. 4.5). Dies gilt vor allem für den Anteil sehgeschädigter und gehbehinderter Menschen, da es sich hier um besonders typische und damit häufige Alterserkrankungen handelt. Diese sind umso ausgeprägter, je älter die Menschen sind. Neben der ständig wachsenden Zahl älterer Menschen spielt daher ebenso die steigende Lebenserwartung eine tragende

Rolle. Die verstärkte Nutzung technischer Hilfsmittel, z. B. von Rollatoren, kann die Folgen von Mobilitätseinschränkungen mindern. Eine Anpassung der gebauten Umwelt an die Bedürfnisse wird jedoch zwingend erforderlich, da sich durch den Einsatz von Hilfsmitteln neue, spezifische Barrieren ergeben können und nur durch die Anpassung der Infrastruktur eine maximale Brauchbarkeit für möglichst viele Nutzer ergibt.

4.6 Barrierefreiheit als zwingendes Erfordernis zur eigenständigen Mobilität

Ältere Menschen heute und in naher Zukunft haben durch sich ändernde Lebensstile und die daraus resultierenden Formen und Möglichkeiten der Mobilität andere Anforderungen an den Verkehrsraum, als das noch frühere Generationen älterer Menschen hatten. Bei der Analyse der derzeitigen und zukünftigen Mobilität älterer Menschen wird schnell klar, dass der Verkehrsraum in seiner heutigen Form nicht den Anforderungen dieser zahlenmäßig wachsenden Bevölkerungsgruppe entspricht. Damit besteht die Gefahr, dass das Ausüben weitestgehend selbstständiger Mobilität als gesetzlich festgeschriebenes Grundbedürfnis nicht in einem wünschenswerten Maße durchgeführt werden kann. Ziel einer zukünftigen Verkehrsplanung muss daher die Herstellung weitgehend barrierefreier Verkehrsräume sein.

Das Prinzip der Barrierefreiheit wird oft lediglich auf die Zielgruppe der behinderten Menschen bezogen. Dem ist entgegenzustellen, dass die Herstellung von Barrierefreiheit allen Menschen und nicht nur einer bestimmten Personengruppe mit besonderen Anforderungen helfen kann. Eine barrierefrei zugängliche Umwelt ist für etwa 10 % der Bevölkerung zwingend erforderlich, für etwa 30 - 40 % notwendig und für 100 % komfortabel und stellt damit ein Qualitätsmerkmal dar (vgl. Abbildung 19 und Neumann & Reuber 2004).

Abbildung 19: Die Herstellung von Barrierefreiheit dient allen Menschen [Quelle: Design for All Foundation]

Dies gilt in besonderer Form für ältere Menschen, die zum einen überdurchschnittlich häufig durch Mobilitäts- oder Aktivitätseinschränkungen betroffen sind und für die zum anderen der Komfortaspekt besonders wichtig ist. Zudem ist zu berücksichtigen, dass Menschen mit zunehmendem Alter häufig eine Vielzahl von Beeinträchtigungen aufweisen können, die jede für sich nicht immer den Schweregrad einer Behinderung erreichen müssen, aber in ihrem Zusammenwirken ähnliche Einschränkungen zur Folge haben. Die Mobilität vieler älterer Menschen beruht letztlich auch darauf, dass sie eine Behinderung oder Schwäche durch andere Sinnesorgane, Fähigkeiten oder Erfahrungen kompensieren (Rollstuhlfahrer durch Stärkung der Armmuskulatur, blinde Menschen durch Training von Gehör, Tastsinn und Konzentration oder sehbehinderte Autofahrer durch vorsichtiges Fahrverhalten). Wenn im Alter aber in all diesen Bereichen gleichzeitig – wenn auch nur relativ geringfügige – Beeinträchtigungen auftreten, dann scheidet diese Kompensation aus. Jede Behinderung hat dabei ihre eigenen spezifischen Merkmale, die es bei Planungen integrativ zu berücksichtigen gilt.

Die Herstellung eines weitestgehend barrierefreien, öffentlichen Straßenraums ermöglicht allen Menschen einen einfachen, intuitiven und sicheren Zugang und steigert dadurch den Komfort, die Attraktivität und Qualität von öffentlichen Angeboten und Dienstleistungen. Die deutsche Bundesregierung betont z. B.: „Die Bundesregierung versteht das Prinzip der Barrierefreiheit als Qualitätsgewinn für alle Nutzerinnen und Nutzer des öffentlichen Personenverkehrs" (Deutscher Bundestag 2004).

4.7 Zusammenfassung und Fazit

Zwei grundsätzliche Entwicklungstendenzen werden deutlich: Zum einen das veränderte Verkehrsmittelwahlverhalten im Alter und zum anderen die infolge der demografischen Entwicklung zunehmende Anzahl älterer mobiler Menschen. Aufgrund der steigenden Lebenserwartung und der zahlenmäßig starken Jahrgänge, die in den nächsten Jahren in die Gruppe der ab 65-Jährigen hineinwachsen werden, wird die Anzahl der älteren Menschen in den kommenden Jahren weiter stark zunehmen. Die ökonomische Situation dieser Gruppe ist als verhältnismäßig gut einzustufen. Der Pkw-Verfügbarkeit und der Führerscheinbesitz werden in dieser Gruppe ansteigen, da insbesondere die Frauen hier zu den Männern aufschließen werden. Insgesamt werden die Mobilitätsbedürfnisse und damit die tatsächliche Mobilität dieser Gruppe bei allen Formen der Fortbewegung ansteigen.

Mit einer zunehmenden Verkehrsteilnahme älterer Menschen verändern sich auch die Anforderungen an die Verkehrsinfrastruktur. Ältere Menschen haben spezifische Anforderungen an die Verkehrsraumgestaltung, die i. d. R. derzeit nicht ausreichend berücksichtigt werden. Die Bedürfnisse sind sehr unterschiedlich und abhängig von den verschiedenen individuellen Fähigkeiten. Insbesondere sind in diesem Zusammenhang z. B. eventuelle körperliche Beeinträchtigungen, wie Einschränkungen bei den Sinnesleistungen, den motorischen Fähigkeiten, Überforderung bei komplexen Situationen sowie abnehmende Belastungsfähigkeit zu berücksichtigen. Aus diesen unterschiedlichen Beeinträchtigungen ergeben sich bestimmte Mobilitätseinschränkungen mit jeweils spezifischen Anforderungen an die Straßenraumgestaltung.

Die größte Bevölkerungsgruppe, Menschen zwischen 18 und 64 Jahren, ist in ihrem Verkehrsverhalten recht homogen. Das Auto spielt bei dieser Gruppe eine ausgesprochen wichtige Rolle. Bei Menschen ab einem Alter von 65 Jahren ändert sich aufgrund geänderter Lebensumstände (z. B. Renteneintritt) und zunehmender körperlicher und sensorischer Beeinträchtigungen demgegenüber das Verkehrsverhalten i. d. R. erheblich. Ältere Menschen legen die meisten ihrer Wege zu Fuß zurück und nutzen häufiger den öffentlichen Verkehr. Der Anteil der Nutzung von öffentlichen Verkehrsmitteln bzw. das zu Fuß gehen ist in der Altersgruppe der über 80-Jährigen 2,5-mal so groß wie in den Altersgruppen zwischen 18 und 59 Jahren. Diese Tendenz lässt sich auch bei den jüngeren älteren Menschen feststellen, aber sie ist dort nicht so deutlich ausgeprägt. Dieser Modal Split wird sich in Zukunft aufgrund der anderen Biographien (z. B. Kfz-Besitz) zwar wandeln, aber die Bedeutung des ÖPNV und des Zufußgehens wird sich nur wenig verändern.

Auch der Anteil des Fahrrads bleibt bis ins hohe Alter hinein von Bedeutung. Bei den jungen Senioren steigt der Anteil des Fahrrads an den zurückgelegten Wegen sogar über den Wert der Gruppe der 18 bis 59-Jährigen. Durch verstärkte Nutzung des Fahrrads in der Freizeit und geänderte Lebensstile, bei denen Fitness und Wellness an Bedeutung gewinnen, wird sich dieser Wert in den nächsten Jahren weiter erhöhen. Das Auto wird weniger und vor allem nicht mehr auf langen Strecken genutzt. Daher sinkt die Fahrleistung mit dem Alter deutlich ab. Jedoch legen immer noch knapp ein Drittel der über 74-Jährigen ihre Strecken als Selbstfahrer zurück. Längere Wegstrecken bewältigen ältere Menschen am häufigsten als Beifahrer. Die zunehmende Zahl an älteren Autofahrern wird Anforderungen an die Sicherheit im Straßenverkehr stellen (Elvik et al. 1997, Hjorthol 1999, Denstadli u. Hjorthol 2002).

In vielen Fällen setzt die derzeitige Verkehrsplanung ihren Schwerpunkt auf den motorisierten Individualverkehr. Damit werden insbesondere die Bedürfnisse der Gruppe der 18- bis 64-Jährigen berücksichtigt, die derzeit noch sehr stark auf diesen Verkehrsträger fixiert ist.[45] Vernachlässigt werden oftmals die Strukturen der Verkehrsmittel, die gerade von den älteren Menschen häufiger genutzt werden.

Bei den Unfallursachen älterer Menschen lassen sich bereits anhand der aggregierten statistischen Daten eindeutige Schwerpunkte erkennen. Fußgänger sind z. B. am häufigsten in Unfälle beim Überqueren von Straßen außerhalb von Knotenpunkten an Stellen ohne gesicherte Überquerung verwickelt. Unfallursachen älterer Kraftfahrer und Radfahrer stehen überwiegend im Zusammenhang mit Vorfahrtsmissachtungen bzw. Fehlern beim Abbiegen. Das führt zusammenfassend zu folgenden zentralen Herausforderungen bei der Konzeption von Verkehrssystemen und Straßenraumgestaltung:

Insbesondere die Fußgängerbereiche (Wege, Plätze usw.) müssen den Bedürfnissen älterer Menschen stärker gerecht werden, da es sich beim Zufußgehen um den wichtigsten Verkehrsträger handelt.

Der ÖPNV sollte als sicheres und wichtiges Verkehrsmittel für ältere Menschen von Zugangshemmnissen befreit werden, um eine Ergänzung zum Zufußgehen bilden zu können.

Der Straßenverkehrsraum sollte besser an die Bedürfnisse älterer Fahrer angepasst werden, um die Sicherheit dieser wachsenden Gruppe zu erhöhen.

Konkrete typische Konfliktsituationen lassen sich jedoch aus den aggregierten Datensätzen der Unfalldatenbanken nicht ableiten. Zudem wird diese Betrachtungsweise für die Abschätzung von wirksamen Maßnahmen innerhalb einer Kommune zu pauschal sein. Es ist zu vermuten, dass die Anforderungen älterer Menschen an die Verkehrsraumgestaltung innerhalb einer Kommune durch die Stadtstruktur, die Topografie und die traditionelle Verkehrsmittelwahl beeinflusst sind und daher stark unterschiedlich sein können. Daher sollen im Rahmen

---

[45] Neuere Umfragen zeigen, dass bei den jüngeren Altersgruppen der Stellenwert des eigenen Autos als Statussymbol langsam abnimmt [News aktuell 2010].

einer vertieften Analyse in drei Beispielstädten die Eigenarten unterschiedlicher Stadttypen analysiert werden. Dabei erfolgt jeweils eine detaillierte Unfallanalyse, die typische Konfliktsituationen identifiziert.

5 Neue Methoden zur Sicherung der Mobilität älterer Menschen im Straßenverkehr

5.1 Differenzierte Methoden zur Stärken-/Schwächen-Analyse

Die komplexe Analyse eines Straßenraums unter dem Aspekt der Mobilitätssicherung für ältere Menschen erforderte eine Kombination von erweiterten Analysen aus dem Bereich Verkehrssicherheit ergänzt durch Ansätze und Methoden der empirischen Sozialforschung. Die konkrete Entwicklung der Erhebungsinstrumente war Bestandteil der Untersuchung und erfolgte in Abstimmung mit allen Beteiligten. Es wurden sowohl direkte als auch indirekte Untersuchungsmethoden gewählt, die zusammengenommen eine Erschließung des Themenfeldes ermöglichten. Ergänzend und außerhalb der Methodenentwicklung fand eine Befragung von Planern in den Untersuchungsstädten sowie eine Regelwerksanalyse mit Fokus „Straßenraumgestaltung ältere Menschen" statt.

Als indirekte Methode wurden Analysen der Unfälle mit Beteiligung älterer Menschen durchgeführt. Der direkte Zugang wurde in Form von Befragungen, Wegekettenprotokollen und Fokusrunden gewählt (vgl. Abbildung 20). Mittels erweiterter und mit Blick auf die Zielgruppe angepasster Unfallanalysen sollte objektiv festgestellt werden, an welchen Orten im jeweiligen Stadtgebiet ein potenzielles Risiko bei der Mobilität älterer Menschen besteht (objektive Problemräume). Die Befragung von Passanten aus der Zielgruppe älterer Menschen ab 65 Jahre konnte dabei als quantitative Methode sehr sinnvoll zur Erfassung allgemeiner Tendenzen hinsichtlich des Mobilitätsverhaltens und der Einschätzung des Straßenverkehrsraums genutzt werden. Diese Befragung diente zudem dazu, Problemräume aus subjektiver Sicht zu identifizieren. Die jeweils durch die beiden Methoden erhobenen Problemräume konnten abgeglichen werden und ließen eine erste Einschätzung über mögliche „Brennpunkte" zu. Die in der ersten Befragung erkannten Problemräume wurden mittels einer zweiten Befragung vor Ort detaillierter analysiert, um aus der subjektiven Sicht konkrete Elemente, die mobilitätseinschränkend wirken, zu erkennen.

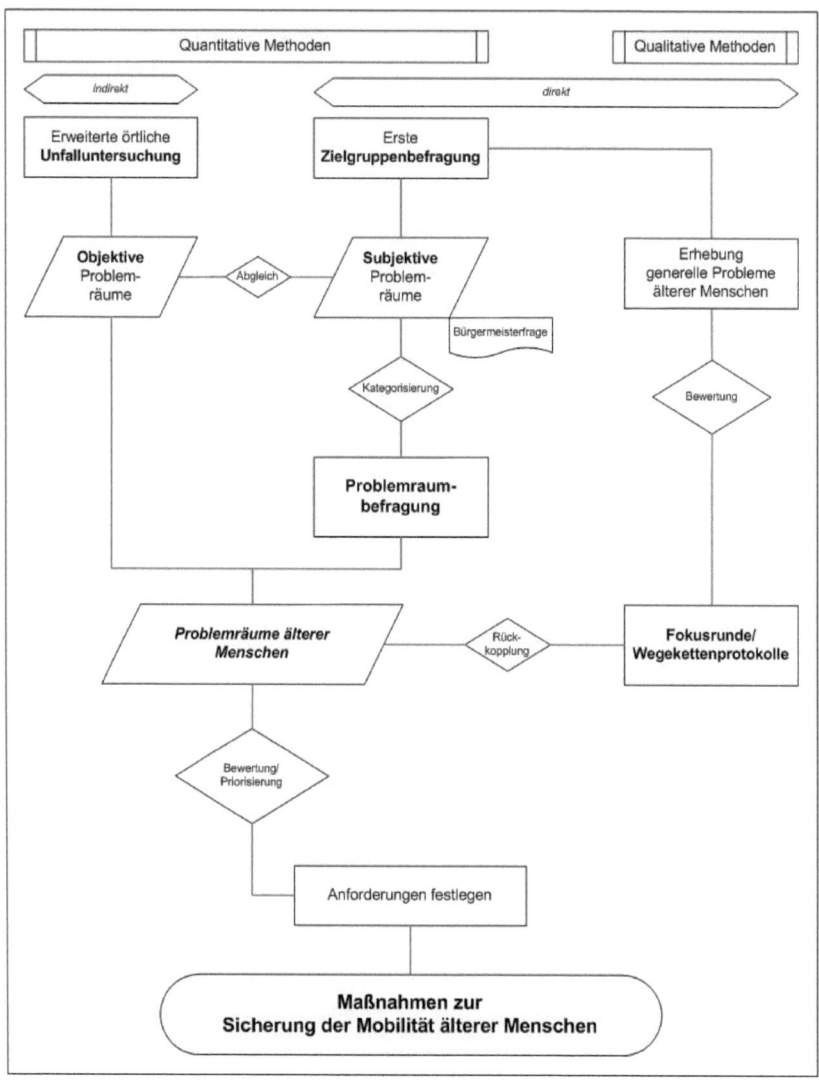

Abbildung 20: Die differenzierten Methoden der Stärken-/Schwächen-Analyse zur Maßnahmenbildung bei der Sicherung der Mobilität älterer Menschen

Aus der indirekten und direkten quantitativen Erhebung ließen sich so die wichtigsten Problemräume in einer Kommune bzw. einem Stadtteil identifizieren. Über Wegekettenprotokolle und Fokusrunden gab es zusätzlich eine direkte Rückkopplung zu Problemräumen und generellen Problemen bei der Ausübung der Mobilität. In den Wegekettenprotokollen erfassten ausgewählte Probanden aus der Zielgruppe älterer Menschen ab 65 Jahre eine Woche lang ihre zurückgelegten Wege und vorkommende Barrieren bzw. Schwierigkeiten dokumentieren. Die Fokusrunden als qualitative, direkte Methode ergänzten die allgemeinen Ergebnisse aus der Befragung und erlaubten es, einige Aspekte mit den Teilnehmern gezielt vertiefend zu diskutieren. Durch die Anwendung sowohl quantitativer als auch qualitativer Methoden konnten die jeweils positiven Aspekte dieses Untersuchungsansatzes genutzt und die Schwächen einzelner Methoden kompensiert werden.

5.2 Analyse von Unfällen älterer Menschen

Ziel der Unfallanalyse war es, typische Konfliktsituationen anhand der dreistelligen Unfalltyp-Schlüssel zu identifizieren. Bisherige Statistiken und Analysen der Unfälle älterer Verkehrsteilnehmer betrachten lediglich die einstelligen Unfalltypen. Somit ist zwar erkennbar, dass ältere Menschen z. B. verstärkt bei Einbiegen-/Kreuzen-Unfällen oder Abbiegeunfällen beteiligt sind (vgl. auch Abbildung 17). Welche konkrete Konfliktsituation besonders häufig Auftritt, kann jedoch nicht abgeleitet werden.

Die indirekte Methode der Unfallanalysen sollte insgesamt zu objektiven Erkenntnissen über „tatsächliche Unfallstellen" führen. Ziel einer Analyse von Straßenverkehrsunfällen ist es, Besonderheiten der Straßengestaltung und -ausstattung und des Verkehrsablaufes festzustellen, die die Entstehung von Verkehrsunfällen begünstigen (vgl. FGSV 1998).

Die Datenerhebung wurde über die drei Untersuchungsstädte hinaus auf acht weitere Städte erweitert, um quantitativ genauere Aussagen hinsichtlich häufig auftretender Konfliktsituationen älterer Menschen im Straßenverkehr treffen zu können. Ziel war es, typische Konfliktsituationen älterer Menschen im Straßenverkehr zu erkennen. Die Kriterien für die Auswahl zusätzlicher Städte ergaben sich hauptsächlich aus der Qualität der Unfalldaten (z. B. dreistelliger Unfalltyp) und der Kompatibilität zu den bestehenden Datensätzen aus den drei Hauptuntersuchungsstädten (z. B. Erhebungszeitraum).

Bei ersten Analysen der Unfälle mit Beteiligung älterer Menschen wurde deutlich, dass die im Rahmen der örtlichen Unfalluntersuchung festgelegten Kriterien für den Zweck der Untersuchung nicht hinreichend aussagekräftig waren. Im Rahmen der Untersuchung wurden für die Methode der Unfalluntersuchung daher folgende Kriterien für die Auswahl und spätere Analyse festgelegt:

- Die Unfalldaten sollten über einen zusammenhängenden 5-Jahreszeitraum vorliegen und dieses möglichst in gleichbleibender Qualität. Bereits bei der Ermittlung der Unfalldaten über den sonst üblichen 3-Jahreszeitraum zur Ermittlung von Unfallschwerpunkten wurde deutlich, dass die Fallzahlen für Unfälle mit Beteiligung älterer Menschen gering sein würden. Daher wurde für die Untersuchung jeweils ein 5-Jahreszeitraum erhoben.

- Die Analyse konzentrierte sich auf die Auswertung der Unfälle mit Personenschaden (Kategorie 1 bis 3). Unfälle mit Sachschaden wurden nicht einbezogen. Dem Bearbeiter war bewusst, dass somit einige Konfliktsituationen (Unfalltypen) nicht relevant werden würden. Im Hinblick auf eine möglichst hohe Effektivität späterer Maßnahmen sollte die Priorität auf der Vermeidung von Unfällen mit schweren Folgen liegen.

- Die Auswahl der Unfälle mit Beteiligung älterer Kraftfahrer beschränkte sich auf Unfälle, bei denen ein älterer Kraftfahrer als Verursacher eingestuft worden war (UB01). Damit sollten möglichst sichere Rückschlüsse auf „Problemräume" aus Sicht der Fahrzeugführer erfolgen. Mitfahrer – also passiv Beteiligte – wurden vernachlässigt, da die Anzahl der Verletzten oder Getöteten dieser Gruppe keinerlei Rückschlüsse auf Defizite in der Verkehrsraumgestaltung zulässt.

- Bei Unfällen älterer Radfahrer und Fußgänger wurden neben den Verursacherunfällen zusätzlich die Unfälle mit aktiver Beteiligung (UB 02) analysiert. Gerade ältere Fußgänger waren dabei häufig nicht Hauptverursacher eines Unfalls (vgl. Kapitel 3.4). Aus den

Unfallsituationen ließen sich weitere Rückschlüsse auf Defizite bei der Infrastruktur ziehen (z. B. fehlende Überquerungsstellen). In den drei Hauptuntersuchungsstädten erfolgten das Führen der Unfalldatenbanken sowie die Erstellung der Unfalltypensteckkarten zum Zeitpunkt der Erhebung manuell. Eine Sonderauswertung der Unfälle älterer Menschen über Filterung der Unfälle in der Kartendarstellung, wie bei elektronisch geführte Datenbanken, war nicht möglich. Aus den in den drei Untersuchungsstädten erhobenen Unfalldaten wurde daher jeweils eine spezielle Unfalltypensteckkarte erstellt, in welchen die Unfallsituation der älteren Verkehrsteilnehmer unter Berücksichtigung o. g. Kriterien visualisiert wurden. Die Darstellung orientierte sich an den Vorgaben des Merkblattes für die Auswertung von Straßenverkehrsunfällen – Teil 1: Führen und Auswerten von Unfalltypensteckkarten (MAS-T1, FGSV 1998). Die Karten werden im Rahmen dieser Dissertationsschrift aus lizenzrechtlichen Gründen nicht dargestellt. Mithilfe der Unfalltypensteckkarte konnte z. B. anhand der optischen Unfalldichte eine erste Auswahl von näher zu untersuchenden Abschnitten erfolgen.[46]

Bei Unfällen mit älteren Menschen handelt es sich statistisch auf die Gesamtheit aller Unfälle betrachtet um relativ seltene Ereignisse. Daher wurden bei der Beurteilung unfallauffälliger Bereiche die Grenzen für die Ermittlung von Unfallhäufungsstellen (UHS) bzw. Unfallhäufungslinien (UHL) bei der Auswertung abweichend zu den Empfehlungen aus dem MAS-T1 gesetzt. Als maßgebliches Kriterium wurde die Unfallschwere gewählt. Das Kriterium der Häufigkeit gleichartiger Unfälle war sekundär.

Auswahlkriterien für eine nähere Untersuchung in Anlehnung an die Vorgaben des MAS-T1 waren

- mindestens 2 (schwere) Unfälle gleichen Typs an einer Stelle bzw. einem Knotenpunkt oder

---

[46] Nach dem Merkblatt für die Auswertung von Straßenverkehrsunfällen, Teil 1 ergibt sich eine auffällige optische Unfalldichte, wenn drei oder mehr Unfälle mit schwerem Personenschaden an einer Stelle vorliegen.

- Strecken mit gemischten Unfalltypen, die durch eine auffällige Unfalldichte hervorstachen.

Anschließend wurden die so ermittelten Unfallhäufungspunkte einer näheren Untersuchung unterzogen. Dazu wurden von den ausgewählten Unfallstellen die Unfallberichte eingesehen, um nähere Angaben über den Unfallhergang sowie die Unfallursachen zu erhalten. Ziel war es zu klären, ob die Verkehrsraumgestaltung einen Einfluss auf den Unfallhergang hatte. Unfälle aufgrund anderer Einflüsse, z. B. infolge eines Herzinfarkts, sollten ausgeschlossen werden. Es sollten möglichst konkrete Elemente im Straßenverkehrsraum identifiziert werden, die sich begünstigend für den Konflikt ausgewirkt hatten. Auf dieser Basis sollten entsprechende Maßnahmen abgeleitet werden.

5.3 Zweigestufte Passantenbefragung (Zielgruppenbefragung)

Die Befragung von Bewohnern ab 65 Jahre der jeweiligen Untersuchungsstädte vor Ort erfolgte als Face-to-face-Befragung in zwei Stufen. In den drei ausgewählten Untersuchungsstädten Gelsenkirchen, Lüdinghausen und Siegen wurden jeweils mindestens 100 zufällig ausgewählte ältere Menschen im öffentlichen Straßenraum angesprochen und mittels eines teilstandardisierten Fragebogens zu ihrem Mobilitätsverhalten, zu besonderen „Problemräumen" ihrer Stadt und zu soziodemografischen Merkmalen befragt.

Der für die Interviews entwickelte Fragebogen enthielt teils offene und teils geschlossene Fragen. Einige geschlossene Fragen wurden dabei so formuliert, dass mit ihnen abgestufte Beurteilungen zu bestimmten Merkmalen und Aussagen (Statements) erhoben werden konnten. Zur konkreten Bewertung der Verkehrssicherheit unterschiedlicher Straßenräume in den Untersuchungsgebieten wurden die Interviewpartner gezielt nach aus ihrer Sicht möglichen oder tatsächlichen problematischen Straßenräumen innerhalb der Untersuchungsräume gefragt. Diese werden nachfolgend als „Problemräume" bezeichnet.

Bei einer der offenen Fragen handelte es sich um die so genannte „Bürgermeisterfrage". Diese lautete „Wenn Sie Bürgermeister/in Ihrer Stadt wären, was würden Sie zur Steigerung der Sicherheit älterer

Menschen im Straßenverkehr unternehmen?" Es waren drei offene Antworten möglich sowie zusätzlich die Antwort „nichts".

Die Befragungen fanden in allen drei Städten parallel statt. Die Standorte zur Befragung wurden mit Akteuren in der jeweiligen Stadt (Verkehrsplaner, Seniorenbeirat usw.) abgestimmt. Dabei wurde nicht nur in den jeweiligen Zentren befragt, sondern zusätzlich an Standorten in Nebenzentren. Insgesamt konnten bei der Zielgruppenbefragung in den Städten 479 Personen befragt werden, davon 168 in Gelsenkirchen, 152 in Siegen und 159 in Lüdinghausen.

Aus den in der ersten Befragung ermittelten Problemräumen wurde anschließend eine weitere Auswahl von acht Räumen in drei Kategorien getroffen. In diesen ausgewählten Problemräumen wurden wiederum jeweils etwa 30 Interviews mit zufällig ausgewählten, älteren Passanten durchgeführt, die ganz konkret zu Stärken und Schwächen und zur Erlebniswirksamkeit dieser Räume befragt wurden. Dazu wurde nach der persönlichen Einschätzung der konkreten räumlichen Situation gefragt (Einstellungsforschung).

Der teilstandardisierte Problemraum-Fragebogen enthielt ähnlich dem Fragebogen für die gesamte Stadt sowohl offene als auch geschlossene Fragen. Bei den vorgegebenen Antwortoptionen waren auch Statusabfragen (Alter, Wohnort usw.), Ja/Nein-Fragen (Führerscheinbesitz) und Einschätzungsfragen (Zufriedenheit, Wichtigkeit usw.) enthalten.

Zunächst wurde nach dem individuellen Mobilitätsverhalten und der eventuellen Mobilitätseinschränkung gefragt. Zur Ermittlung der konkreten Erlebniswirksamkeit des Straßenraums wurde mit dem „semantischen Differenzial" ein bewährtes Assoziationsverfahren aus der Angewandten Psychologie und Umweltforschung gewählt (vgl. Ittelson u. a. 1977). Ein semantisches Differential bezeichnet in der Einstellungsforschung ein Verfahren zur quantitativen Analyse der auf einen Raum bezogenen Wortbedeutungen. Das Verfahren wurde 1957 vom Psychologen Osgood und Kollegen entwickelt und später im deutschen Sprachraum in Form des Polaritätsprofils variiert (Osgood et. al.

1957). Es kombiniert die gelenkte Assoziation mit der Bewertung (Rating) (vgl. Nestmann 1987, Neumann 1994).[47] Das semantische Differenzial verwendet keine direkten Fragen, stattdessen werden die Personen indirekt befragt. Man gibt den Befragten die Möglichkeit mitzuteilen, wie stark sie z. B. einen bestimmten Begriff, ein bestimmtes Objekt oder eine andere Testeinheit mit bestimmten Eigenschaften verbinden. Dafür beurteilt die Interviewperson ihre Einstellung zu Begriffen und Vorstellungen auf einer mehrstufigen Skala, an deren Enden polare Assoziationsbegriffe vorgegeben sind. Durch die Verbindung der einzelnen Wertungen entsteht ein Polaritätsprofil, das i. d. R. mit Hilfe der Berechnung des Mittelwertes und Standardabweichung ausgewertet wird. Obwohl man oft den Zusammenhang zwischen diesen Eigenschaften und den befragten Begriffen (Testeinheiten) nicht von vornherein erkennt, kommen bei solchen Befragungen sehr oft übereinstimmende Ergebnisse heraus. Der Vorteil des Verfahrens liegt gegenüber der direkten Befragung darin, dass die Ergebnisse besser miteinander vergleichbar sind und weniger davon beeinflusst werden, was die Befragten als erwartete Antwort einschätzen (vgl. Wikipedia 2009).

Der Einsatz des semantischen Differenzials diente dazu, die semantischen Unterschiede, welche die Interviewpartner hinsichtlich der emotionalen Bedeutung unterschiedlicher Problemräume für die verschiedenen Kommunikationssituationen wahrnehmen, zu erfassen. Dabei wurde von der Annahme ausgegangen, dass mit Hilfe des semantischen Differenzials wesentliche Aspekte der Erlebnisresonanz auf variierende Formen der Verkehrs- und Siedlungsgestaltung ermittelt werden können. Die Erfahrungen aus vergleichbaren Untersuchungen, die mit dem semantischen Differenzial gearbeitet haben, zeigen: Das Raumerleben oder die Beurteilung eines Raumes hängt von sozialen und kulturellen Erfahrungen der Beobachter ab (vgl. Franke u. Hoffmann 1974; Nohl 1977; Kirchberg u. Behn 1983; Neumann 1992 und

---

[47] Bei Vorgabe von Eigenschaften oder spezifischen Stimuli spricht man vom Verfahren der gelenkten Assoziation.

2002). Weiterhin wurde davon ausgegangen, dass den meisten Kommunikationssituationen so genannte Erlebnisdimensionen zugrunde liegen (Bergler 1975). Diese wurden für diese Arbeit wie folgt zusammengefasst:

1. Die Sachordnungs-Dimension,
2. die Zugänglichkeits-Dimension und
3. die Sicherheits-Dimension.

Die Sachordnungs-Dimension umfasst den Eindruck der Komplexität und Ästhetik des Gebietes und seiner Raumelemente bei den Befragten, während die Zugänglichkeits-Dimension den konkreten Aufforderungscharakter und offenen Zugang des Untersuchungsraumes erfasst. Die Sicherheits-Dimension spricht schließlich das persönliche Sicherheitserleben in dem zu bewertenden Verkehrsraum an.

Das verwendete semantische Differenzial wurde in Anlehnung an Franke u. Hoffmann (1974) und Neumann (1992 und 2002) entwickelt und aus folgenden 16 Adjektivpaaren zusammengesetzt:

Adjektivpaare zur Erfassung der Sachordnungs-Dimension:

1. geordnet - ungeordnet
2. gepflegt - verwahrlost
3. großzügig - kleinteilig
4. ruhig - lebhaft
5. übersichtlich - verwirrend
6. einladend - abstoßend

Adjektivpaare zur Bewertung der Zugänglichkeits-Dimension:

7. zugänglich - unzugänglich
8. verbindend - trennend
9. offen - verschlossen

Adjektivpaare zur Erfassung der Sicherheits-Dimension:

10. leise - laut
11. hell - dunkel
12. schnell - langsam
13. erholsam - ermüdend

14. beruhigend - belastend
15. sicher - gefährlich
16. vertraut - fremd

Ein semantisches Differenzial umfasst i. d. R. fünf- bis siebenstufige Bewertungsskalen. Für diese Untersuchung wurde eine vereinfachte fünfstufige Ratingskala gewählt, die unter Berücksichtigung der Zielgruppe als weniger komplex und leichter verständlich eingestuft wurde. Um sogenannte Sequenzeffekte[48] zu vermeiden, wurde zusätzlich in der Erhebung die Zugehörigkeit zu einer der genannten Valenzen und die Polarität der Wortpaare variiert bzw. umgepolt. Für die Auswertung und Interpretation wurden die erhobenen Urteile – wie allgemein üblich – als Polaritätsprofile grafisch dargestellt und ausgewertet.

Des Weiteren wurden soziodemografische und sozioökonomische Daten abgefragt. Die Befragungen wurden in allen drei Städten parallel durchgeführt. Da aufgrund von Vermeidungsverhalten („Problemräume") nicht unbedingt mit einer starken Frequentierung der Befragungsräume durch ältere Menschen zu rechnen war, wurden die Befragungen in der örtlichen Presse und teilweise auch im Lokalfunk unter Nennung der Befragungsstandpunkte angekündigt. Dies führte mit insgesamt 352 Interviewpartnern zu einer guten Anzahl an Befragten, so dass statistisch relevante Auswertungen erfolgen konnten.

5.4 Wegekettenprotokolle

Die Wegekettenprotokolle dienten dazu, die Wege ausgewählter Probanden im Zeitraum einer Woche zu erfassen. Ziel war es, konkrete Problempunkte genereller Art zu erheben und Schwierigkeiten, die bei der alltäglichen Mobilität eine Rolle spielten, festzustellen. Auf diese Weise sollten die konkreten Bedürfnisse älterer Menschen an den Straßenraum analysiert werden. Zu diesem Zweck wurden 40 Perso-

---

[48] Sequenzeffekte: Wenn Adjektivpaare einer Dimension blockweise abgefragt würden, könnten sich zum Ende eines Blocks unerwünschte Verstärkungen der Bewertung ergeben, da immer innerhalb einer Dimension gefragt wird. Das gleiche gilt für die Reihenfolge der Abfrage positiv und negativ assoziierter Paare. Daher werden die Dimensionen und Bewertungen bei der Abfrage zufällig vertauscht.

nen, die im Rahmen der vorangegangenen Befragung in den Fußgängerzonen ausgewählt wurden, aufgefordert, alle ihre Wege innerhalb einer Erhebungswoche zu notieren. Dabei sollten sie etwaige Schwierigkeiten, Barrieren und Auffälligkeiten, die aus ihrer Sicht die Mobilität einschränken oder aber erleichtern, aufnehmen. Die Aufzeichnung der jeweiligen Wege sollte dabei möglichst zeitnah nach Beendigung des Gangs erfolgen, um Fehler durch Erinnerungslücken weitestgehend auszuschließen. Insgesamt wurden 88 Wegekettenprotokolle ausgefüllt, die für die Auswertung berücksichtigt werden konnten.

5.5 Fokusrunden

Als zusätzliche direkte Untersuchungsmethode wurde in den ausgewählten drei Fallbeispielräumen jeweils eine thematische Fokusrunde mit älteren Personen und Interessenvertretern von älteren Menschen durchgeführt. Bei den Fokusrunden handelte es sich um moderierte Experten-Diskussionsrunden, in denen die konkreten Ergebnisse der Befragungen sowie die Vor-Ort-Untersuchungen der „Problemräume" diskutiert wurden. Die Fokusrunden wurden thematisch vorbereitet, moderiert, anschließend ausgewertet und dokumentiert, um die Ergebnisse im Rahmen dieser Dissertationsschrift darstellen zu können. Ziel der Runden war es, positive und negative Erfahrungen der Zielgruppe zu sammeln sowie typische Schwachstellen innerhalb einer Stadt aus Sicht der Betroffenen aufzudecken. Inhaltlich wurden die konkreten Ergebnisse der Befragungen sowie die Vor-Ort-Untersuchungen der „Problemräume" diskutiert und ausgewertet.

Die Rekrutierung von Teilnehmern der Fokusrunde wurde auf zwei Ebenen vorgenommen. Zum einen wurden die Interviewpartner im Rahmen der Befragung angesprochen und nach ihrer Bereitschaft zur Teilnahme an einer solchen Fokusrunde gefragt. Zum anderen wurden gezielt ältere Menschen ab 65 Jahre und ihre Vertreter eingeladen. Dies bezog sich z. B. auf Vertreter des Seniorenbeirates, des Behindertenbeirates sowie auf Personen aus Pflegeeinrichtungen für ältere Menschen, um auch Gesprächspartner zu erfassen, die weniger mobil sind bzw. an ihrer Mobilität gehindert werden.

Zu Beginn der Fokusrunde wurde der Anlass der Erhebungen kurz erläutert, anschließend begann die Diskussion unter der Leitung eines Verkehrspsychologen. Die Debatte wurde anhand eines Leitfadens strukturiert. Dieser Leitfaden wurde flexibel gehandhabt, um den Diskussionsfluss nicht zu stark einzuschränken. Teilweise wurden die Aussagen der Teilnehmer in der Nachbereitung für das Protokoll den entsprechenden Positionen des Leitfadens zugeordnet. So konnten in den Fokusrunden lebhafte Diskussionen entstehen. Etwa nach der Hälfte der veranschlagten Zeit wurden die Ergebnisse der Face-to-face-Befragung in der jeweiligen Stadt den Teilnehmern präsentiert. Danach wurden diese von den Teilnehmern analysiert und bewertet. Insgesamt nahmen an den Fokusrunden 40 Personen ab 65 Jahre teil.

6 Anwendung der neuen Methoden in Fallbeispielräumen

6.1 Auswahl von Untersuchungsstädten (Fallbeispiele)

Es ist wahrscheinlich, dass die Bedürfnisse älterer Menschen u. a. durch die Stadtstruktur, die Topografie und die lokal traditionelle Verkehrsmittelwahl innerhalb einer Kommune beeinflusst sind. Im folgenden Abschnitt werden in einer vertieften Analyse dreier Beispielstädte unter Anwendung der neuen Methoden die Eigenarten unterschiedlicher Stadttypen analysiert. Daraus sollen sich Rückschlüsse auf die Wirksamkeit der Methoden in der praktischen Anwendung ergeben.

6.1.1 Kriterien für die Auswahl der Fallbeispiele

Die Auswahl der drei Untersuchungsstädte erfolgte anhand vorher festgelegter Kriterien. Dabei lagen auch Anregungen aus der Literaturanalyse zugrunde. Es war ein Ziel, Untersuchungsstädte zu finden, die ein möglichst breites Spektrum an typischen Merkmalen aufwiesen. Die Auswahl sollte gewährleisten, dass die Ergebnisse aus den Untersuchungsstädten auf andere Städte übertragbar sind. Kriterien für eine Vorauswahl waren

- die Größe der Stadt,
- der Bevölkerungsanteil der Altersgruppe ab 65 Jahre,
- die demografischen Entwicklungstendenzen und
- geographische Aspekte, wie z. B. Lage, Relief, Zentralität (vgl. Tabelle 11, S. 132).

Aus logistischen Gründen wurden Städte aus Nordrhein-Westfalen ausgewählt. Dies gewährleistete eine zügige Erreichbarkeit, was sich für die Organisation und Koordination im Rahmen der Untersuchung als hilfreich erwies.

Die vertiefte Betrachtung der drei Beispielkommunen dient dazu,

- Informationen über Praxis der Verkehrsplanung hinsichtlich der Berücksichtigung der Belange älterer Verkehrsteilnehmer herauszufinden,
- häufige Unfallsituationen in Abhängigkeit vom Verkehrsmittel, der Stadtgröße bzw. des Modal-Split zu ermitteln und
- Unterschiede bei Mobilitätsbedürfnissen älterer Menschen in Abhängigkeit von der Stadtgröße zu ermitteln.

Nachfolgend werden die drei Untersuchungsstädte kurz vorgestellt, um deren strukturelle Unterschiede zu verdeutlichen. Dieser Vergleich hilft bei der Einordnung und Bewertung der im Rahmen dieser Arbeit gewonnenen Information.

6.1.2 Kurzbeschreibung der ausgewählten Fallbeispiele

6.1.2.1 Gelsenkirchen

Gelsenkirchen liegt innerhalb des polyzentrischen Verdichtungsraumes Rhein-Ruhr und gehört zum Regierungsbezirk Münster. Mit rund 270.000 Einwohnern zum Zeitpunkt der Untersuchung ist Gelsenkirchen die größte kreisfreie Stadt im Regierungsbezirk. Die ursprünglich durch die Montanindustrie geprägte Stadt erlebte von 1980 bis 2000 einschneidende strukturelle Veränderungen. In der Industrie und dem produzierenden Gewerbe gingen 30.000 Arbeitsplätze verloren. Das Höhenprofil Gelsenkirchens ist relativ schwach ausgeprägt und relativ flach.

Der Anteil der besiedelten Fläche liegt in Gelsenkirchen mit 73,2 % sehr hoch. Die Einwohnerdichte beträgt 2.572 Einwohner pro km². Im Rahmen der prognostizierten Bevölkerungsentwicklung von 2000 bis 2020 wurde für die Stadt Gelsenkirchen eine Abnahme der Bevölkerung von 11 % angenommen. Im Landesdurchschnitt wurde zum Zeitpunkt der Erhebungen von einer Bevölkerungsabnahme von 0,7 % ausgegangen (LDS NRW 2005).

6.1.2.2 Siegen

Siegen liegt im südlichsten Teil Westfalens, nahe den Grenzen zu Rheinland-Pfalz und Hessen. Das Oberzentrum Siegen gehört zum Regierungsbezirk Arnsberg und zum Kreis Siegen-Wittgenstein. Die Bevölkerungszahl lag zum Untersuchungszeitpunkt bei etwa 106.000 Einwohnern. Das stark gegliederte Relief prägt den Stadtgrundriss; Siegen zieht sich durch das Tal der Sieg und ihrer Nebenbäche. Die Stadt weist daher eine polyzentrische Bandstruktur auf.

Innerhalb der Kernstadt sind erhebliche Höhenunterschiede zu überwinden. Somit beträgt die Höhendifferenz zwischen Unter- und Oberstadt auf kurzer Distanz etwa 50 m. Dies hat auch Auswirkungen auf die Nutzung von Fahrrädern, Rollstühlen, Rollatoren usw. Der Anteil der Siedlungs- und Verkehrsfläche beträgt in Siegen 33,1 %. Die Einwohnerdichte liegt bei 936 Einwohnern pro km². Die Daten zur Bevölkerungsentwicklung liegen im Falle von Siegen nicht für die Stadt Siegen vor, sondern für den Kreis Siegen-Wittgenstein. Im Rahmen der prognostizierten Bevölkerungsentwicklung von 2004 bis 2020 wurde für den Kreis eine Abnahme der Bevölkerungszahl um 5,1 % angenommen (Landesdurchschnitt -0,7 %) (LDS NRW 2005).

6.1.2.3 Lüdinghausen

Die Stadt Lüdinghausen liegt im südlichen Münsterland und besitzt eine gute verkehrliche Anbindung zum Oberzentrum Münster und den Großstädten des östlichen Ruhrgebietes. Lüdinghausen gehört als kreisangehörige Stadt zum Kreis Coesfeld, ist im Landesentwicklungsplan als Mittelzentrum in einem Gebiet mit überwiegend ländlicher Raumstruktur ausgewiesen und hatte zum Untersuchungszeitpunkt knapp über 24.000 Einwohner. Die Siedlungsbereiche der Stadt teilen sich in den größeren, städtischeren Ortsteil Lüdinghausen und den dörflich strukturierten Ortsteil Seppenrade. Zwischen diesen beiden Ortsteilen liegt ein weiterer kleiner Siedlungsbereich. Hinzu kommt eine Vielzahl weiterer für das Münsterland typischer kleiner Hoflagen, die sich auf den Außenbereich verteilen.

Das Stadtgebiet ist insgesamt kaum topografisch bewegt. Der Anteil der Siedlungs- und Verkehrsfläche ist sehr gering und liegt bei insgesamt 11,3 % der Gemeindefläche. Die Einwohnerdichte liegt bei 171 Einwohnern pro km². Für Lüdinghausen lagen auf Gemeindeebene keine Daten zur Bevölkerungsentwicklung vor. Im Rahmen der prognostizierten Bevölkerungsentwicklung von 2004 bis 2020 wurde für den Kreis Coesfeld als einzigem Kreis in NRW eine Zunahme der Bevölkerung von fast 7 % angenommen (Landesdurchschnitt -0,7 %) (LDS NRW 2005).

6.1.3 Gegenüberstellung der wichtigsten Merkmale der drei Untersuchungsstädte

Die wesentlichen Unterschiede der Untersuchungsstädte in den für diese Arbeit bedeutenden Merkmalen werden in der folgenden Tabelle dargestellt (vgl. Tabelle 11).

Tabelle 11: Gegenüberstellung der wichtigsten Merkmale der ausgewählten Städte [Quelle: LDS NRW 2005, Zahlen auf Kreisebene]

Stadt	Gelsenkirchen	Siegen	Lüdinghausen
Einwohner (31.12.2004)	270.107	106.745	24.053
Altersgruppe ab 65 Jahre	20,7 %	19,5 %	17,4 %
Bevölkerungsentwicklung 1994 bis 2004	- 8,7 %	- 4,5 %	+ 11 %
Bevölkerungsprognose 2004 bis 2020	- 11,0 %	- 5,1 %*	+ 7,0 %*
Flächengröße	105 km²	114 km²	140 km²
Einwohnerdichte	2.572 E./km²	936 E./km²	171 E./km²
Siedlungs- und Verkehrsfläche	73,2 %	33,1 %	11,3 %
Merkmal	Oberzentrum, dicht besiedelt, mittleres Relief	Oberzentrum, Tallage, starkes Relief	Mittelzentrum, ländlich geprägt, schwaches Relief

Die drei Untersuchungsstädte repräsentieren folgende drei Stadttypen, die eine Übertragbarkeit auf möglichst viele Städte ermöglichen sollen (vgl. Tabelle 12):

A) „Gelsenkirchen-Typ":

Großstadttyp mit etwa 300.000 Einwohnern, dicht bebaut und dicht besiedelt, gelegen in einem Zentralraum, hoher Anteil der Altersgruppe ab 65 Jahre, deutliche negative Bevölkerungsentwicklung.

B) „Siegen-Typ":

Kleinere Großstadt mit etwa 100.000 Einwohnern, mittlere Bebauungs- und Bevölkerungsdichte, Solitärstadt, relativ hoher Anteil der Altersgruppe ab 65 Jahre, negative Bevölkerungsentwicklung.

C) „Lüdinghausen-Typ":

Kleinere Stadt mit unter 50.000 Einwohnern, hoher Freiflächenanteil und eine geringe Bevölkerungsdichte, gelegen im ländlich geprägten Raum, durchschnittlicher Anteil der Altersgruppe ab 65 Jahre, positive Bevölkerungsentwicklung.

Zudem wurde durch die Auswahl einer Untersuchungsstadt mit starkem Relief (Siegen) auch dieser Aspekt berücksichtigt.

Tabelle 12: Zuordnung von ausgewählten Städten zu in dieser Arbeit definierten Stadttypen

Stadttyp	Beispiele für zugehörige Städte
„Gelsenkirchen-Typ"	Bielefeld, Bochum, Bremen, Dortmund, Duisburg, Erfurt, Gelsenkirchen, Hagen, Oberhausen, Recklinghausen, Wuppertal
„Siegen-Typ"	Arnsberg, Cottbus, Gera, Heilbronn, Herford, Pforzheim, Remscheid, Salzgitter, Schwerin, Siegen, Ulm
„Lüdinghausen-Typ"	Ahaus, Beckum, Coesfeld, Kleve, Lüdinghausen, Neuruppin, Norden, Rees, Soest

6.2 Analyse von Unfällen mit Beteiligung älterer Menschen in ausgewählten Städten

Ein Ziel dieser Arbeit lag darin, konkrete Verkehrssituationen älterer Menschen zu identifizieren, die häufig zu Konflikten führen. Dazu wurden die Unfälle aller Untersuchungsstädte zuerst auf die am häufigsten auftretenden Unfalltypen hin untersucht (einstellige Unfalltypnummer). Die Auflistung erfolgt getrennt nach Verkehrsmitteln, da bestimmte Unfalltypen teilweise direkt bestimmten Verkehrsmitteln zugeordnet sind. Es konnten insgesamt 2.690 Unfälle in die Analyse einbezogen werden, 2.612 Unfälle davon für die vier Verkehrsträger Pkw, Rad, Krad und Fußgänger. Aufgrund der bisher insgesamt geringen Bedeutung des Krads für die Mobilität älterer Menschen, wurde auf eine detaillierte Betrachtung im Rahmen dieser Untersuchung verzichtet. Auch Unfälle mit sonstigen Fahrzeugen wurden nicht näher untersucht.

Anmerkung: Die Analyse von Unfällen älterer Verkehrsteilnehmer wurde über die drei Fallbeispiele hinaus erweitert, um mit größerer Genauigkeit häufige Konfliktsituationen älterer Menschen im Straßenverkehr identifizieren zu können. In der Landes- bzw. Bundesstatistik sind Unfalldaten sehr stark aggregiert und lassen hinsichtlich konkreter Konfliktsituationen kaum Aussagen zu. Insgesamt wurden im Rahmen dieser Arbeit die Daten der Unfälle älterer Menschen aus elf Städten unterschiedlicher Größe in Nordrhein-Westfalen untersucht.

Insgesamt konnten auf diesem Wege 2.690 Unfälle mit Personenschaden ausgewertet werden, bei denen ältere Menschen als Verursacher eingestuft wurden. Die meisten dieser Unfälle verursachen die Pkw-Fahrer (70 %). Immerhin 15 % der Unfälle verursachten ältere Menschen, die mit dem Fahrrad unterwegs waren. Hingegen wurden nur 9 % der Unfälle von älteren Fußgängern verursacht. Die übrigen Unfälle verteilten sich auf übrige Verkehrsmittel.

Die Anteile der von den Verursachern benutzten Verkehrsmittel zeigte innerhalb der Städte teils deutliche Unterschiede (vgl. Abbildung 21). Hierin spiegelten sich z. B. die topografischen Gegebenheiten oder die

Stadtstruktur wider. Bei günstigen Umfeldbedingungen für den Radverkehr war z. B. der Anteil der Verursacher auf dem Fahrrad höher. Die Unfallauswertung in Abhängigkeit des Verkehrsmittels ist dabei allerdings zuerst einmal rein qualitativ und sagt noch nichts über die tatsächliche Bedeutung eines Verkehrsmittels innerhalb einer Stadt aus. Allerdings kann die Darstellung der verkehrsmittelabhängigen Unfallanalyse ein Indikator sein, einen notwendigen Handlungsbedarf zur Sicherung bestimmter Verkehrsträger zu ermitteln, unabhängig vom Modal-Split.

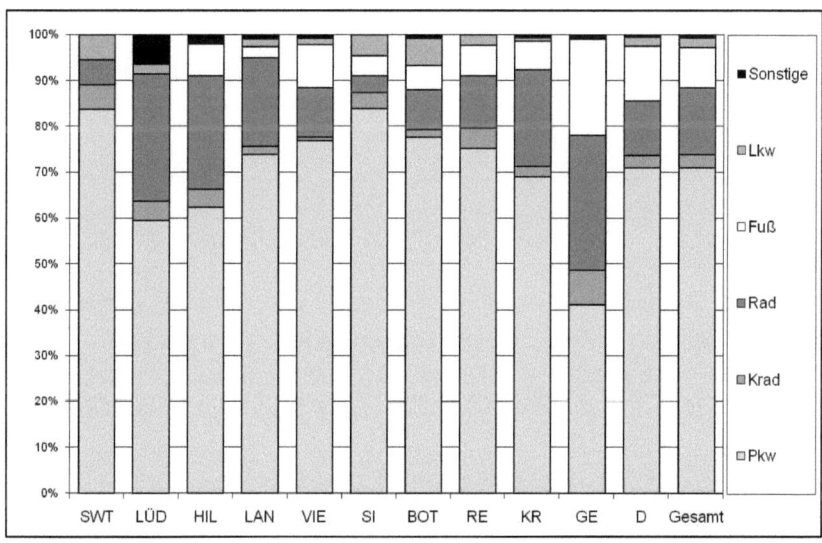

Abbildung 21: Anteil der Verursacher ab 65 Jahren bei Unfällen mit Personenschaden nach Verkehrsmittel des Verursachers im Städtevergleich (Zeitraum 2000 – 2004) [Eigene Darstellung auf Basis polizeilicher Unfalldaten][49]

Beim Vergleich der Unfalltypen der Verursacherunfälle in den Städten (über alle Verkehrsmittel) lässt sich Folgendes feststellen (vgl. Abbildung 22):

---

[49] Die Städte sind nach ihrer Einwohnerzahl aufsteigend von links nach rechts dargestellt. Folgende Städte wurden untersucht: Schwalmtal (SWT), Lüdinghausen (LÜD), Hilden (HIL), Langenfeld (LAN), Viersen (VIE), Siegen (SI), Bottrop (BOT), Recklinghausen (RE), Krefeld (KR), Gelsenkirchen (GE), Düsseldorf (D).

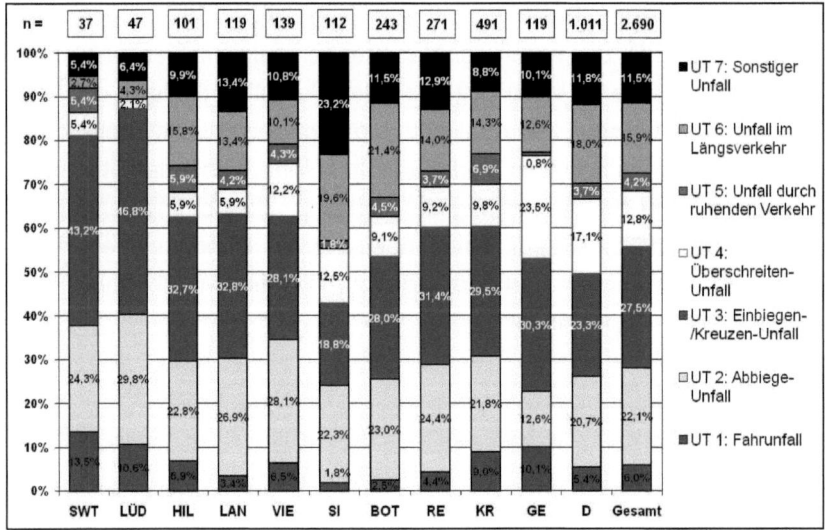

Abbildung 22: Anteil der Verursacher ab 65 Jahren bei Unfällen mit Personenschaden nach Unfalltyp im Städtevergleich (Zeitraum 2000 – 2004) [Eigene Darstellung auf Basis polizeilicher Unfalldaten] [50]

- Der Anteil der Unfälle in Abbiege- und Einbiegen-/Kreuzen-Situationen in den Untersuchungsstädten ist erwartungsgemäß groß. Bereits beim Blick in die Bundesstatistik wird deutlich, dass der Hauptgrund von Unfällen, die Verkehrsteilnehmer ab 65 Jahre verursachen, in den meisten Fällen Abbiegefehler sind (vgl. Kapitel 4.4.2).

- Bei nahezu der Hälfte aller Unfälle, die von Verkehrsteilnehmern ab 65 Jahre verursacht werden, handelt es sich um Abbiege- oder Einbiegen-/Kreuzen-Unfälle. Dabei spielt die Größe einer Stadt keine Rolle; der Anteil dieser Unfälle ist in größeren Städten eher geringer, da andere Unfalltypen relativ häufiger auftreten.

---

[50] Die Städte sind nach ihrer Einwohnerzahl aufsteigend von links nach rechts dargestellt. Folgende Städte wurden untersucht: Schwalmtal (SWT), Lüdinghausen (LÜD), Hilden (HIL), Langenfeld (LAN), Viersen (VIE), Siegen (SI), Bottrop (BOT), Recklinghausen (RE), Krefeld (KR), Gelsenkirchen (GE), Düsseldorf (D).

- Je größer die Stadt, desto höher ist tendenziell der Anteil der Überschreiten-Unfälle mit Fußgängern. Anscheinend verursachen in größeren Städten mehr ältere Fußgänger beim Überqueren der Fahrbahn einen Unfall, als das in kleineren Städten der Fall ist. Dort spielen diese Unfälle dagegen eine geringere Rolle. Die visuelle Überprüfung mittels der Unfalltypensteckkarten ergab, dass hauptsächlich das Hauptverkehrsstraßennetz betroffen ist.

6.2.1 Häufige Konfliktsituationen älterer Verkehrsteilnehmer

Auf Basis der Unfalldaten wurden die jeweils zehn häufigsten Unfalltypen mit dreistelliger Unfalltypnummer herausgestellt, um typische Konfliktsituationen älterer Verkehrsteilnehmer zu identifizieren. Dabei wurden alle nicht näher zu bestimmenden Unfalltypen nicht mehr berücksichtigt, da diese keine Aufschlüsse über konkrete Konflikte geben können (vgl. Kapitel 7.2.2.1).[51]

Inwieweit es sich bei den Unfalltypen um prototypische Situationen älterer Menschen handelt, konnte mangels geeigneter Datenverfügbarkeit für Altersgruppenvergleiche im Rahmen dieser Dissertation nicht analysiert werden.

6.2.1.1 Häufige Unfalltypen bei älteren Kraftfahrern

Insgesamt wurden von 2.690 analysierten Unfällen 1.906 Unfälle (71 %) von älteren Kraftfahrern verursacht. Zwei Drittel (66 %) waren der Altersgruppe 65 bis 74 Jahre zuzuordnen (vgl. Abbildung 23). Die übrigen Unfälle verursachten die über 74-Jährigen. Grund hierfür könnte u. a. die geringere Verkehrsleistung der höheren Altersgruppen mit dem Pkw sein (vgl. Kapitel 4.3). Trotz des höheren Unfallrisikos ab einem Alter von 75 Jahren (vgl. Abbildung 16, S. 90) sind absolut betrachtet deutlich weniger Unfälle dieser Altersgruppe zu verzeichnen. Bei Betrachtung der einzelnen Unfalltypengruppen zeigt sich, dass es keine besonderen Auffälligkeiten für die beiden Altersgruppen gab.

---

[51] jeweils sonstige Unfalltypen mit den Endnummern 9 oder 99.

Lediglich Unfälle im Zusammenhang mit ruhendem Verkehr traten bei der Gruppe der 65- bis 74-Jährigen mit einem Anteil von 73 % im Verhältnis häufiger auf.

Der überwiegende Teil der von den älteren Kraftfahrern verursachten Unfälle stand im Zusammenhang mit Abbiegen oder Einbiegen/Kreuzen. Dritthäufigster Unfalltyp waren Unfälle im Längsverkehr.

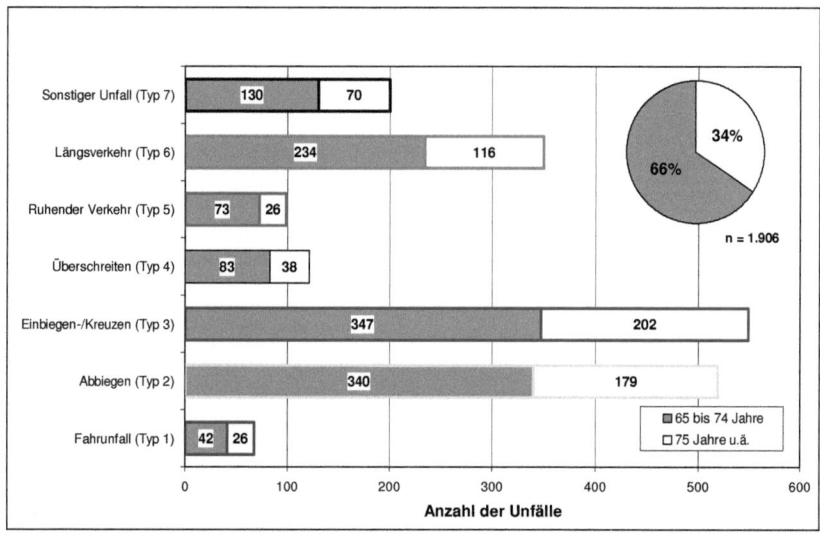

Abbildung 23: Häufigkeit der Unfälle verursacht durch ältere Kraftfahrer in allen Untersuchungsstädten nach Unfalltypen in den Jahren 2000 – 2004 [Eigene Darstellung auf Basis polizeilicher Unfalldaten]

Bei der Auswertung nach dreistelligen Unfalltypen ließen sich dementsprechend sieben der zehn zahlreichsten Konfliktsituationen dem Typ Abbiegen bzw. Einbiegen/Kreuzen zuordnen. Bei den drei weiteren Typen handelte es sich um Unfälle im Längsverkehr (vgl. Abbildung 24). Der mit Abstand häufigste Fall, bei dem Pkw-Fahrer ab 65 Jahre einen schweren Unfall verursachten, war der Zusammenstoß mit einem entgegenkommenden Fahrzeug beim Linksabbiegen (Unfalltyp 211). Diese Unfälle ereigneten sich überwiegend an Lichtsignalanlagen mit bedingt gesicherter Signalisierung.

Einen ähnlichen Unfalltyp beschreibt Unfalltyp 224, bei dem der linksabbiegende Kraftfahrer – statt mit einem entgegenkommenden Kraftfahrzeug – mit einem auf dem Radweg fahrenden Fahrradfahrer kollidiert. Dieser Konflikt wurde überproportional häufig durch Kraftfahrer der Altersgruppe ab 75 Jahre ausgelöst. Dabei muss allerdings bemerkt werden, dass nur geringe Fallzahlen ausgewertet werden konnten, die statistisch nicht belastbar sind.

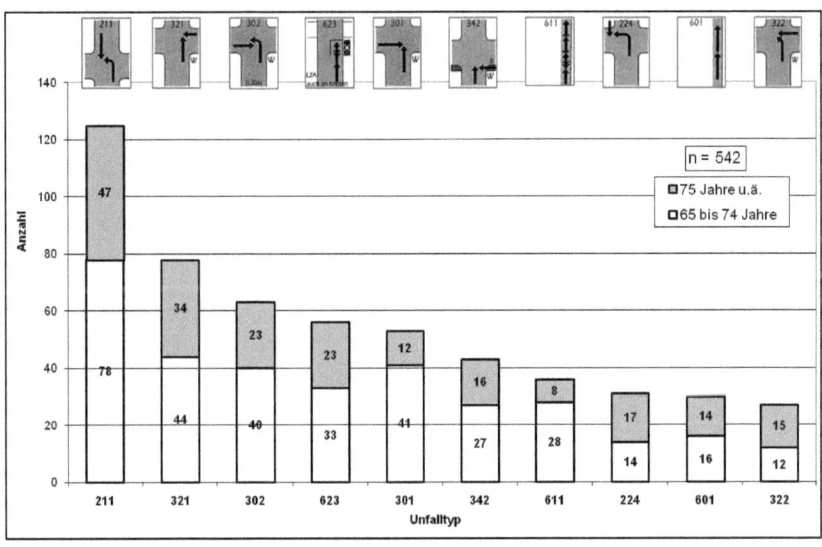

Abbildung 24: Zehn häufigste Konfliktsituationen in den Untersuchungsstädten – Unfälle mit älteren Kraftfahrern (2000 – 2004) [Eigene Darstellung auf Basis polizeilicher Unfalldaten] [52]

Ebenfalls sehr häufig wurden Unfälle beim Einbiegen/Kreuzen verursacht (Typen 301/302 und 321/322). Einbiegen-/Kreuzen-Unfälle ereignen sich an Kreuzungen und Einmündungen ohne Lichtsignalanlage. Die Konflikte treten i. d. R. immer an Kreuzungen auf, bei denen von den älteren Kraftfahrern zwei Fahrströme aus unterschiedlichen Fahrtrichtungen auf der Hauptstraße zu berücksichtigen sind. Dabei spielt es für die Beurteilung der Konfliktsituation eine untergeordnete Rolle, welche Fahrtrichtung der Verursacher einzuschlagen beabsichtigte bzw. von welcher Seite sich das bevorrechtigte Fahrzeug näher-

---

[52] Folgende Städte und Gemeinden konnten bei dieser Auswertung nicht berücksichtigt werden, da die Unfalltypen lediglich mit der einstelligen Typnummer vorlagen: Recklinghausen, Bottrop, Viersen (2000 und 2001), Schwalmtal (2000 und 2001).

te. Die verschiedenen Typen können für die Analyse daher zusammengefasst betrachtet werden. Begünstigt werden die Konflikte z. B. durch nachlassende Sehkraft im Alter, wodurch u. a. das Sehen bewegter Objekte und die Fern-Tagessehschärfe nachlässt, und wegen des nachlassenden Tempos in der Leistungserbringung (vgl. Schlag 2001). Die Geschwindigkeiten des Querverkehrs können für viele ältere Kraftfahrer im Falle von Leistungseinschränkungen zu hoch sein, so dass es zu einer Fehleinschätzung der Zeitlücken kommt, die für den Einbiege- oder Kreuzungsvorgang benötigt werden.

Hervorzuheben in dieser Typkategorie ist der Unfalltyp 342. Diese Konfliktsituation kann durch ein Fehlverhalten des Kraftfahrers oder auch des Radfahrers bewirkt werden. In allen hier betrachteten Fällen waren die Kraftfahrer Verursacher (vgl. Kap. 6.2.1.2). Diese übersahen an einer Einmündung oder an Grundstückszufahrten (ca. ein Viertel aller Fälle) einen linksseitig fahrenden Radfahrer auf einem Zweirichtungsradweg. Linksseitig auf einem Radweg fahrende Radfahrer sind durchweg gefährdet, weshalb die Freigabe solcher Radwege nur im Ausnahmefall zulässig ist (vgl. Alrutz et al. 1998). Inwieweit es sich um prototypische Unfälle älterer Kraftfahrer handelt, konnte im Rahmen dieser Untersuchung nicht geklärt werden. Dennoch kann vermutet werden, dass die Befahrung von Radwegen im Zweirichtungsverkehr insbesondere für ältere Kraftfahrer eine deutliche Steigerung der Komplexität einer Verkehrssituation darstellt (erhöhte Aufmerksamkeit notwendig).

Bei den weiteren Unfällen handelte es sich um Auffahrunfälle (Unfälle im Längsverkehr). Die häufigste Konfliktsituation, die zu einem Unfall führte, war dabei das Auffahren auf ein haltendes Fahrzeug an einer Lichtsignalanlage (Typ 623). Es folgten das Auffahren auf ein haltendes Fahrzeug in einem Stau (Typ 611) sowie Auffahren auf ein vorausfahrendes Fahrzeug während der Fahrt (Typ 601). In der Regel kompensieren gerade Pkw-Fahrer zwischen 65 und 74 Jahre ihre physischen Einschränkungen durch angepasste Fahrweise und verursachen weniger Auffahrunfälle je 1.000 Einwohner der Bevölkerungsgruppe, als alle anderen Altersgruppen (vgl. Kapitel 4.4.2). Zur richtigen Einordnung solcher Konfliktsituationen sollte daher eine Einzelfallbetrachtung erfolgen, die dann auch Altersgruppenvergleiche umfasst.

6.2.1.2 Häufige Unfalltypen bei älteren Radfahrern

Lediglich ein Drittel (134) der 394 von älteren Radfahrern verursachten Unfälle, die ausgewertet werden konnten, waren der Altersgruppe über 75 Jahre zuzuordnen (vgl. Abbildung 25). Ein Indikator für die rückläufige Bedeutung des Fahrrads als Verkehrsmittel in höherem Alter. Ebenso wie bei den Kraftfahrern, verursachten ältere Menschen als Radfahrer häufig Konflikte beim Einbiegen/Kreuzen. Abbiegeunfälle spielten bei den älteren Radfahrern demgegenüber lediglich eine geringe Rolle. Gründe könnten häufig zu beobachtende Verhaltensweisen älterer Radfahrer sein, z. B. indirektes Abbiegen statt direktes Abbiegen (vgl. Draeger u. Klöckner 2001).

Eine deutliche Rolle spielten Fahrunfälle vom Typ 1, bei denen es sich i. d. R. um Alleinunfälle handelt. Besonders erwähnenswert in diesem Zusammenhang ist es, dass die Dunkelziffer bei Fahrradunfällen in der amtlichen Unfallstatistik der Polizei bis zu 90 % beträgt (vgl. Hautzinger 1993). Gerade bei Alleinunfällen ohne sehr schwere Unfallfolgen ist diese besonders hoch. Hier kann sich auch die aufgrund nachlassender physischer Kräfte höhere Empfindlichkeit älterer Radfahrer gegenüber Unebenheiten der Oberfläche oder Kanten widerspiegeln. Hinweise auf Zusammenhänge ergaben sich aus den Ergebnissen der Befragungen und der Fokusrunden (vgl. Kap. 6.4 und 6.6).

16 % der Unfälle älterer Radfahrer wurden dem Typ „Sonstige Unfälle" zugeordnet. Bei der detaillierten Auswertung zeigte sich leider, dass die überwiegende Anzahl der Fälle unter dem Typ 799 (Übrige Unfälle des Typs 7) eingetragen wurde. Somit blieb die Verkehrssituation, die zum Unfall führte, unklar.

Die Verteilung der Unfalltypen in den beiden untersuchten Altersgruppen zeigte, dass für die jüngere Altersgruppe die Unfalltypen 5 bis 7 überproportional häufig auftraten. Allerdings handelte es sich, bedingt durch den niedrigen Anteil der Radfahrer an allen untersuchten Unfällen (insgesamt 15 %), um teilweise sehr geringe Fallzahlen innerhalb der Unfalltypgruppen.

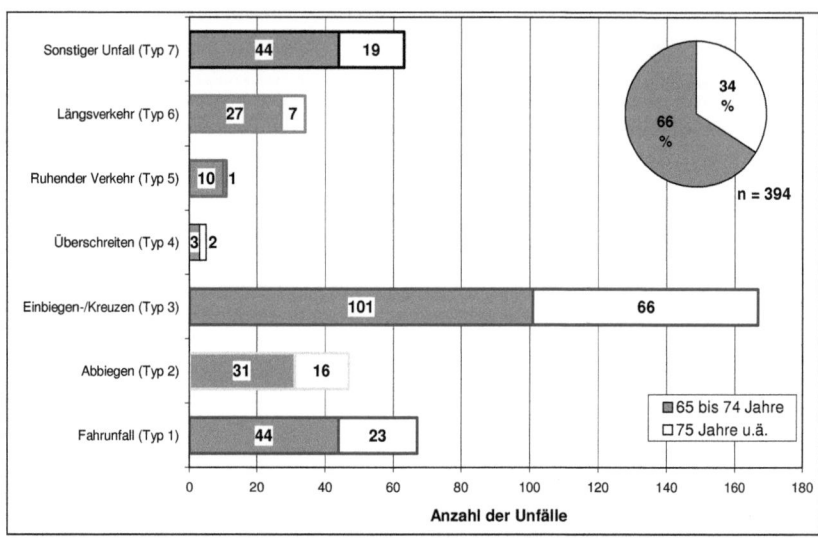

Abbildung 25: Häufigkeit der Unfälle verursacht durch ältere Radfahrer in allen Untersuchungsstädten nach Unfalltypen in den Jahren 2000 – 2004 [Eigene Darstellung auf Basis polizeilicher Unfalldaten]

Zur Ermittlung häufig auftretender Konfliktsituationen wurden für das Verkehrsmittel Fahrrad ebenfalls die zehn häufigsten Unfalltypen herausgestellt (vgl. Abbildung 26). Wenn ein Unfalltyp keine konkrete Konfliktsituation beschrieb, blieb er unberücksichtigt. Die Zahl der Radfahrunfälle ist mit 146 ausgewerteten Vorfällen deutlich geringer, als die Anzahl der von den Kraftfahrern verursachten Konflikte. Nahezu alle Konflikttypen wurden zu zwei Dritteln von der Gruppe der 65 bis 74-Jährigen verursacht, lediglich der Unfalltyp 651 (Fahrfehler beim Nebeneinanderfahren) wurde ausschließlich von Radfahrern dieser Altersgruppe verursacht. Insgesamt ist die Anzahl der betrachteten Fälle allerdings zu gering, um statistisch belastbar zu sein. So lassen sich lediglich Tendenzen ablesen.

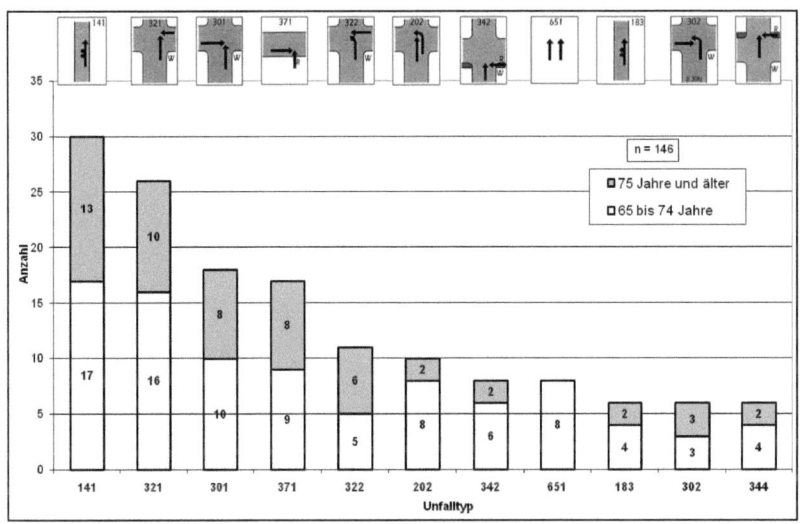

Abbildung 26: Zehn häufigste Konfliktsituationen in den Untersuchungsstädten – Unfälle mit älteren Radfahrern als Verursacher (Jahre 2000 – 2004) [Eigene Darstellung auf Basis polizeilicher Unfalldaten]

Bei der detaillierten Analyse der Unfalltypen fiel auf, dass es sich immerhin bei sieben von zehn Typen um Einbiegen-/Kreuzen-Konflikte handelte. Hier liegt demnach ein Schwerpunkt der Konflikte älterer Fahrradfahrer. Bei einigen Unfalltypen sind Parallelen zu den typischen Konfliktsituationen älterer Kraftfahrer zu erkennen (Typen 301/302 und 321/322). Im Unterschied zum Kfz-Verkehr spielt die Richtung des Unfallgegners aufgrund der geringen Beschleunigung der Radfahrer eine größere Rolle. Es ließ sich feststellen, dass sich die meisten der Einbiegen-/Kreuzen-Unfälle an unsignalisierten Knotenpunkten bzw. Einmündungen ereigneten, an denen der Radverkehr in der untergeordneten Straße im Mischverkehr geführt wurde und auf der Hauptstraße Radverkehrsanlagen vorhanden waren. Eine Überprüfung mittels Luftbildauswertung ergab, dass an den Unfallorten durchweg keine Überquerungshilfen vorhanden waren, um getrennte Zeitlücken für überquerende Radfahrer durch eine Aufteilung der Kfz-Richtungsströme zu schaffen.

Der Unfalltyp 342 ereignete sich insgesamt achtmal. Bei den hier betrachteten Fällen war der Verursacher des Konfliktes allerdings der

Radfahrer, der einen Radweg in falscher Richtung benutzte. Untersuchungen belegen, dass die Motivation für die falsche Benutzung stark von der ortsspezifischen Situation abhängig ist (vgl. z. B. Alrutz et al. 1998). Oft gibt es keine Überquerungsmöglichkeiten, um an Zufahrten aus Nebenstraßen den richtigen Radweg auf der Hauptstraße zu erreichen. Fahren Radfahrer dann erst einmal auf der falschen Seite, bleiben sie dort oftmals auch für längere Strecken und werden zu Geisterradlern.

Recht häufig trat mit 17 Fällen der Unfalltyp 371 auf, bei dem ältere Radfahrer die Fahrbahn außerhalb von Knotenpunkten querten und mit dem Fahrverkehr auf der Fahrbahn zusammenstießen. Gründe für diese Konfliktsituation könnten fehlende Überquerungshilfen für den Radverkehr sein. Ein typischer Radunfall ist der Unfalltyp 202, bei dem ein älterer Radfahrer beim Linksabbiegen mit einem von hinten kommenden Fahrzeug kollidierte (10 Fälle). In vier Fällen handelte es sich beim zweiten Unfallbeteiligten sogar um einen weiteren Radfahrer. Sicherlich spielte hier u. a. die eingeschränkte Bewegungsfähigkeit für die Durchführung des Schulterblicks eine Rolle (vgl. Steffens et al. 1999).

Immerhin ein Fünftel der Unfälle (30 Fälle) entfiel auf den Unfalltyp 141, der damit den Spitzenplatz einnimmt. Bei diesem Unfalltyp handelt es sich um einen Fahrunfall auf gerader Strecke, „ohne mitwirkende Besonderheiten von Längsschnitt und Querneigung" (vgl. FGSV 1998). Ebenfalls um einen Fahrunfall handelt es sich beim Unfalltyp 183, bei dem laut Unfalltypenkatalog eine Unebenheit der Oberfläche ursächlich für den Unfall war. Bei beiden Unfalltypen handelt es sich um Alleinunfälle. In der Summe entfiel insgesamt ein Viertel aller ausgewerteten Unfälle auf diese beiden Unfalltypen (36 Unfälle). Bei der näheren Überprüfung der Unfälle vom Unfalltyp 141 ließ sich feststellen, dass i. d. R. als Ursache lediglich „Andere Fehler bei Fahrzeugführer" vermerkt war. Warum es bei den Unfällen vom Typ 141 letztendlich tatsächlich zum Sturz kam, war somit nicht mehr nachzuvollziehen. Auch die genaue Analyse der Unfallberichte brachte keine gesicherten Erkenntnisse über das auslösende Moment. Lediglich bei einem der Unfälle dieses Typs wurde zusätzlich eine Unfallursache, die im Zusammenhang mit dem Zustand der Straße stand, durch die Polizei aufgenommen. Durch die aus Befragungen und Fokusrunden bekannten Kritikpunkte älterer Radfahrer, insbesondere zur Instandhaltung der Radverkehrsanlagen, liegt die Vermutung nahe, dass eine größere Anzahl Unfälle vom Typ 141 durch den Zustand der Infrastruktur (Oberfläche, Beleuchtung, Erkennbarkeit der Verkehrsführung) begünstigt wird. In vielen Fällen wurde das möglicherweise bei der Unfallaufnahme nicht erkannt und entsprechend vermerkt. Gerade auf dem Fahrrad ist bei älteren Menschen aufgrund nachlassender physischer Kräfte von einer höheren Sensibilität gegenüber Einflüssen auf das Fahrzeug und von einer höheren Sturzgefahr auszugehen. Kommt es zum Sturz, kommt es häufig zu sehr schweren Verletzungen.

6.2.1.3 Häufige Unfalltypen bei älteren Fußgängern

Bei den von älteren Fußgängern verursachten Unfällen handelte es sich i. d. R. um den Unfalltyp 4, andere Unfalltypen spielen praktisch keine Rolle. Das begründet sich aus dem Aufbau des Unfalltypenkatalogs, in dem der Unfalltyp i. d. R. durch die Konfliktsituation bestimmt wird. Wenn also ein Fußgänger während des Überschreitens in einen Unfall verwickelt wird, handelt es sich meistens um einen Unfalltyp 4 (Überschreiten-Unfall), da das Queren der Fahrbahn auslösend für den Konflikt war. Das bedeutet allerdings nicht automatisch, dass der Fußgänger immer auch Verursacher des Unfalls war. In einigen Fällen kann ein anderer Konflikt maßgebend werden. Im Folgenden wurden zunächst die von älteren Fußgängern verursachten Unfälle analysiert.

Von den Fußgängerunfällen wurden lediglich die acht häufigsten Unfalltypen ausgewertet, da bei den anderen Typen sehr geringe Fallzahlen vorhanden waren (vgl. Abbildung 27). Jeweils die Hälfte der 234 von älteren Fußgängern verursachten Unfälle entfiel auf die Altersgruppe 65 bis 74 Jahre (122 Fälle, 52 %) bzw. ab 75 Jahre. Bei der Betrachtung der Häufigkeit der Unfalltypen nach Altersgruppen waren keine Auffälligkeiten zu erkennen.

Unterschiede bei den in der Auswertung betrachteten Konflikten bestanden

- in der örtlichen Lage (am Knoten oder auf der Strecke) sowie
- mit bzw. ohne Sichtbehinderung.

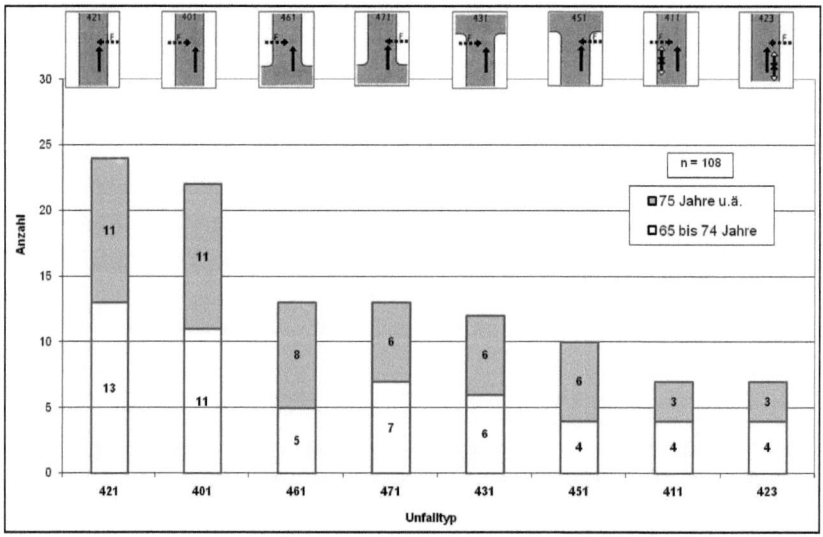

Abbildung 27: Acht häufigste Konfliktsituationen in den Untersuchungsstädten – Unfälle mit älteren Fußgängern als Verursacher (Jahre 2000 – 2004) [Eigene Darstellung auf Basis polizeilicher Unfalldaten][53]

Die meisten Unfälle beim Überqueren von Fußgängern ereigneten sich an Knotenpunkten (48 Fälle). Allerdings teilte sich diese Zahl in etwa zur Hälfte auf Unfälle vor (26 Fälle) und nach (22 Fälle) dem Knotenpunkt auf. Lediglich etwa 10 % (11 Fälle) dieser Unfälle ereigneten sich an Lichtsignalanlagen. Wegen der doch sehr unterschiedlichen Charakteristik und Ursachen bei Unfällen mit Fußgängern vor und hinter dem Knotenpunkt, lassen sich diese Konflikte bei der Betrachtung nicht zusammenfassen.

---

[53] Folgende Städte und Gemeinden konnten bei dieser Auswertung nicht berücksichtigt werden, da die Unfalltypen lediglich mit der einstelligen Typnummer vorlagen: Recklinghausen, Bottrop, Viersen (2000 und 2001), Schwalmtal (2000 und 2001).

Die mit Abstand häufigsten Fälle waren somit Konflikte mit Fußgängern beim Überqueren auf freier Strecke an ungesicherten Stellen (46 Fälle). Die Unfälle ereigneten sich laut Unfallstatistik zwar auf der freien Strecke ohne Sichtbehinderung. Es kann allerdings nicht sicher davon ausgegangen werden, dass eine mögliche Sichtbehinderung von der Polizei immer erkannt und eingetragen wurde. Dennoch dürfte dieser Unfalltyp mit seiner Häufigkeit maßgeblich sein. In der Häufigkeit zwischen Unfällen, die durch rechtsseitig (24 Fälle) bzw. linksseitig (22 Fälle) auf die Fahrbahn tretende Fußgänger verursacht wurden, gab es keine nennenswerten Unterschiede.

6.2.1.4 Zusammenfassung

Bei Konfliktsituationen, die ältere Verkehrsteilnehmer als Fahrzeugführer auslösten, handelte es sich besonders häufig um Situationen beim Einbiegen oder Kreuzen von anderen Verkehrsströmen (Kraftfahrer und Radfahrer) und Situationen beim Abbiegen (Kraftfahrer). Die Größe einer Stadt, mit entsprechend höherer Verkehrsdichte und häufiger auftretenden komplexen Verkehrssituationen, spielt anscheinend keine besondere Rolle für die Häufigkeit solcher Unfälle. Auch in kleineren Städten sind solche Unfalltypen prägend für das Unfallbild älterer Fahrzeugführer. In den größeren Städten nahm naturgemäß die Vielfalt der Unfalltypen zu. Relativ nahm der Anteil der Einbiegen-/Kreuzen-Konflikte ab, machte aber dennoch jeweils immer den größten Anteil aus. Bei den Fußgängern lässt sich bei steigender Stadtgröße eine Tendenz zu mehr Überschreiten-Unfällen erkennen.

In Abhängigkeit des Verkehrsmittels traten einzelne Unfalltypen besonders häufig auf. Bei Kraftfahrern handelte es sich insbesondere um den Abbiegeunfall vom Typ 211, bei welchem in den meisten untersuchten Fällen eine bedingt gesicherte Signalisierung des Linksabbiegers an einer Lichtsignalanlage bestand und der Abbieger mit dem entgegenkommenden Verkehr kollidierte. Ältere Fahrradbenutzer verursachen neben den Einbiegen-/Kreuzen-Konflikten häufig Fahrunfälle; i. d. R. handelt es sich dabei um Alleinunfälle. Gerade bei den Radfahrern kann der Einfluss äußerer Umstände, z. B. Unebenheiten der

Fahroberfläche, nicht ausgeschlossen werden, aufgrund nicht hinreichend genau auswertbarer Unfallursachen jedoch auch nicht eindeutig belegt werden. In vielen Fällen ließen sich die Umstände, die letztendlich zum Sturz führten, nicht mehr nachvollziehen. Es ist zudem mit einer hohen Dunkelziffer zu rechnen.

Ältere Fußgänger verursachten besonders häufig Unfälle beim Überqueren der Straße an ungesicherten Stellen auf freier Strecke. Sichthindernisse spielen dabei offensichtlich als Unfallursache kaum eine Rolle.

6.2.2 Weitergehende Unfallanalysen in den drei Untersuchungsstädten

Im Folgenden wurden die Unfallauswertungen für die drei Hauptuntersuchungsstädte detaillierter fortgeführt. Dazu wurden jeweils

- Unfalltypensteckkarten[54] zur Visualisierung von unfallauffälligen Bereichen erstellt,
- unfallauffällige Bereiche in jeder Stadt ermittelt sowie
- Ortsbesichtigungen an ausgewählten Stellen durchgeführt.

Neben den Unfällen, die von älteren Menschen verursacht wurden, wurden weitere Unfälle älterer Radfahrer und Fußgänger in die Betrachtung einbezogen. Ziel war es, konkrete Hinweise auf Defizite in der Verkehrsinfrastruktur zu ermitteln.

Die Unfalltypensteckkarten umfassten gemäß der beschrieben Auswertung lediglich die Unfälle mit Beteiligung älterer Menschen (vgl. Abbildung 28). Die Steckkarten dienten dem Zweck, unfallauffällige Bereiche zuerst anhand der optischen Unfalldichte festzustellen. Allerdings wurden abweichend vom Merkblatt für die Auswertung von Straßenverkehrsunfällen, Teil 1 Unfälle mit Leichtverletzten in die Betrachtung mit einbezogen.

---

[54] Aus lizenzrechtlichen Gründen können die Unfalltypensteckkarten in dieser Arbeit nicht dargestellt werden.

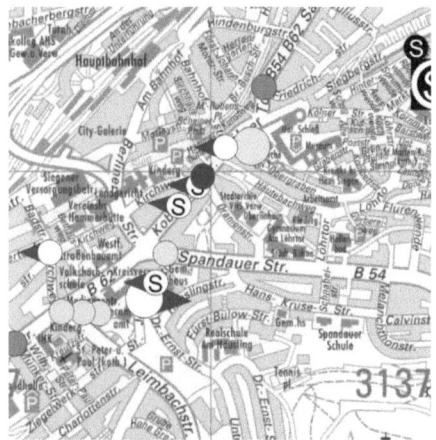

Abbildung 28: Beispiel für die Darstellung von Unfällen älterer Menschen in einer Unfalltypensteckkarte (Ausschnitt) [Eigene Darstellung auf Basis polizeilicher Unfalldaten]

6.2.2.1 Verunglücktenhäufigkeit im Vergleich

Eine von der Polizei zu Vergleichszwecken ermittelte Kenngröße für das Unfallgeschehen in einer Stadt stellt die Verunglücktenhäufigkeitszahl (VHZ) dar. Dabei handelt es sich um eine Kennziffer, die das Unfallgeschehen auf jeweils 100 Tsd. Einwohner einer bestimmten Gruppe bezieht. Diese Zahl lässt sich somit besonders gut zu Vergleichszwecken zwischen heterogenen Gruppen heranziehen. Eine Gegenüberstellung der VHZ der drei Untersuchungsstädte im Vergleich mit der VHZ in Nordrhein-Westfalen für aktive und passive Verkehrsbeteiligung älterer Menschen zeigt Tabelle 13.

Tabelle 13: Verunglücktenhäufigkeit der Menschen ab 65 Jahre pro 100.000 EW dieser Bevölkerungsgruppe im Städtevergleich [Eigene Zusammenstellung auf Basis Unfallzahlen der Polizei][55]

Ort / Jahr	2000	2001	2002	2003	2004
Gelsenkirchen	193	154	207	200	226
Siegen	— *)	172	151	139	174
Lüdinghausen	339	274	290	386	299
NRW	245	243	242	252	246

*) Wert nicht ermittelbar, da Personengruppe ab 60 Jahre erfasst wurde

Die VHZ für Menschen ab 65 Jahre in Nordrhein-Westfalen blieb in den Jahren 2000 bis 2004 nahezu konstant.[56] Im Vergleich mit dem Landesdurchschnitt in Nordrhein-Westfalen verunglückten in Gelsenkirchen und Siegen unterdurchschnittlich viele ältere Verkehrsteilnehmer. In Lüdinghausen lag die Anzahl der verunglückten Menschen ab 65 Jahre pro 100 Tsd. Einwohner dieser Gruppe dagegen überdurchschnittlich hoch. In Gelsenkirchen und Lüdinghausen scheint die VHZ gegenüber dem Landestrend tendenziell anzusteigen. In Siegen stieg der Wert nach drei Jahren rückläufiger Entwicklung im Jahr 2004 wieder deutlich an. Beim Vergleich ist zu berücksichtigen, dass

- der betrachtete Zeitraum relativ kurz ist,
- für Siegen lediglich vier vergleichbare Werte vorliegen und
- die Werte teilweise stark schwanken, da das Unfallgeschehen weitestgehend durch zufällige Ereignisse bestimmt und die Verteilung von diesen Zufälligkeiten beeinflusst werden (Korrelation mit dem kurzen Betrachtungszeitraum).

Die vorliegenden Zahlen können zudem nur eine Tendenz aufzeigen, da die Polizei die VHZ i. d. R. nicht getrennt für passive und aktive Verkehrsbeteiligung ermittelt. Passiv Beteiligte (z. B. Mitfahrer in einem Pkw) spielen für die Analyse und die anschließende Maßnah-

---

[55] Zahlen für Lüdinghausen auf Kreisebene.

[56] Da für die Städte die Unfallzahlen der Jahre 2000 bis 2004 ausgewertet wurden, wurden die entsprechenden Jahresvergleichswerte ebenfalls bei der VHZ herangezogen.

menableitung an der Infrastruktur jedoch keine Rolle, da diese keinen Einfluss auf Unfallursache und Unfallhergang haben. Allerdings erhöhen die passiv Verunglückten erhöhen die VHZ, da sie trotzdem als Verunglückte statistisch erfasst werden.[57]

6.2.2.2 Unfalllage älterer Verkehrsteilnehmer in Gelsenkirchen

In Gelsenkirchen konnten für den Untersuchungszeitraum insgesamt 303 Straßenverkehrsunfälle ermittelt werden, die den Auswahlkriterien entsprachen (vgl. Kap. 5.2). Darunter gab es 119 Unfälle, in denen ein Verkehrsteilnehmer aus der Altersgruppe ab 65 Jahre als Verursacher eingestuft wurde. Bei 184 Unfällen wurde ein älterer Mensch aus dieser Gruppe als Fahrradfahrer (76) oder Fußgänger (108) verletzt, ohne als Verursacher eingestuft worden zu sein. Bei insgesamt 24 Unfällen entstammten sowohl Verursacher als auch mindestens ein weiterer Beteiligter der Altersgruppe ab 65 Jahre.

6.2.2.2.1 Unfalltypensteckkarte

In der Unfalltypensteckkarte ließ sich bei den Unfällen, die durch ältere Verkehrsteilnehmer verursacht worden waren, keine örtliche Häufung nach den Kriterien des MAS T1 erkennen. Die Unfälle verteilten sich relativ gleichmäßig über das gesamte Stadtgebiet. An einzelnen Knotenpunkten trat derselbe Unfalltyp maximal zwei Mal auf. Auf einigen Straßenzügen, überwiegend längs der Hauptstraßen, ließen sich tendenziell Unfallhäufungslinien (unter Einbeziehung der Unfälle mit Leichtverletzen, vgl. Kap. 6.2.2) mit unterschiedlichen Unfalltypen erkennen.

Betrachtet man alle erfassten Fußgänger- und Radfahrerunfälle mit Beteiligung älterer Menschen, dann zeigen sich deutliche Schwerpunkte im Stadtgebiet. Besonders in den Stadtteilzentren konzentrierten sich Unfälle mit älteren Fußgängern. Allerdings dürfte die Anzahl älterer Verkehrsteilnehmer (Fußgänger) in den Stadtteilen, die zu-

---

[57] Im ungünstigen Fall kann in einer Stadt demnach eine hohe VHZ einer Gruppe ermittelt werden, weil besonders viele Mitfahrer dieser Gruppe verunglückt sind. Gleichzeitig ist die Zahl der Verursacher oder Fußgänger und Radfahrer, die verletzt wurden, gering.

gleich als Nahversorgungsbereich dienen, relativ betrachtet ebenfalls höher sein. Es lässt sich dennoch festhalten, dass bestimmte Straßenabschnitte innerhalb der Stadtteilzentren über ein besonders hohes Risikopotenzial für ältere Verkehrsteilnehmer verfügen.

6.2.2.2.2 Ältere Menschen als Unfallverursacher

Die Anzahl der Verkehrsunfälle mit Personenschaden, die von Menschen ab 65 Jahre verursacht wurden, lag zwischen 16 im Jahr 2000 und 36 im Jahr 2004 (vgl. Abbildung 29). Die Entwicklung entspricht weitestgehend dem Verlauf der VHZ. Über die Jahre betrachtet scheint sich eine leicht steigende Tendenz abzuzeichnen, für eine belastbare Aussage ist der Beobachtungszeitraum allerdings zu kurz. Zudem liegen keine Zahlen über die Entwicklung der Verkehrsleistung vor. Getötete und Schwerverletzte wurden zur Gruppe „schwerer Personenschaden" zusammengefasst (vgl. Kap. 5.2).

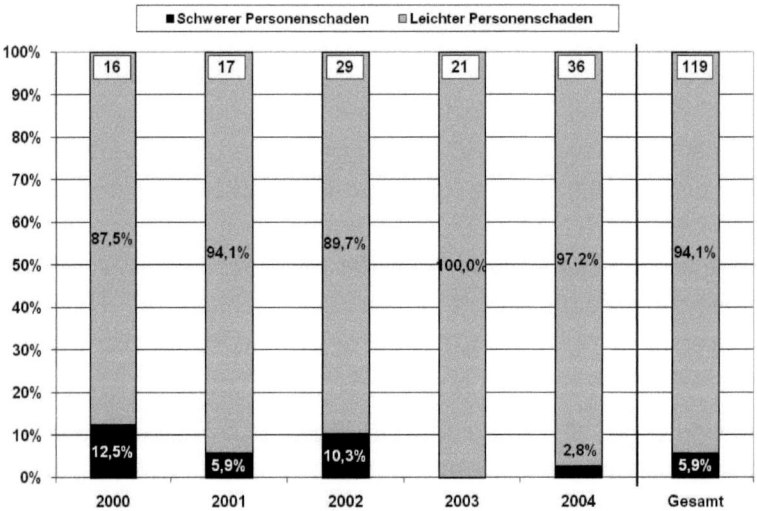

Abbildung 29: Unfälle mit Personenschaden in Gelsenkirchen verursacht durch Verkehrsteilnehmer ab 65 Jahre nach Verletzungsschwere (Jahre 2000 – 2004) [Eigene Darstellung auf Basis polizeilicher Unfalldaten]

Die Art der Verkehrsbeteiligung der Verursacher zeigt eine große Streuung. Lediglich 41 % der älteren Verkehrsteilnehmer verursachten einen Verkehrsunfall als Fahrer eines Pkw (vgl. Abbildung 30). Dies ist im Städtevergleich ein unterdurchschnittlicher Wert. Hingegen liegen die Werte für Fußgänger (21 %) und Radfahrer (29 %) als Hauptverursacher überdurchschnittlich hoch (vgl. Kap. 6.2.1). Die große Zahl der Radunfälle und auch Fußgängerunfälle kann auf Folgendes hindeuten:

- Der Anteil der Radfahrer in der Altersgruppe ab 65 Jahre in Gelsenkirchen ist relativ hoch oder
- die örtliche Infrastruktur hat einen negativen Einfluss auf die Unfalllage älterer Radfahrer.

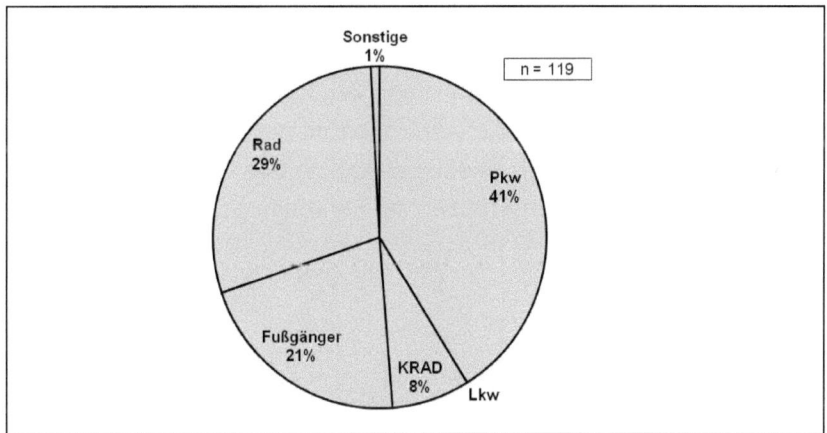

Abbildung 30: Verkehrsmittel der Verursacher ab 65 Jahre bei Unfällen mit Personenschaden in Gelsenkirchen (2000 – 2004) [Eigene Darstellung auf Basis polizeilicher Unfalldaten]

Die eindeutige Bewertung solcher Aussagen ließe sich nur anhand von Vergleichszahlen zur Verkehrsleistung belegen, die in der Regel nicht vorliegen. Ein Einfluss der Infrastruktur wird allerdings durch die Befragungen sowie die (subjektiv geprägten) Ergebnisse der Fokusrunden gestützt (vgl. Kap. 6.4 und 6.6). Die Befragungsergebnisse lassen für das Fahrrad einen Anteil von etwa 10 % am Modal-Split für die Altersgruppe ab 65 Jahre vermuten. Ein lediglich durchschnittlicher Wert für eine westdeutsche Großstadt, wenn man alle Altersgruppen zugrunde legt (Hautzinger 1996) und annimmt, dass die Bedeutung des Fahrrads bis weit ins hohe Alter hinein eine Bedeutung für die

Fortbewegung hat (vgl. Kap. 4.3.1).[58] In den Fokusrunden wurde von den älteren Teilnehmern zudem insbesondere die schlechte Infrastruktur für den Radverkehr bemängelt.

Bei den für die Verursacher in Gelsenkirchen ermittelten Unfalltypen dominieren Einbiegen-/Kreuzen-Unfälle (Typ 3). Besonders auffällig ist die hohe Anzahl von Überschreiten-Unfällen (Typ 4). Die übrigen Unfälle verteilen sich annähernd gleich auf die weiteren Unfalltypen; lediglich Unfälle durch ruhenden Verkehr spielen keine Rolle (1 Unfall).

Bei genauer Analyse der einzelnen Unfalltypen lässt sich feststellen, dass die Unfalltypen 211, 321 sowie 421 besonders zahlreich auftraten (vgl. Abbildung 31). Entsprechend der hohen Anzahl an Unfällen mit Radfahrern ereigneten sich eine Vielzahl typischer Unfälle (Unfalltypen 344 und 371) mit Verkehrsbeteiligung von Radfahrern, die an Einmündungen bzw. beim Kreuzen der Fahrbahn geschehen.[59]

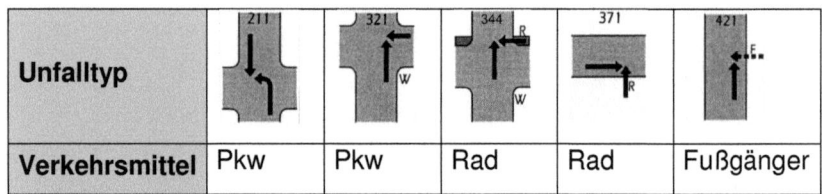

Abbildung 31: Häufigste Unfalltypen in Gelsenkirchen (Verursacher) [Eigene Darstellung auf Basis polizeilicher Unfalldaten]

Bis auf den Unfalltyp 344 handelte es sich dabei um Konfliktsituationen, die insgesamt in allen Untersuchungsstädten am häufigsten auftraten. Häufigster Unfallgegner der Radfahrer war in 21 Fällen der Pkw. Allerdings war die Zahl der Alleinunfälle mit 7 ebenfalls recht hoch. Die genauen Umstände, die zum Sturz führten, lassen sich aufgrund der nicht näher bezeichneten Unfallursachen nicht weiter bestimmen (vgl. Kap. 6.2.1.2). Bei den meisten durch ältere Verkehrsteilnehmer verursachten Unfällen kam es zum Zusammenstoß zwischen

---

[58] Über alle Altersgruppen betrachtet, da keine Zahlen zur Verkehrsmittelwahl nach Altersgruppen vorliegen.

[59] Unfalltyp 371 bezieht sich nicht ausschließlich auf Queren des Radfahrers auf freier Strecke, sondern kann auch im Zusammenhang mit Linksabbiegen stehen, wenn der Radfahrer z. B. Rotlicht missachtet.

zwei Pkw (29 %). Die hohe Zahl der Fußgängerunfälle spiegelt sich in 16 Fällen wider, in denen ein Fußgänger als Verursacher mit einem Pkw kollidierte. Immerhin drei Fußgänger waren als Verantwortliche für einen Unfall mit einer Straßenbahn eingestuft worden. Im Vergleich zu den anderen beiden Städten handelt es sich allerdings um einen Sonderfall, da dort keine Straßenbahn betrieben wird.

In Gelsenkirchen fielen bei der Betrachtung der Unfalltypensteckkarte die über das Stadtgebiet verteilten zahlreichen Unfälle auf, die von älteren Fußgängern verursacht wurden (Unfalltyp 4). Diese ereigneten sich überwiegend an den Hauptachsen des Fahrzeugverkehrs der Stadt, wobei die Unfallursache „Falsches Verhalten beim Überschreiten der Fahrbahn ohne auf den Fahrzeugverkehr zu achten" maßgebend war. Dabei handelt es sich um die am häufigsten eingetragene Ursache der Polizei, wenn ältere Fußgänger einen Unfall verursachen (vgl. Kap. 4.4.3). Bei näherer Betrachtung dieser Unfälle war zu erkennen, dass bei mehr als einem Drittel der Fälle (37 %) bei den Lichtverhältnissen „Straßenbeleuchtung in Betrieb" vermerkt war.

6.2.2.2.3 Weitere verunglückte ältere Fußgänger und Radfahrer

Während des Untersuchungszeitraums wurden von der Polizei 108 weitere Unfälle mit Beteiligung älterer Fußgänger sowie 76 Unfälle mit Beteiligung älterer Fahrradfahrer registriert. Verursacht wurden diese Unfälle jedoch durch andere Verkehrsteilnehmer. Die Fußgängerunfälle ereigneten sich dabei an anderen Orten, als die von älteren Fußgängern verursachten Unfälle. Oft waren die Versorgungszentren bzw. Einkaufsstraßen der Stadtteile Unfallorte. Unfallursache bei diesen Konflikten war i. d. R. „Falsches Verhalten gegenüber Fußgängern an anderen Stellen", da anderen Verkehrsteilnehmern die Schuld zugeschrieben wurde (im Gegensatz zu den Überquerungen an den Hauptverkehrsachsen).

Wurden ältere Fußgänger in Gelsenkirchen Opfer eines Verkehrsunfalls, dann geschah das meistens beim Rangieren bzw. Rückwärtsfahren von Kraftfahrern, während die Fußgänger versuchten, die Fahrbahn zu queren (vgl. Abbildung 32). Insgesamt ereigneten sich solche

Unfälle bei einem Viertel aller betrachteten Fälle. Wenn man die Unfälle auf Parkplätzen dazu nimmt (6 Unfälle), liegt der Wert sogar deutlich höher.

Rangfolge Häufigkeit	Unfalltypen			
1	 713	 711 fahren	719 unklar ob 711 - 715	703  auf Parkplatz
2	 222	 221	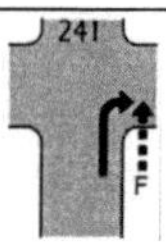 241	
3	 671	 672	 673	 674

Abbildung 32: Konfliktsituationen bei Unfällen mit älteren Fußgängern in Gelsenkirchen (ohne Verursacher) [Eigene Darstellung auf Basis polizeilicher Unfalldaten]

Mit einem Anteil von 20 % zweithäufigster Typ waren Unfälle, bei denen ältere Fußgänger von Fahrzeugführern beim Abbiegen übersehen wurden. Im überwiegenden Teil der Fälle geschah dieses beim Linksabbiegen. Inwieweit sich diese Unfälle an signalisierten oder unsignalisierten Knotenpunkten ereigneten, konnte nicht mehr geklärt werden. Immerhin 16 % der Fußgängerunfälle standen im Zusammenhang mit Unfällen im Längsverkehr (Typ 6). Dabei war häufigster Unfallgegner ein Fahrradfahrer (73 %). Solche Unfälle ereignen sich z. B. bei nebeneinander liegenden Geh- und Radwegen, bei Benutzung des Gehwegs durch Radfahrer oder in Fußgängerzonen.

Wenn in Gelsenkirchen ältere Radfahrer Opfer eines Unfalls wurden, ereignete sich das Unglück in immerhin 28 % der Fälle auf Radfahrerfurten im Zuge von Radwegen. Dort wurden die Radfahrer von wartepflichtigen Autofahrern übersehen. Besonders gefährlich für ältere Radfahrer scheint zudem das Radfahren neben parkenden Fahrzeugen zu sein. In 18 % aller Fälle kam es zu Konflikten, als Kraftfahrer die Fahrertür öffneten (vgl. Abbildung 33). Die Verteilung auf Radwegunfälle und Unfälle mit Radverkehr auf der Fahrbahn konnte nicht ermittelt werden.

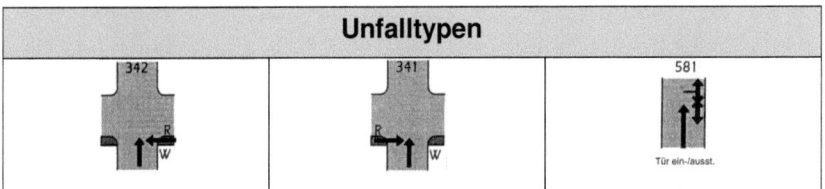

Abbildung 33: Konfliktsituationen bei Unfällen mit älteren Radfahrern in Gelsenkirchen (ohne Verursacher) [Eigene Darstellung auf Basis polizeilicher Unfalldaten]

6.2.2.2.4 Abgleich mit den Problemräumen

Zwei der in der Befragung ermittelten „Problemräume" (K2-1 und K3-1) in Gelsenkirchen liegen an einer Straße, auf der im Rahmen der Unfalluntersuchung zahlreiche Konflikte ermittelt wurden (vgl. Abbildung 34). Es ereigneten sich dort zahlreiche Unfälle zwischen Radfahrern und älteren Fußgängern.

Abbildung 34: Problemraum und Unfallschwerpunkt in Gelsenkirchen [Quelle: Google Earth][60]

---

[60] Es handelt sich um einen Bereich der Fußgängerzone, in dem besonders häufig Konflikte zwischen Radfahrern und älteren Fußgängern auftraten.

Die Einstufung der beiden Orte als „Problemräume" dürfte aber eher durch die subjektiv als schlecht empfundene Sicherheit im öffentlichen Raum beeinflusst gewesen sein. Beide Orte sind beliebter Treffpunkt für soziale Randgruppen. Zur Zeit der Untersuchung wurde der gesamte Bereich großräumig umgebaut. Über die Entwicklung und derzeitige Situation liegt dem Verfasser keine Information vor.

Im Umfeld des Problemraums K1-1 waren keine Auffälligkeiten beim Unfallgeschehen zu verzeichnen (vgl. Abbildung 35). Der Knotenpunkt wird bei der Polizei jedoch als allgemeine UHS geführt. Es ereigneten sich dort allerdings fast ausschließlich Unfälle mit Sachschaden.

Abbildung 35: Problemraum für ältere Menschen in Gelsenkirchen ohne Unfallauffälligkeiten dieser Altersgruppe, aber polizeilich geführte Unfallhäufungsstelle [Quelle: Google Earth]

6.2.2.2.5 Zusammenfassung der Unfallanalyse Gelsenkirchen

In Gelsenkirchen konzentrieren sich Unfälle mit Beteiligung älterer Verkehrsteilnehmer

- auf die Einkaufsstraßen der Stadtteilzentren, insbesondere bei den Fußgängerunfällen (s. o.) sowie
- auf die Hauptverkehrsstraßen und großen Knotenpunkte, bei der Betrachtung von durch ältere Menschen verursachten Unfällen.

Es ist davon auszugehen, dass die Überlagerung vieler verschiedener Nutzungsansprüche, hohe Verkehrsbelastung in den Stadtteilzentren als Nahversorgungsräume sowie hohe Fahrgeschwindigkeiten an den vierspurigen Verbindungsachsen der Stadt die Unfallzahlen an diesen Punkten ansteigen lassen. Besonders ältere Fußgänger und Radfahrer sind davon betroffen. 80 % aller betrachteten Unfälle stehen im Zusammenhang mit einem verunglückten älteren Verkehrsteilnehmer aus einer dieser beiden Gruppen.[61]

Offensichtlich weniger Probleme scheinen ältere Kraftfahrer zu haben, da es in der 5-Jahres-Betrachtung nur vereinzelt unfallauffällige Knotenpunkte oder Streckenabschnitte gab. Beim überwiegenden Teil der identifizierten Orte handelte es sich um allgemeine Unfallschwerpunkte, an denen Konfliktsituationen auch bei den jüngeren Altersgruppen auftraten. Der geringe Anteil älterer Kraftfahrer an der Gesamtzahl der Unfälle kann z. B. bedeuten, dass

- das eigene Kraftfahrzeug in Gelsenkirchen für die Fortbewegung bei den Älteren eine geringere Rolle spielt und/oder
- das Führen eines Kraftfahrzeugs wenig Probleme bereitet und/oder
- Vermeidungseffekte eine Rolle spielen.

Aus anderen Untersuchungen ist z. B. bekannt, dass ältere Kraftfahrer komplexe Situationen zu vermeiden versuchen (strategische Kompensation) und sich andere Wege suchen, die für sie einfacher zu bewältigen sind (vgl. Pfafferott 1994).

6.2.2.3 Unfalllage älterer Verkehrsteilnehmer in Siegen

In Siegen konnten aus den Jahren 2000 bis 2004 insgesamt 170 Unfälle in die Untersuchung einbezogen werden. Darunter waren 112 Unfälle, bei denen ältere Menschen im Alter von 65 Jahren oder älter von der Polizei als Verursacher benannt wurden. Bei den übrigen 48 Unfäl-

---

[61] Es ist zu berücksichtigen, dass keine Zahlen zum Modal-Split oder zur Verkehrsleistung vorlagen.

len waren Menschen im Alter von mindestens 65 Jahren als Fußgänger oder Radfahrer Opfer eines Verkehrsunfalls durch das Verschulden eines anderen Verkehrsteilnehmers.

6.2.2.3.1 Unfalltypensteckkarte

Aus der Datenbasis der untersuchten Unfälle wurde eine digitale Unfalltypensteckkarte für das Stadtgebiet Siegen erstellt, um die Unfalllage zu visualisieren. Innerhalb des Stadtgebietes wurden sechs Orte mit einer offensichtlichen Unfallauffälligkeit für ältere Verkehrsteilnehmer identifiziert. Im Übrigen verteilten sich die Unfälle über das weitere Stadtgebiet mit leichten Konzentrationen auf die Hauptverkehrsstraßen der Ortsteile.

6.2.2.3.2 Ältere Menschen als Unfallverursacher

Die Zahl der durch Menschen ab 65 Jahre verursachten Unfälle mit Personenschaden in Siegen stieg im Zeitraum 2000 bis 2003 tendenziell an (vgl. Abbildung 36), im Vergleich zur Entwicklung der Verunglücktenhäufigkeitszahl (VHZ) ein gegenläufiger Trend. Das könnte auf eine hohe Beteiligung von älteren Mitfahrern oder eine im Verhältnis geringe Zahl von Unfällen mit Personenschäden hinweisen. Im Jahr 2004 sank die Anzahl der durch ältere Menschen verursachten Unfälle mit Personenschaden wiederum auf einen sehr niedrigen Wert (14 Unfälle). Demgegenüber stieg die VHZ in 2004 wieder deutlich an, so dass vermutet werden kann, dass der Anteil der Unfälle mit Personenschaden im Betrachtungszeitraum weiter gesunken ist. Da der betrachtete Zeitraum allerdings sehr kurz ist und zudem keine Daten hinsichtlich der Verkehrsleistung bzw. einer Entwicklung im Modal-Split für den Zeitraum vorliegen, können keine eindeutig belegbaren, qualitativen Aussagen getroffen werden.

Der überwiegende Teil der Verursacher war in Siegen als Kraftfahrer unterwegs (84 %, vgl. Abbildung 37). Damit liegt die Verursacherquote deutlich über dem Bundesdurchschnitt von 70 % (vgl. Kap. 6.2.1). Zufußgehen und Radfahren spielen dagegen mit jeweils 4 % kaum eine Rolle. Ein Grund dafür ist u. a. sicherlich das bewegte Relief der Stadt, das insbesondere für hohe Radverkehrsanteile ungünstig ist. Das

Fahrrad spielt in Siegen dementsprechend als Verkehrsmittel nur eine geringe Rolle. Nach Schätzungen der Stadt Siegen liegt der Anteil des Fahrrads an allen Wegen über alle Bevölkerungsgruppen bei ca. 3 % (Stadt Siegen 2000). Das ist im Bundesvergleich ein unterdurchschnittlicher Wert (Hautzinger 1996).

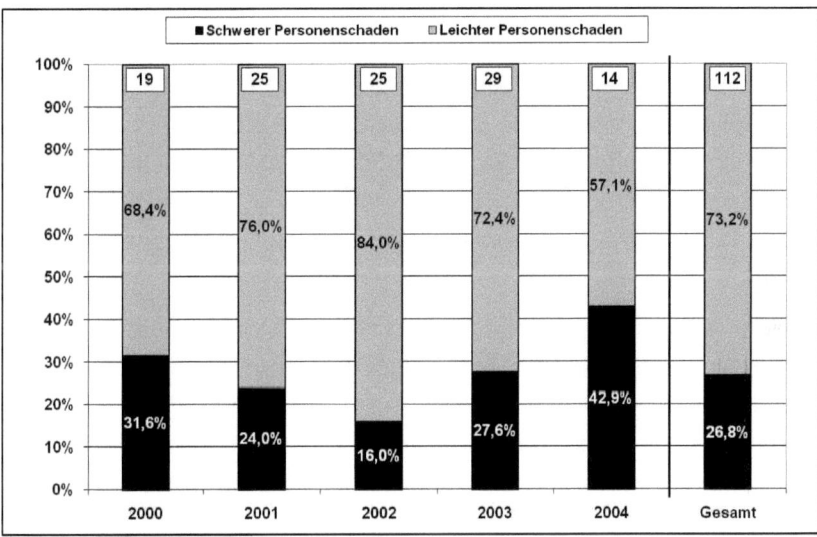

Abbildung 36: Anzahl der von älteren Menschen verursachten Unfälle mit Personenschaden in Siegen und Anteile nach Verletzungsschwere (2000 - 2004) [Eigene Darstellung auf Basis polizeilicher Unfalldaten]

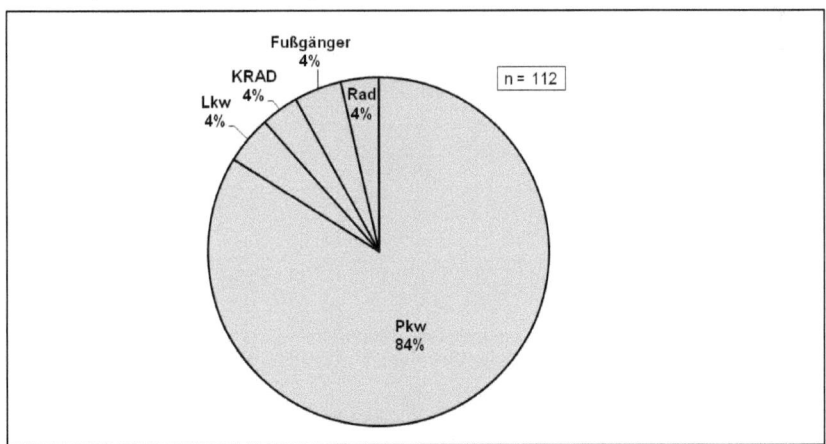

Abbildung 37: Verkehrsmittel der Verursacher ab 65 Jahre bei Unfällen mit Personenschaden in Siegen (2000 – 2004) [Eigene Darstellung auf Basis polizeilicher Unfalldaten]

Der geringe Anteil an Radfahrern wird ebenfalls bei der Betrachtung der Unfallgegner deutlich. Bei den meisten Unfällen, die Kraftfahrer im Alter ab 65 Jahre in Siegen verursachten, kollidierten zwei Kraftfahrzeuge miteinander (34 %). Bei Radunfällen gab es vier Fahrunfälle. In vielen Fällen ereigneten sich Zusammenstöße von älteren Kraftfahrern mit Fußgängern (21 %) oder Krad-Fahrern (15 %). In Bezug auf den Unfalltyp ließ sich in Siegen bei Betrachtung der einstelligen Typennummer kein eindeutiger Schwerpunkt ausmachen. Abbiege-Unfälle, Einbiegen-/Kreuzen-Unfälle sowie Unfälle im Längsverkehr kamen mit einem Anteil von jeweils etwa einem Fünftel nahezu gleich oft vor. Ein weiteres Fünftel entfiel auf Unfälle vom Typ 7 („Sonstige Unfälle"). Keine Rolle spielten Fahrunfälle sowie Unfälle durch ruhenden Verkehr.

Bei der Aufschlüsselung der Typen mittels der dreistelligen Unfalltypnummern lassen sich allerdings deutliche Schwerpunkte bei der Verteilung erkennen. Die meisten Unfälle (16) waren vom Typ 799 („Sonstiger Unfall"), der von der Polizei im Rahmen der örtlichen Unfallaufnahme leider nicht näher bestimmt werden konnte. Besonders oft traten die Unfalltypen 211 (13 %) sowie 302 (10 %) auf (vgl. Abbildung 38), die allgemein häufig unter den von Kraftfahrern ab einem Alter von 65 Jahren verursachten Unfällen zu finden sind (vgl. Kap. 6.2.1). Des Weiteren ereigneten sich in Siegen öfter Unfälle vom Unfalltyp 601 bzw. 623. Bei diesen beiden Unfalltypen handelt es sich um Auffahrunfälle auf der Strecke bzw. an Knotenpunkten.

Unfalltyp	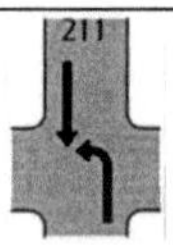 211	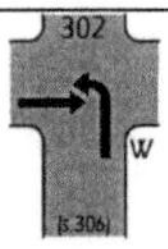 302	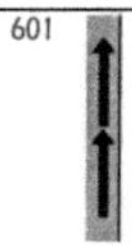 601	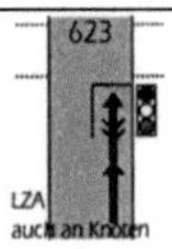 623
Verkehrsmittel	Pkw	Pkw	Pkw	Pkw

Abbildung 38: Häufige Konfliktsituationen und Verkehrsmittel bei Unfällen, die von Verkehrsteilnehmern ab 65 Jahre in Siegen verursacht wurden [Eigene Darstellung auf Basis polizeilicher Unfalldaten]

Als häufigste Unfallursache in insgesamt 29 Fällen wurde von der Polizei „Andere Fehler beim Fahrzeugführer" eingetragen. Hinter dieser Ursache können sich allerdings zahlreiche Fehler des Fahrzeugführers verbergen, z. B. Ablenkung durch Bedienung des Radios o. Ä. Diese Fehler weisen nicht unbedingt auf Defizite der Verkehrsführung hin. Bei den übrigen Fällen spiegeln sich die Unfalltypen in den von der Polizei ermittelten Unfallursachen wider, d. h. „Fehler beim Abbiegen" (Ursache 35) sowie „Nichtbeachten der Vorfahrt regelnden Verkehrszeichen" (Ursache 28) folgen in der Häufigkeit auf den nachfolgenden Plätzen.

6.2.2.3.3 Weitere Fußgänger- und Radfahrerunfälle älterer Menschen

Innerhalb des untersuchten Zeitraums verunglückten in Siegen weitere 43 Fußgänger im Alter von mindestens 65 Jahren bei Verkehrsunfällen, ohne den Unfall selbst verursacht zu haben. In einem Fall erfolgte ein Zusammenstoß mit einem Fahrradfahrer, der ebenfalls dieser Altersgruppe angehörte. Die übrigen Fußgänger wurden jeweils von motorisierten Kraftfahrzeugen erfasst, in einem Fall von einem Linienbus.

Im selben Zeitraum wurden fünf ältere Radfahrer verletzt oder getötet. In allen Fällen erfolgten Zusammenstöße mit Kraftfahrzeugen. In vier Fällen wurde dem Radfahrer durch den Kraftfahrzeugführer die Vorfahrt genommen, in einem Fall handelte es sich um einen „Unfall im Längsverkehr". Dabei wurde der Radfahrer bei einem Überholvorgang durch den Kraftfahrer angefahren.

Bei elf Fußgängerunfällen war sowohl der Verursacher als auch mindestens ein Verletzter oder Getöteter 65 Jahre und älter.

6.2.2.3.4 Abgleich mit den Problemräumen

Der Bereich mit den meisten Unfällen mit Beteiligung älterer Menschen in Siegen befindet sich auf einem einzigen Straßenabschnitt in der Innenstadt. Dort fanden sich gleich zwei der vier Problemräume (K1-3 und K2-2), die in der Befragung ermittelt wurden (Abbildung 39, Abbildung 40und vgl. Kap. 6.4).

Abbildung 39: Problemraum und Unfallschwerpunkt für ältere Menschen in Siegen [Quelle: Google Earth]

Abbildung 40: Problemraum und Unfallschwerpunkt für ältere Menschen (insbesondere Fußgänger) in Siegen [Quelle: Google Earth]

Die beiden anderen ermittelten Problemräume blieben bei der Unfallanalyse ohne besondere Auffälligkeiten. Bei einem der Problemräume (K3-2) spielte eine subjektiv negative Einschätzung der Sicherheit im öffentlichen Raum eine Rolle für die Einstufung als Problemraum.

6.2.2.3.5 Zusammenfassung der Unfallanalyse Siegen

Aus der Sicht älterer Verkehrsteilnehmer ließ sich in Siegen ein Bereich ermitteln, an dem sich die Unfälle mit Beteiligung von älteren Menschen stark konzentrierten. Ein längerer Abschnitt auf diesem Straßenzug wies eine deutliche Unfallhäufung auf. 14 % der in Siegen analysierten Unfälle mit älteren Verkehrsteilnehmern ereigneten sich in diesem Bereich. Die Straße führt mitten durch die Innenstadt und hat durch Gestaltung, Verkehrsbelastung und Geschwindigkeit eine erhebliche Trennwirkung. Sie zerschneidet die Ober- und die Unterstadt mit wichtigen Fußgängerzielen. Durch teilweise hohen Geschäftsbesatz und zahlreiche Dienstleistungsstandorte sowie wichtige innerstädtische Ziele für den Fußgängerverkehr im Umfeld (z. B. Fußgängerzone), ergibt sich abschnittsweise ein hoher Überquerungsbedarf für die Fußgänger. Dieser kann durch die wenigen Lichtsignalanlagen nicht gedeckt werden. Diese Situation geht besonders zu Lasten älterer Fußgänger, die auf diesem Abschnitt überdurchschnittlich oft verunglückten, wie Vergleiche mit der allgemeinen Unfalllage ergaben. Die unbefriedigende Lage drückte sich in der Befragung aus, in der zwei Problemräume unmittelbar in diesem Bereich ermittelt wurden.

Zudem verursachten ältere Kraftfahrer in Siegen besonders häufig Unfälle bei Abbiegevorgängen an signalisierten Knotenpunkten mit bedingt gesicherter Signalisierung der Linksabbieger (Unfalltyp 211) sowie beim Einbiegen/Kreuzen (Typ 302). Die Abbiegekonflikte treten dabei i. d. R. an den Hauptachsen der Stadt auf. Ohne einen technischen Nachweis geführt zu haben, lassen Ortsbegehungen vermuten, dass man (zum Zeitpunkt der Untersuchung) in weiten Teilen bisher auf eine gesicherte Führung der Linksabbieger verzichtet hatte.

6.2.2.4 Unfalllage älterer Verkehrsteilnehmer in Lüdinghausen

In Lüdinghausen wurden im Zeitraum zwischen 2000 und 2004 insgesamt 58 für die Untersuchung relevante Unfälle der Unfallkategorien 1 bis 3 ermittelt. 14 dieser Unfälle ereigneten sich im Stadtteil Seppenrade. Bei 47 Unfällen wurden ältere Menschen als Unfallverursacher eingestuft, bei den übrigen 11 Unfällen verunglückte ein älterer Fußgänger oder Radfahrer, ohne Verursacher des Unfalls zu sein.

6.2.2.4.1 Unfalltypensteckkarte

Die Darstellung der aufgenommenen Unfälle in einer digitalen Unfalltypensteckkarte ergab zwei Knotenpunkte mit gleichartigen Unfällen (vgl. Kap. 5.2), die dann einer näheren Betrachtung unterzogen wurden. Die Kriterien einer Unfallhäufungsstelle nach MAS T1 wurden jedoch nicht erfüllt. Lüdinghausen ist eine – im Gegensatz zu den anderen beiden Städten – vergleichsweise kleine Stadt und die absolute Anzahl der Unfälle während des Untersuchungszeitraums war gering. Die Rückkopplung mit den Ergebnissen der Befragung ergab jedoch, dass in zwei der Problemräume sich jeweils ein Unfall ereignet hatte. Daher wurden diese beiden Räume ebenfalls in die nähere Betrachtung einbezogen.

Insgesamt wurden in diesen Bereichen sieben Unfälle durch ältere Verkehrsteilnehmer registriert. Die übrigen Unfälle verteilten sich auf das übrige Stadtgebiet (inklusive Stadtteil Seppenrade). Keiner der ausgewählten Knotenpunkte wird von der Polizei als allgemeine Unfallhäufungsstelle geführt.

6.2.2.4.2 Ältere Menschen als Unfallverursacher

Die Anzahl der durch Menschen ab 65 Jahre verursachten Unfälle in den Jahren 2000 bis 2004 befindet sich auf insgesamt niedrigem Niveau und zeigt keine erkennbare Tendenz. Das steht im Gegensatz zur stark schwankenden VHZ (vgl. Kap. 6.2.2). Es ist allerdings zu beachten, dass die Zahlen der VHZ aus dem gesamten Kreis Coesfeld stammen und somit eine stark aggregierte Situation abbilden. Für das Stadtgebiet Lüdinghausen werden von der Polizei keine eigenen Zahlen erhoben. Im Verhältnis zu allen dort berücksichtigten Unfällen macht der Anteil der Unfälle in Lüdinghausen nur einen geringen Teil aus und dürfte wenig Einfluss auf die Entwicklung der VHZ haben. Die Zahl der Unfälle bewegt sich zwischen minimal sieben im Jahr 2003 und maximal elf Unfällen in 2002 (vgl. Abbildung 41).

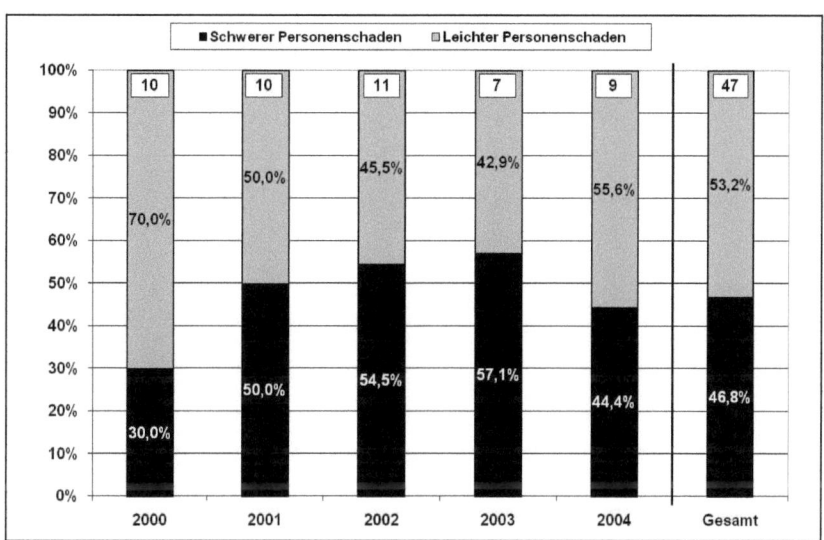

Abbildung 41: Unfälle mit Personenschaden in Siegen verursacht durch Verkehrsteilnehmer ab 65 Jahre nach Verletzungsschwere (Jahre 2000 – 2004) [Eigene Darstellung auf Basis polizeilicher Unfalldaten]

Mit einem Anteil von 60 % war der überwiegende Teil der älteren Verkehrsteilnehmer, die einen Unfall verursachten, als Lenker eines Personenkraftwagens unterwegs; ein leicht unterdurchschnittlicher Wert (vgl. Kap. 6.2). Auffällig ist der überdurchschnittlich hohe Anteil der Radfahrunfälle mit 28 %, welcher allerdings aus dem hohen Anteil des Fahrrads am Modal-Split resultieren dürfte. Lediglich 7 % der verursachten Unfälle wurden dem Fehlverhalten eines älteren Fußgängers zugeschrieben (vgl. Abbildung 42).

In Lüdinghausen überwogen bei den von älteren Menschen verursachten Unfällen mit Personenschaden mit einem Anteil von insgesamt 76 % Einbiegen-/Kreuzen- und Abbiege-Unfälle. Andere Unfalltypen spielten kaum eine Rolle. Bei näherer Aufschlüsselung der Einzelunfalltypen fielen allerdings besonders die Typen 211 und 302 auf, die allesamt von Kraftfahrzeugführern verursacht wurden (vgl. Abbildung 43).

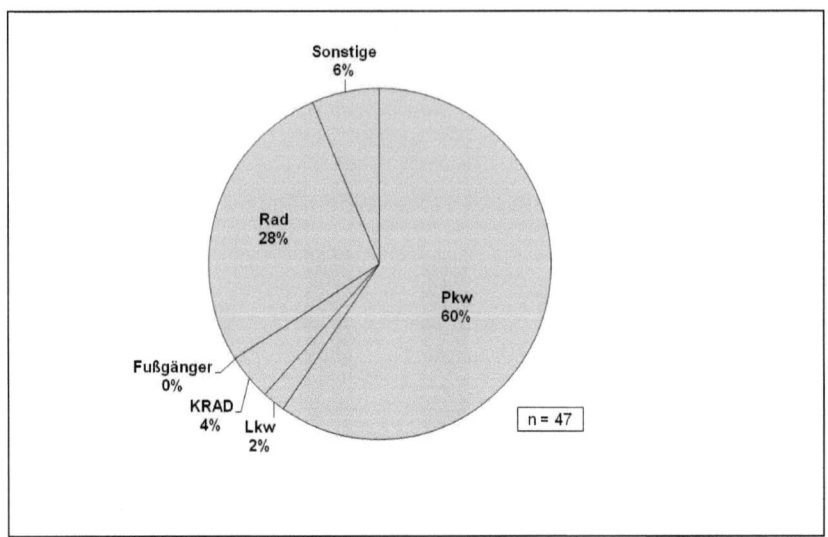

Abbildung 42; Verkehrsmittel der Verursacher ab 65 Jahre bei Unfällen mit Personenschaden in Lüdinghausen (2000 – 2004) [Eigene Darstellung auf Basis polizeilicher Unfalldaten]

Auffällig war ebenfalls der Unfalltyp 202, ein typischer Radunfall. Bei diesem Konflikt missachtet bzw. übersieht ein direkt links abbiegender Radfahrer den rückwärtigen Verkehr. Weiterhin wurde der Unfalltyp 399 recht häufig von der Polizei ermittelt (13 %). Dabei handelt es sich um einen weiteren Typ der Abbiegeunfälle („Sonstiger Abbiegeunfall"). Genauere Aussagen über die Verkehrssituation lassen sich hier leider nicht treffen, da die dem Unfall zugrunde liegende, eindeutige Konfliktsituation von der Polizei nicht ermittelt werden konnte.

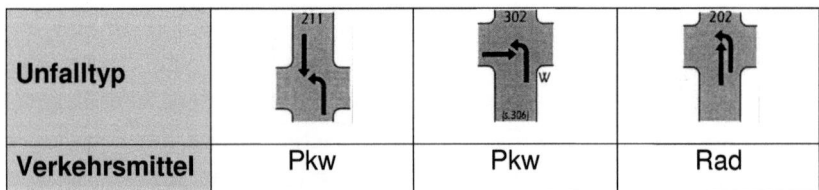

Abbildung 43: Häufigste Unfalltypen bei durch ältere Menschen verursachten Unfällen in Lüdinghausen nach Verkehrsmittel [Eigene Darstellung auf Basis polizeilicher Unfalldaten]

Die Häufigkeit der Aussagen der Unfallursachen korrespondiert mit der Häufigkeit der ermittelten Konfliktsituationen. Besonders „Fehler beim

Abbiegen" und „Nichtbeachten der die Vorfahrt regelnden Verkehrszeichen" treten mit jeweils 26 % besonders häufig auf.

6.2.2.4.3 Weitere Unfälle älterer Fußgänger und Radfahrer

Die Unfalldatenbank der Polizei verzeichnet für den untersuchten Zeitraum lediglich zwei weitere Unfälle, bei denen ein älterer Fußgänger durch einen anderen Verkehrsteilnehmer verletzt wurde. Einer der Unfälle ereignete sich im Stadtteil Seppenrade. Damit spielen Unfälle mit älteren Fußgängern in Lüdinghausen kaum eine Rolle, da es im Untersuchungszeitraum keinen Unfall mit Personenschaden gab, bei welchem einem älteren Fußgänger ein Fehlverhalten zugeschrieben wurde.

Allerdings wurden neun weitere Unfälle erfasst, bei denen ein Radfahrer im Alter von mindestens 65 Jahren geschädigt wurde, ohne den Unfall verursacht zu haben. Bei einem Unfall gehörten sowohl der Verursacher als auch der Radfahrer zur Gruppe der älteren Verkehrsteilnehmer. Damit ereigneten sich insgesamt 40 % aller untersuchten Unfälle mit Personenschaden (23 Unfälle) unter Beteiligung eines älteren Radfahrers, sei es als Verursacher oder als weiterer Beteiligter. Darin spiegelt sich die – im Gegensatz zu den anderen beiden Städten – hohe Bedeutung des Fahrrads als Verkehrsmittel für ältere Menschen in Lüdinghausen wider.

6.2.2.4.4 Abgleich mit den Problemräumen

Beide in Lüdinghausen im Rahmen der Befragung ermittelten Problemräume wurden in die nähere Unfalluntersuchung aufgenommen (s. o. und Abbildung 44). Nach den Kriterien des MAS T1 handelte es sich nicht um Unfallhäufungsstellen. Sie gehörten in Relation zu anderen Knotenpunkten dennoch zu unfallauffälligen Bereichen in Lüdinghausen. Die subjektive Methode der Befragung wurde als Auswahlkriterium für eine nähere Untersuchung herangezogen, da die Unfallanalyse als objektives Kriterium keinen Handlungsbedarf ergab.

Abbildung 44: Problemraum für ältere Menschen in Lüdinghausen [Quelle: Radroutenplaner NRW]

6.2.2.4.5 Zusammenfassung der Unfallanalyse Lüdinghausen

In Lüdinghausen ließen sich keine Unfallschwerpunkte nach den Kriterien des MAS T1 identifizieren. Dies auf die absolut betrachtet niedrigen Fallzahlen der Unfälle mit Beteiligung älterer Menschen zurückzuführen. Daher wurde die Auswahl zur Untersuchung von Unfallstellen in Rückkopplung zu den subjektiv geprägten Ergebnissen aus den Befragungen getroffen. Festzustellen ist: Wenn ältere Menschen in Lüdinghausen verunglücken, dann passiert das nahezu ausschließlich (84 %) auf den klassifizierten Straßen der Stadt und damit auf den Hauptachsen mit höherem Verkehrsaufkommen und Geschwindigkeitsniveau. Entsprechend ereigneten sich Einbiegen-/Kreuzen- oder Abbiegekonflikte an den Knotenpunkten dieser Straßen. Um das eigentliche Stadtzentrum herum passierten in Lüdinghausen im Gegensatz zu den Zentren bzw. Stadtteilzentren in den anderen beiden Städten kaum Unfälle.

Bei der Betrachtung aller untersuchten Unfälle mit aktiver Beteiligung von älteren Verkehrsteilnehmern lässt sich durch den überdurchschnittlich hohen Anteil der Radverkehrsunfälle (40 %) die besondere Bedeutung des Fahrrads als Verkehrsmittel auch für die Menschen ab 65 Jahre feststellen.

Deutlich geringer als in den anderen beiden Städten ist mit lediglich 7 % der Anteil der Unfälle mit aktiver Fußgängerbeteiligung. Das Risiko, als älterer Fußgänger in einen Unfall verwickelt zu werden, ist nur halb so hoch, wie in den anderen beiden Städten. Denkbar ist, dass die Verkehrsmittelwahl aufgrund der eher ländlich geprägten Stadtstruktur eine Rolle spielt. Der Anteil der für die Versorgung notwendigen Fußwege wird vermutlich in einem hohen Maße durch die Benutzung des eigenen Kraftfahrzeugs oder Fahrrads substituiert. Fußwege, die konfliktbehaftet sind, entfallen somit (z. B. Queren von Hauptverkehrsstraßen, um ins Stadtzentrum zu gelangen).

6.2.3 Zusammenfassung der Unfallanalyse für die drei Untersuchungsräume

Die detaillierte Untersuchung der Unfalllage älterer Menschen in den drei Städten Gelsenkirchen, Siegen und Lüdinghausen zeigt:

Grundsätzlich ereignen sich erwartungsgemäß viele Unfälle an Orten mit hohem Verkehrsaufkommen, d. h.

- an den stark befahrenen Achsen der Städte (i. d. R. klassifizierte Hauptverkehrsstraßen) sowie
- in den Versorgungszentren (Stadtteilzentren) mit gleichzeitig starkem Fahrzeugverkehr (Fußgängerunfälle).

Die Gefahr für ältere Fußgänger zu verunglücken, nimmt in den größeren Städten im Vergleich mit einer kleineren Stadt tendenziell zu. In den Großstädten handelt es sich bei den Fußgängerunfällen häufig um Unfälle infolge von Straßenquerungen an Stellen ohne besondere Sicherung (z. B. durch Überquerungshilfen).

Der Anteil der Fahrradunfälle an der Gesamtzahl der Unfälle älterer Menschen hängt stark von der Bedeutung des Fahrrads als Fortbewegungsmittel innerhalb einer Stadt ab. Mit steigendem Anteil der Radfahrer und der damit zu erwartenden höheren Verkehrsleistung nimmt i. d. R. naturgemäß ebenfalls die Anzahl der Unfälle dieser Gruppe zu. Probleme älterer Radfahrer ließen sich beim Abbiegen und Kreuzen von Straßen erkennen. Dazu kamen zahlreiche Unfälle mit Stürzen ohne Einwirkung Dritter. Aus Sicht älterer Menschen könnte ein schlechter Zustand der Infrastruktur in Kombination mit nachlassenden physischen Kräften ein möglicher Grund für diese Art Unfälle sein. Abbiegeunfälle hingen in vielen Fällen mit Überquerungsvorgängen zusammen, in denen Radfahrer eine Radverkehrsanlage auf der gegenüberliegenden Straßenseite erreichen wollten, wenn sie z. B. aus einer Nebenstraße kamen.

Ältere Kraftfahrer sind besonders an Konflikten beim Abbiegen bzw. Einbiegen/Kreuzen an stark befahrenen Knotenpunkten beteiligt. Insbesondere der ungesichert geführte Linksabbieger an Lichtsignalanlagen führt häufig zu Unfällen mit schweren Personenschäden.

6.2.4 Fazit Unfalluntersuchung

Ältere Verkehrsteilnehmer verursachen auf die Wegeleistung im Verkehr bezogen nicht häufiger einen Verkehrsunfall als jüngere (vgl. Kap. 4.4.2.1). Allerdings ist die zu erwartende Schwere ihrer Verletzung, die aus einem Unfall resultiert, deutlich höher als bei den Jüngeren. Daher sind ältere Menschen im Verkehr besonders gefährdet und schutzbedürftig.

Ältere Fußgänger verunglückten beim Überqueren der Fahrbahn an ungesicherten Stellen an Hauptverkehrsstraßen oder in den größeren Städten überproportional häufig in den Nahversorgungsbereichen in ihrem Wohnumfeld (vgl. Kap. 4.4.3). Besonders dort sollte ein Augenmerk auf eine Gestaltung gelegt werden, die eher einen Aufenthaltscharakter erzeugt und somit den Kraftfahrzeugverkehr eher als Gast in diesen Räumen erscheinen lässt. Ziel einer solchen Gestaltung muss es sein, die Anzahl und Schwere der Konflikte zu minimieren und damit insbesondere schwächere Verkehrsteilnehmer zu schützen.

Für die älteren Radfahrer ließen sich keine eindeutigen Unfallschwerpunkte festlegen, tendenziell zeigte sich aber auf den Hauptverkehrsstraßen ein höheres Risikopotenzial. Möglicherweise spielen hier Vermeidungsstrategien eine Rolle, die ältere Radfahrer seltener längs der Hauptachsen des Kraftfahrzeugverkehrs fahren lassen. Zudem schwankt die Bedeutung des Fahrrads als Fortbewegungsmittel je nach Stadt erheblich. Die zahlreichen Unfälle mit Stürzen lassen vermuten, dass insbesondere Unebenheiten der Fahrbahnoberfläche (möglicherweise auch aufgrund mangelnder Instandhaltung sowie z. B. Kanten) eine größere Rolle bei der Entstehung von Unfällen spielen. Ältere Radfahrer verursachen ebenfalls häufig Unfälle im Zusammenhang mit Einbiegen-/Kreuzen-Vorgängen. In zahlreichen Fällen gab es auch hier Hinweise auf fehlende Überquerungsanlagen für den Radverkehr.

Ältere Kraftfahrer waren besonders an Konflikten beim Abbiegen bzw. Einbiegen/Kreuzen an stark befahrenen Knotenpunkten beteiligt. Vor allem der ungesichert geführte Linksabbieger an Lichtsignalanlagen führte häufig zu Unfällen mit schweren Personenschäden.

6.3 Ergebnisse der ersten Zielgruppenbefragung in den Städten

Im Folgenden werden die Befragungsergebnisse aus den drei Untersuchungsstädten vorgestellt. Die Antworten aus der Befragung sind in zwei Komplexe eingeteilt. Im ersten Komplex wird das Mobilitätsverhalten dargestellt und im zweiten Komplex das Meinungsbild zur Straßenraumgestaltung. Zunächst wird eine kurze Charakterisierung der befragten Personen in den Untersuchungsstädten anhand von kennzeichnenden Strukturdaten vorgenommen.

6.3.1 Soziodemografische Daten

Das Alter der Befragten lag zwischen 51 und 96 Jahren, der überwiegende Teil der Befragten (87 %) war jedoch mindestens 65 Jahre alt und gehörte somit der Zielgruppe an. 10 % der Befragten entstammten der Altersgruppe von 60 bis 64 Jahre. Die folgende Gegenüberstellung der Altersverteilungen der drei Städte zeigt, dass in jeder Untersuchungsstadt ca. 85 bis 90 % der Befragten der anvisierten Zielgruppe zuzuordnen sind (vgl. Abbildung 45).

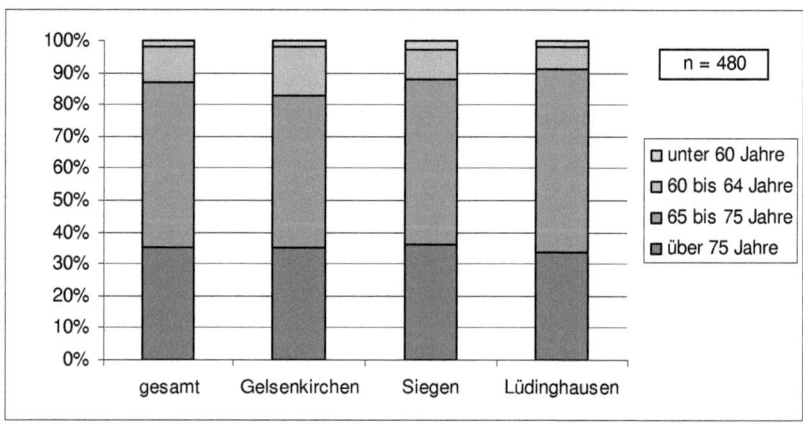

Abbildung 45: Verteilung der Altersklassen der Befragten in den drei Untersuchungsstädten in % [Eigene Darstellung auf Basis Erhebung NeumannConsult]

Im Hinblick auf die Geschlechterverteilung ergab sich bei der gesamten Befragung in den Städten ein Anteil von 46 % Frauen. In Gelsenkirchen lag dieser Anteil bei 42 %, in Siegen bei 51 % und in Lüdinghausen bei 45 % (vgl. Abbildung 46).

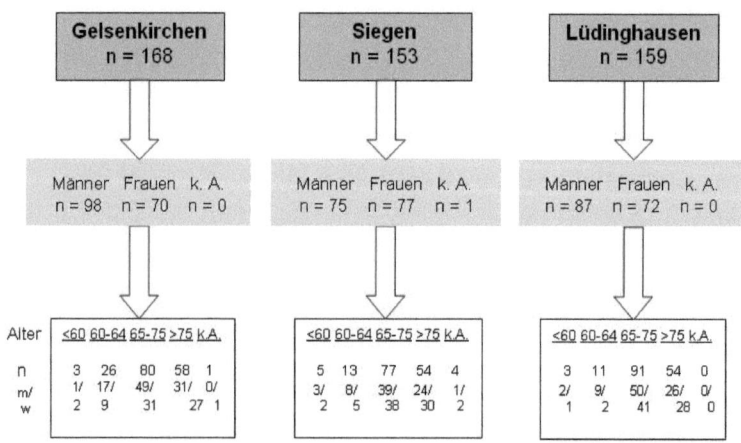

Abbildung 46: Verteilung und Struktur der Befragten [Erhebung NeumannConsult]

53 % der Befragten gaben an, zusammen mit ihrem Partner zu wohnen, 32 % gaben an, allein zu leben. In der eigenen Familie lebten 10 % der Befragten (vgl. Tabelle 14).

Tabelle 14: Wohnformen der Befragten [Erhebung NeumannConsult]

Wohnformen	gesamt	Gelsenkirchen	Siegen	Lüdinghausen
mit Partner	53 %	60 %	43 %	55 %
allein	32 %	29 %	40 %	27 %
mit eigener Familie	10 %	9 %	11 %	9 %
in einer Wohngemeinschaft	2 %	0 %	1 %	3 %
Betreutes Wohnen	1 %	1 %	0,5 %	3 %
in einem Wohnheim	1 %	1 %	0,5 %	3 %
keine Angabe	1 %	0 %	4 %	0 %
Gesamt	**100 %**	**100 %**	**100 %**	**100 %**
Nennungen absolut	*479*	*168*	*153*	*159*

Insgesamt sind 63 % der Befragten im Besitz eines Führerscheines. Von den insgesamt 302 Führerscheinbesitzern sind 31 % Frauen. Nur 43 % aller befragten Frauen besitzen einen Führerschein, bei den Männern sind es 80 %. Ein Fahrzeug besitzen 57 % der Befragten. Bei den Frauen liegt die Quote bei 41 % und bei den Männern bei 67 %. Lediglich 11 % der Befragten sind im Besitz eines Behindertenparkausweises (Frauen 10 %, Männer 11 %). Eine Übersicht zum Führerscheinbesitz in den jeweiligen Altersklassen gibt Tabelle 15.

Tabelle 15: Führerscheinbesitz bei den befragten Personen [Erhebung NeumannConsult]

Altersklasse	gesamt	Führerscheinbesitz	davon Frauen
unter 60 Jahre	11	10	5
60 bis 64 Jahre	50	38	7
65 bis 75 Jahre	248	172	53
über 75 Jahre	166	81	28
keine Angabe	4	1	0
Nennungen absolut	*479*	*302*	*93*

6.3.2 Ergebnisse zum Mobilitätsverhalten

Für die Spezifizierung späterer Planungsmaßnahmen spielen eventuell vorhandene, persönliche Mobilitäts- und Aktivitätseinschränkungen der Befragten eine zentrale Rolle. Im Rahmen der Befragung waren verschiedene Antwortoptionen vorgegeben, Mehrfachnennungen waren möglich. Ca. 29 % der Befragten gaben an, mehrfach behindert zu sein. In Tabelle 16 sind die Nennungen aufgeführt, die insgesamt mindestens 5 % aller Befragten angegeben haben.

Tabelle 16: Mobilitäts- und Aktivitätseinschränkungen der Befragten (Mehrfachnennungen möglich) [Erhebung NeumannConsult 2004]

Mobilitätsbeeinträchtigung	gesamt	Gelsenkirchen	Siegen	Lüdinghausen
keine	23 %	18 %	22 %	31 %
Gehbehinderung	21 %	21 %	18 %	25 %
Sehbehinderung	15 %	18 %	16 %	10 %
Hörbehinderung	10 %	12 %	8 %	9 %
Nachlassende	6 %	7 %	7 %	4 %
Verlust v. Gliedmaßen	6 %	5 %	8 %	6 %
chronische Erkrankung	5 %	8 %	4 %	3 %
Sonstiges	14 %	11 %	17 %	12 %
Gesamt	**100 %**	**100 %**	**100 %**	**100 %**
Nennungen absolut	*689*	*262*	*231*	*196*

Des Weiteren war die Wahl des üblicherweise benutzten Verkehrs- oder Hilfsmittels für die Fragestellung der Arbeit wichtig. Unterschieden wurde in der Befragung dabei zwischen der Anreise und der Bewegung vor Ort. Es gab pro Verkehrs- bzw. Hilfsmittel jeweils die vier Antwortoptionen „nie", „selten", „oft" und „immer". Da für Planungsaufgaben in erster Linie die Verkehrs- bzw. Hilfsmittel von Interesse sind, die bei den Befragten oft bzw. immer zum Einsatz kommen, wurde die Auswertung darauf fokussiert (vgl. Tabelle 17).

Tabelle 17: Verkehrs- bzw. Hilfsmittelbenutzung [Erhebung NeumannConsult]

Verkehrs- bzw. Hilfsmittel	gesamt	Gelsenkirchen	Siegen	Lüdinghausen
Pkw	26 %	25 %	22 %	29 %
Bus, U-, Straßenbahn	20 %	28 %	29 %	4 %
Taxi	2 %	2 %	3 %	2 %
Motorrad, Roller	0 %	0 %	0 %	0 %
Fahrrad, Handbike, Rollfiets	14 %	7 %	2 %	31 %
Rollstuhl	2 %	3 %	2 %	2 %
Rollator, Gehhilfen	8 %	9 %	8 %	6 %
Langstock, Blindenführhund	1 %	0 %	4 %	1 %
zu Fuß	26 %	26 %	28 %	23 %
Sonstiges	1 %	0 %	2 %	2 %
Gesamt	**100 %**	**100 %**	**100 %**	**100 %**
Nennungen absolut	*690*	*245*	*212*	*233*

In Gelsenkirchen und Siegen sind zur Anreise in die Innenstadt die Verkehrsmittel ÖPNV und Pkw die beiden wichtigsten Verkehrsträger. Vor allem der im Vergleich der drei Städte hohe Anteil der ÖPNV-Nutzung ist vermutlich auf eine in Großstädten üblicherweise relativ hohe Netz- und Haltestellendichte zurückzuführen. In der Kleinstadt Lüdinghausen mit geringerer Besiedelungsdichte wäre ein vergleichbares ÖPNV-Netz nicht tragfähig. Hier liegt die Pkw-Nutzung aufgrund des geringen ÖPNV-Angebots deutlich über der Nutzung öffentlicher Verkehrsmittel. Aufgrund der allgemein kurzen Wege in Lüdinghausen, des flachen Reliefs, des relativ gut ausgebauten Radwegenetzes und traditioneller Radverkehrsnutzung spielt hier allerdings die Nutzung des Fahrrades eine wesentliche Rolle.

Im Ort selbst bewegen sich die meisten Befragten zu Fuß. Hier liegen die Anteile zwischen 72 % in Lüdinghausen und 87 % in Gelsenkirchen. In Lüdinghausen wird auch hier häufig das Fahrrad genutzt. Allerdings kommt hier auch, im Gegensatz zu Siegen und Gelsenkirchen, der Pkw zur Bewegung im Ort öfter zum Einsatz. Gründe sind die generell stärkere Nutzung des Pkw in gering verdichteten Bereichen und die vermeintlich bessere Stellplatzverfügbarkeit (praktisch kaum Parkdruck). In Gelsenkirchen liegt der Anteil der Nutzer von Rollatoren bzw. Gehhilfen mit 18 % am höchsten. Insgesamt verwenden 15 % einen Rollator oder eine Gehhilfe (vgl. Tabelle 18).

Tabelle 18: Verkehrs- bzw. Hilfsmittelbenutzung vor Ort in den drei untersuchten Städten [Erhebung NeumannConsult]

Verkehrs- bzw. Hilfsmittel	gesamt	Gelsenkirchen	Siegen	Lüdinghausen
Pkw	11 %	7 %	12 %	14 %
Bus, U-, Straßenbahn	9 %	8 %	16 %	3 %
Taxi	1 %	1 %	2 %	0 %
Motorrad, Roller	0 %	0 %	0 %	1 %
Fahrrad, Handbike, Rollfiets	12 %	5 %	3 %	26 %
Rollstuhl	2 %	3 %	1 %	3 %
Rollator, Gehhilfen	10 %	13 %	10 %	7 %
Langstock, Blindenführhund	2 %	1 %	4 %	0 %
Zu Fuß	52 %	62 %	50 %	44 %
Sonstiges	1 %	0 %	2 %	2 %
Gesamt	100 %	100 %	100 %	100 %
Nennungen absolut	*729*	*232*	*238*	*259*

Da die Besuchshäufigkeit des Innenstadtbereiches Auskunft über die Nutzungsintensität des Verkehrsraumes gibt, war die Erhebung dieser Kennzahlen ebenfalls von Interesse (vgl. Tabelle 19).

Tabelle 19: Häufigkeit des Besuches der Innenstadt in den drei untersuchten Städten [Erhebung NeumannConsult]

Häufigkeit des Besuchs	gesamt	Gelsenkirchen	Siegen	Lüdinghausen
täglich	28 %	22 %	30 %	34 %
mehrmals pro Woche	36 %	36 %	33 %	37 %
einmal pro Woche	16 %	21 %	16 %	12 %
mehrmals im Monat	9 %	13 %	7 %	6 %
einmal im Monat	6 %	5 %	6 %	6 %
mehrmals im Jahr	3 %	3 %	5 %	2 %
einmal im Jahr	1 %	0 %	3 %	1 %
seltener	1 %	0 %	0 %	2 %
Gesamt	**100 %**	**100 %**	**100 %**	**100 %**
Nennungen absolut	*480*	*168*	*153*	*159*

Über 80 % der Befragten gaben an, wöchentlich die Stadt zu besuchen, mehr als ein Drittel der Befragten macht dies mehrmals pro Woche. In der geschlechter- bzw. altersspezifischen Auswertung ergaben sich hier keine nennenswerten Unterschiede. Insgesamt handelt es sich bei den Befragten damit um eine recht mobile Gruppe. Immobile Personen konnten im Rahmen der Arbeit kaum befragt werden (vgl. dazu Kap. 5.3).

6.3.3 Meinungsbild zur Straßenraumgestaltung – Städteübergreifende Ergebnisse

Der folgende Abschnitt fasst die Bewertung der Zufriedenheit und Wichtigkeit von Merkmalen der Straßenraumgestaltung aus den Befragungen in den drei Städten zusammen. Für die Auswertung wurde hinsichtlich des benutzten Verkehrsmittels unterschieden. Es werden zunächst die Ergebnishäufigkeiten zu den Merkmalen der Straßenraumgestaltung aller Befragten, der Befragten, die (oft oder immer) mit dem Pkw in die Untersuchungsstädte gelangen sowie aller Befragten, die sich (oft oder immer) vor Ort zu Fuß vor Ort bewegen untereinander verglichen werden (vgl. Abbildungen 47, 48 und 49).

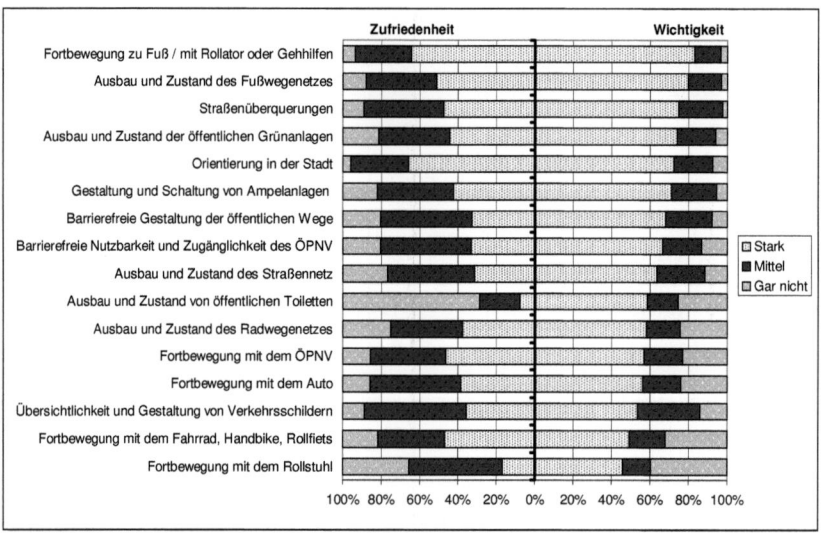

Abbildung 47: Zufriedenheit und Wichtigkeit von Maßnahmen zur Steigerung der Sicherheit älterer Menschen im Straßenverkehr in Siegen [Erhebung NeumannConsult, N = 153]

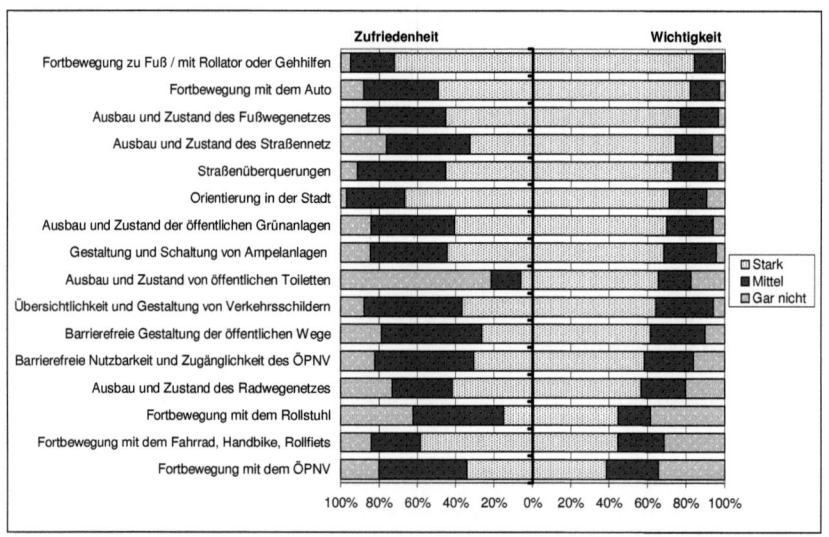

Abbildung 48: Zufriedenheit und Wichtigkeit von Maßnahmen zur Steigerung der Sicherheit älterer Menschen im Straßenverkehr in Lüdinghausen [Erhebung NeumannConsult, N = 159]

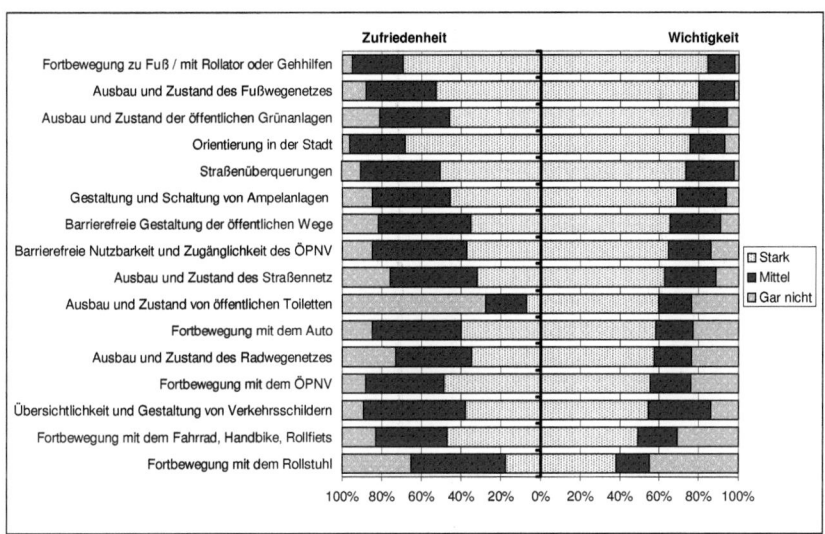

Abbildung 49: Zufriedenheit und Wichtigkeit von Maßnahmen in allen drei Untersuchungsstädten für Befragte, die oft oder immer vor Ort zu Fuß unterwegs sind (sortiert nach Wichtigkeit) [Erhebung NeumannConsult]

Beim Vergleich der Befragungsergebnisse wird ersichtlich, dass sich die Zufriedenheit mit den Merkmalen zwischen den drei Gruppen (mit dem Pkw in die Stadt, zu Fuß vor Ort unterwegs und alle Befragten) nur geringfügig unterscheidet. Allerdings sind Abweichungen hinsichtlich der Zufriedenheit und Wichtigkeit einiger Merkmale festzustellen, die nachfolgend beschrieben werden.

Bei folgenden zwei Merkmalen liegt eine gewisse Differenz vor, die allerdings nicht überraschend ist: Mit dem Merkmal „Fortbewegung mit dem Auto" ist die Gruppe derjenigen, die oft oder immer mit dem Auto in die Stadt fahren, insgesamt zufriedener als diejenigen, die als Fußgänger oft oder immer vor Ort unterwegs sind bzw. der Durchschnitt aller Befragten. Umgekehrt verhält es sich mit der Zufriedenheit des Merkmals „Fortbewegung mit dem ÖPNV". Die Gruppe, die oft oder immer mit dem Auto in die Stadt fährt, ist damit unzufriedener als der Durchschnitt aller Befragten. Die Gruppe, die oft oder immer als Fußgänger vor Ort unterwegs ist, ist mit diesem Merkmal am zufriedensten. Bei allen anderen Merkmalen sind keine gravierenden Unterschiede zwischen den drei aufgeführten Gruppen erkennbar.

Eine weitere Differenzierung der Befragungsergebnisse in allen drei Untersuchungsstädten nach den drei Altersgruppen „unter 65 Jahre", „65 bis 75 Jahre" und „über 75 Jahre" ergab keine relevanten Unterschiede in der Bewertung. Die geringfügigen Unterschiede in den Häufigkeitsausprägungen zur Zufriedenheit hinsichtlich der dargestellten Merkmale zwischen den drei genannten Altersgruppen könnten darauf schließen lassen, dass die Befragten mit zunehmendem Alter auch zufriedener mit der Straßenraumgestaltung sind. Es ist jedoch eher zu vermuten, dass die älteren Menschen den Merkmalen unkritischer gegenüber stehen, da sie sich mit ihnen arrangiert haben.

Die Wichtigkeit von Merkmalen in der Straßenraumgestaltung wird innerhalb der Altersklassen etwas differenzierter bewertet. Zusammenfassend lassen die Ergebnisse vermuten, dass mit zunehmendem Alter der Befragten die Bedeutung des Merkmals „Barrierefreiheit" tendenziell zunimmt, die eigene Fortbewegung mit dem Auto oder dem Fahrrad hingegen an Wichtigkeit verliert. Die stärkste Zunahme über das Alter betrachtet liegt bei dem Merkmal „Fortbewegung mit dem Rollstuhl" vor. Dieses Merkmal hat im Vergleich zu den anderen Merkmalen aufgrund der geringen Anzahl an Nennungen jedoch keine besonders hohe Bedeutung.

6.3.3.1 Notwendigkeit zur Steigerung der Mobilität für Fußgänger und Radfahrer

Die Befragung zur Notwendigkeit von Maßnahmen zur Steigerung der Mobilität älterer Fußgänger und Radfahrer gab ein in Teilen differenziertes Ergebnisbild. Allen drei Städten gemein ist jedoch die hohe Einschätzung der Notwendigkeit eines gut ausgebauten und deutlich getrennten Fuß- und Radwegenetzes. Demgegenüber wurde die Notwendigkeit von ausreichend gut sichtbaren Schildern und Wegweisern als relativ gering bewertetet (vgl. Abbildung 50). In Siegen wurde im Gegensatz zu den anderen Städten der Verlängerung der Grünphase bei der Straßenquerung eine hohe Bedeutung beigemessen. In Lüdinghausen lag die Bewertung erwartungsgemäß am niedrigsten, da dort z. B. bei der Erreichbarkeit der Innenstadt zu Fuß Lichtsignalanlagen eine geringe Bedeutung haben bzw. die Anzahl von Lichtsignalanlagen insgesamt gering ist. Im Gegensatz zu Gelsenkirchen und Siegen hatte der Ausbau von Sitz- und Rastgelegenheiten in Lüdinghausen eine deutlich geringere Bedeutung. Anscheinend sind die Bewohner in Lüdinghausen mit dem derzeitigen Ausbaustandard recht zufrieden.

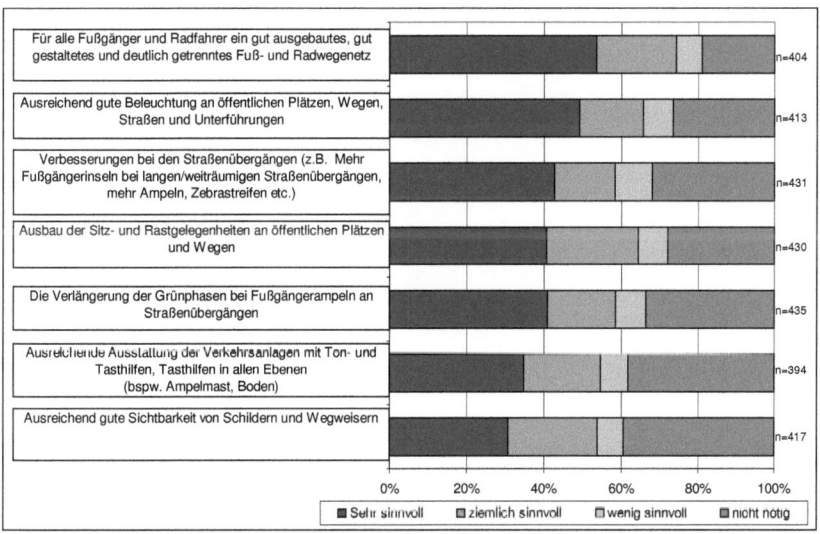

Abbildung 50: Einschätzung der Notwendigkeit von Maßnahmen zur Steigerung der Mobilität für Fußgänger und Radfahrer in allen drei Untersuchungsstädten (sortiert nach Sinnhaftigkeit) [Erhebung NeumannConsult]

6.3.3.2 Notwendigkeit zur Steigerung der Mobilität für ÖPNV-Nutzer

Die Frage nach der Notwendigkeit von Maßnahmen zur Steigerung der Mobilität für ÖPNV-Nutzer führte in allen drei Städten der Einschätzung, dass verbesserte, Barriere-reduzierte Zugänge zum ÖPNV eine sinnvolle Maßnahme wären (vgl. Abbildung 51). Hingegen wurde einer Verdichtung des Haltestellennetzes wenig Bedeutung beigemessen. Unterschiedlich eingeschätzt wurde die Sinnhaftigkeit einer verbesserten Nutzerfreundlichkeit, z. B. bei der Bedienung von Fahrkartenautomaten. In Gelsenkirchen und Siegen wurde diese Maßnahme als sehr wichtig eingestuft, in Lüdinghausen spielte sie keine zentrale

Rolle. Ein Grund für die unterschiedliche Einschätzung könnte in der allgemein höheren ÖPNV-Nutzung in den Großstädten begründet sein.

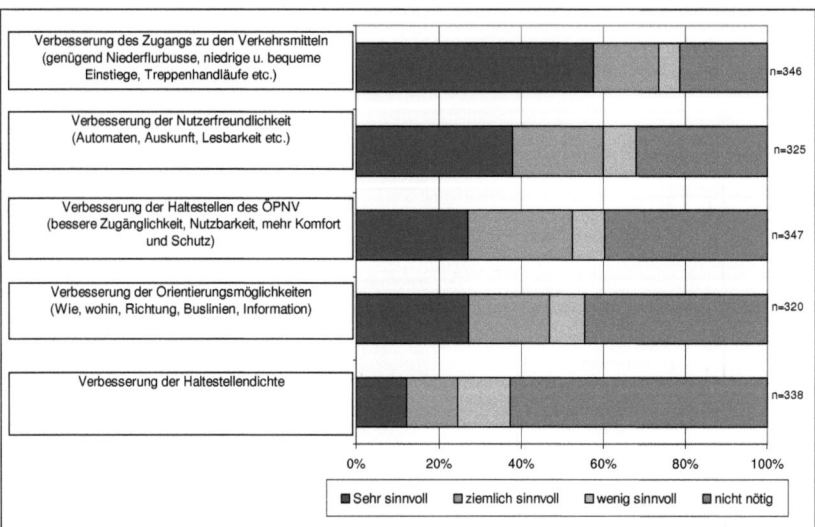

Abbildung 51: Einschätzung der Notwendigkeit von Maßnahmen zur Steigerung der Mobilität für ÖPNV-Nutzer in allen drei Untersuchungsstädten (sortiert nach Sinnhaftigkeit) [Erhebung NeumannConsult]

6.3.3.3 Notwendigkeit zur Steigerung der Mobilität für Pkw-Nutzer

Insgesamt stand in allen drei Städten der Wunsch nach günstigeren Lagen der Parkplätze bei den Maßnahmenvorschlägen weit vorne in der Rangliste (vgl. Abbildung 52). Abweichende Bewertungen ergaben sich in Lüdinghausen bei der Frage nach einer Verlangsamung des Straßenverkehrs, sowie in Gelsenkirchen, wo der Wunsch nach einer übersichtlicheren Beschilderung einen vorderen Rang einnimmt.

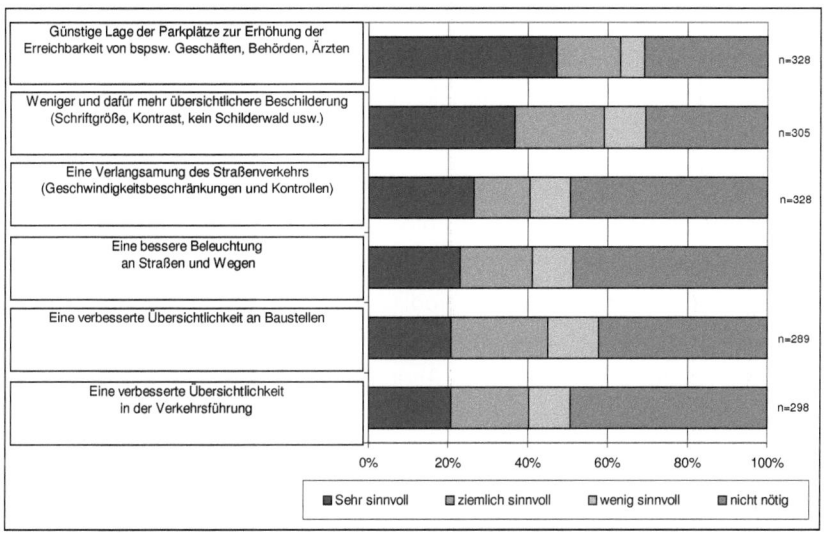

Abbildung 52: Einschätzung der Notwendigkeit von Maßnahmen zur Steigerung der Mobilität für Autofahrer in allen drei Untersuchungsstädten (sortiert nach Sinnhaftigkeit) [Erhebung NeumannConsult]

6.3.3.4 Zusammenfassung zum Meinungsbild Straßenraumgestaltung

Zusammenfassend kann festgehalten werden, dass bei der Beurteilung von Maßnahmen zur Steigerung der Mobilität zwischen den drei Städten Unterschiede erkennbar sind. So ist z. B. für Fußgänger und Radfahrer in Lüdinghausen hinsichtlich aller Maßnahmenvorschläge eine unterdurchschnittliche Einschätzung der Notwendigkeit festzustellen. Dies mag daran liegen, dass in Lüdinghausen die Situation für den Rad- und Fußgängerverkehr als insgesamt zufriedenstellend eingeschätzt wurde. Hier erschienen den Befragten weitere Maßnahmen als nicht besonders wichtig. Im Bereich ÖPNV wurden besonders in Siegen gegenüber den anderen Städten mehr Maßnahmen als besonders sinnvoll erachtet. Dies gilt im Speziellen für die Aspekte „Verbesserung der Haltestellen", „Verbesserung der Nutzerfreundlichkeit" und „Verbesserung der Orientierungsmöglichkeiten". Für die Autofahrer wurde der Maßnahmenvorschlag „mehr Parkplätze" in Gelsenkirchen und Lüdinghausen am häufigsten benannt, in Siegen rangierte er an zweiter Stelle. Der Aspekt der „Verlangsamung des Straßenverkehrs" wird besonders in Gelsenkirchen als eher wenig sinnvoll eingestuft. Aufgrund der Größe und der Struktur der Stadt spielt hier der Pkw-Verkehr eine große Rolle, was sich in der Einschätzung der Maßnahmen widergespiegelt haben könnte.

Werden Bewertungen der genannten Maßnahmenvorschläge differenziert nach drei Altersgruppen („unter 65 Jahre", „zwischen 65 und 75 Jahre", „über 75 Jahre") betrachtet, so ist festzustellen, dass die meisten Maßnahmen kaum unterschiedlich bewertet wurden. Nur bei einigen wenigen Maßnahmen waren die Häufigkeiten der Befragungsergebnisse bezogen auf die drei Altersgruppen unterschiedlich ausgeprägt. Die meisten altersspezifischen Unterschiede in der Bewertung gab es dabei bei den Autofahrern. Die in diesem Bereich vorgeschlagenen Maßnahmen wurden mit zunehmendem Alter offensichtlich für weniger sinnvoll erachtet. Möglicherweise spielte hier der allgemeine Rückgang der Pkw-Nutzung im Alter eine Rolle. Dennoch verwundert diese Tendenz etwas, da sie ja gewissermaßen impliziert, dass aus Sicht älterer Kraftfahrer eine Verbesserung der Infrastruktur keine Auswirkungen auf ihre Sicherheit hätte.

Bei den gewünschten Maßnahmen für eine erhöhte Sicherheit von Radfahrern und Fußgängern zeigten sich altersbezogene Unterschiede in den Präferenzen bezüglich der als am wichtigsten erachteten Maßnahmen. In der Gruppe der unter 65-Jährigen besteht der größte Bedarf bei der "ausreichenden Ausstattung der Verkehrsanlagen mit Ton- und Tasthilfen". In der Gruppe der 65- bis 75-Jährigen wird ein gut ausgebautes, gut gestaltetes und deutlich getrenntes Fuß- und Radwegenetz als besonders sinnvoll eingestuft. Für die Gruppe der über 75-Jährigen stellten demgegenüber ein Ausbau der Sitz- und Rastgelegenheiten an öffentlichen Plätzen und Wegen sowie ausreichend gute Beleuchtung an öffentlichen Plätzen, Wegen, Straßen und Unterführungen überdurchschnittlich sinnvolle Maßnahmenbündel dar. Hier spiegeln sich die mit steigendem Alter ändernden Persönlichkeitsmerkmale hinsichtlich der subjektiven Sicherheit wider.

Bei der Einschätzung der Notwendigkeit von Maßnahmen zur Steigerung ihrer Mobilität fanden sich bei den ÖPNV-Nutzern in allen Altersgruppen in etwa gleich hohe Zustimmungswerte. Hierin ist z. B. die Notwendigkeit des verbesserten Zugangs zu den Verkehrsmitteln (genügend Niederflurbusse, niedrige und bequeme Einstiege, Handläufe an Treppen etc.) eingeschlossen.

Insgesamt zeigte sich, dass die Bedeutung der Notwendigkeit von Maßnahmen zur Steigerung der Mobilität mit zunehmendem Alter nachzulassen scheint. Auch hier kann vermutet werden, dass die älteren Kohorten sich eher mit ihrer Lebenssituation abgefunden haben.

6.3.4 Die „Bürgermeisterfrage"

Auf die Bürgermeisterfrage „Wenn Sie Bürgermeister/in Ihrer Stadt wären, was würden Sie zur Steigerung der Sicherheit älterer Menschen im Straßenverkehr unternehmen?" waren drei offene Antworten möglich sowie zusätzlich die Antwort „nichts".

Die auf diese Frage erhaltenen Antworten wurden ihrem Inhalt nach geordnet. Folgende Nennungen waren sinngemäß am häufigsten:

Wenn ich Bürgermeister wäre, würde ich

- Fußgängerampeln und Straßenquerungen verbessern,
- Cityservice und Polizei vermehrt einsetzen,
- Mitbürger sensibilisieren,
- für Straßenausbau bzw. Instandhaltung sorgen,
- barrierefreie Bürgersteige schaffen sowie
- die Verkehrsführung verbessern und verkehrsberuhigte Bereiche einführen.

Der überwiegende Teil der Antworten bezog sich direkt auf die Qualität des Verkehrsumfeldes für den Fußgängerverkehr. Das ist insofern bemerkenswert, weil ein großer Teil der Befragten mit dem eigenen Pkw anreiste und bereits direkt nach dem Verlassen des eigenen Fahrzeugs von den Interviewern abgesprochen wurde (z. B. auf Parkplätzen). Selbst diese Personen wählten bei der Frage nach Verbesserungen im Verkehrsumfeld die Fußgängerperspektive und benannten überwiegend den Wunsch nach Verbesserungen für den Fußgängerverkehr. Insbesondere fehlende gesicherte Straßenüberquerungen wurden besonders häufig benannt.

6.4 Ergebnisse der zweiten Zielgruppenbefragung in „Problemräumen"

In der zweiten Stufe der Befragung wurde eine Auswahl aus den in der ersten Stufe identifizierten Problemräumen getroffen, um diese weitergehend zu analysieren.

Auf die offene Frage nach möglichen Problemräumen in den Untersuchungsstädten erfolgten insgesamt über 200 Nennungen.[62] Die meisten Problemräume wurden nur einmal genannt, einige jedoch auch häufiger. Die Auswahl der Problemräume wurde nach Häufigkeitsnennungen und nach folgenden Kategorien getroffen:

- Kategorie 1: komplexe Kreuzungen und Kreisverkehre
- Kategorie 2: einfache Kreuzungen
- Kategorie 3: Verkehrsstrecken und -flächen

Diese Einteilung sollte dazu führen, dass ein breiteres Spektrum an Problemräumen untersucht werden konnte. Es sollte möglichst aus jeder Stadt mindestens ein Problemraum je Kategorie identifiziert und untersucht werden. Für Lüdinghausen konnte kein Problemraum in der Kategorie 3 ermittelt werden. In Siegen wurden zwei Räume der Kategorie 1 einer näheren Untersuchung unterzogen.

Insgesamt wurden 318 Personen befragt. Die Anzahl der Befragten in den Problemräumen sowie deren alters- und geschlechtsspezifische Verteilung zeigt die folgende Abbildung 53.

---

[62] Die konkrete Frage lautete: „Welche Straßen, Straßenübergänge, Wege oder Kreuzungen in der gesamten Stadt empfinden Sie als besondere Problemräume und warum?"

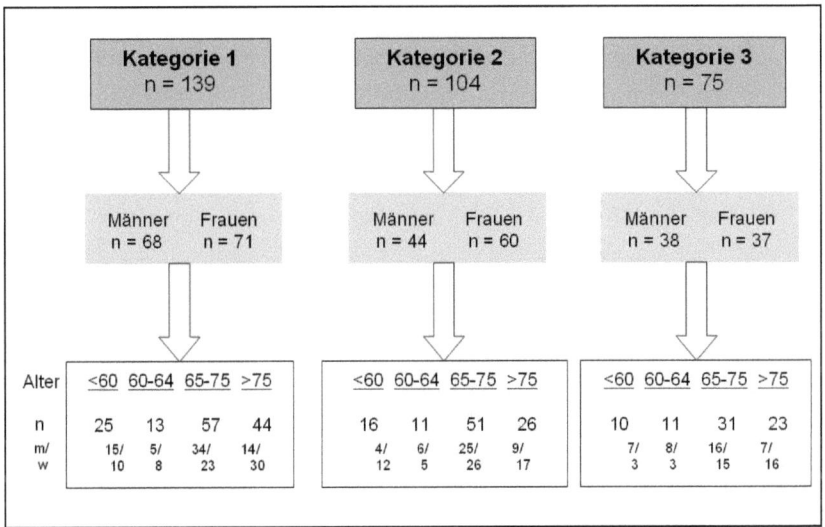

Abbildung 53: Verteilung und Struktur der Befragten bei der Problemraumbefragung [Erhebung NeumannConsult]

Aufgrund der geringen Grundgesamtheit der Befragten in den jeweiligen Problemräumen, ist eine Unterscheidung nach Altersgruppen oder Geschlecht statistisch betrachtet nicht belastbar. Daher wurde die Gruppe der Befragten in den Problemräumen ohne weitere Differenzierung zusammenfassend betrachtet.

6.4.1 Ergebnisse für die Kategorie 1 (Komplexe Kreuzungen und Kreisverkehre)

Insgesamt lag die Zahl der Befragten in dieser Problemraum-Kategorie bei 139 Personen. Die Unübersichtlichkeit in der Verkehrsführung wurde bei fast allen Problemräumen dieser Kategorie kritisiert. Dies führt nach Ansicht der Befragten häufig zu Konflikten zwischen den einzelnen Verkehrsteilnehmern. Ein weiterer Kritikpunkt waren die subjektiv häufig zu kurz empfundenen Grünphasen für Fußgänger.

Zusätzlich zu den Fragen nach der Verkehrssituation und ihrer Beurteilung wurden die Erlebniswirkungen der Befragten mit der Methode des semantischen Differenzials erfasst.[63] Die Ergebnisse der Antworten aller Interviewpartner wurden gemittelt über alle Kommunikationssituationen für drei Problemräume der Kategorie 1 dargestellt (vgl. Abbildung 54).

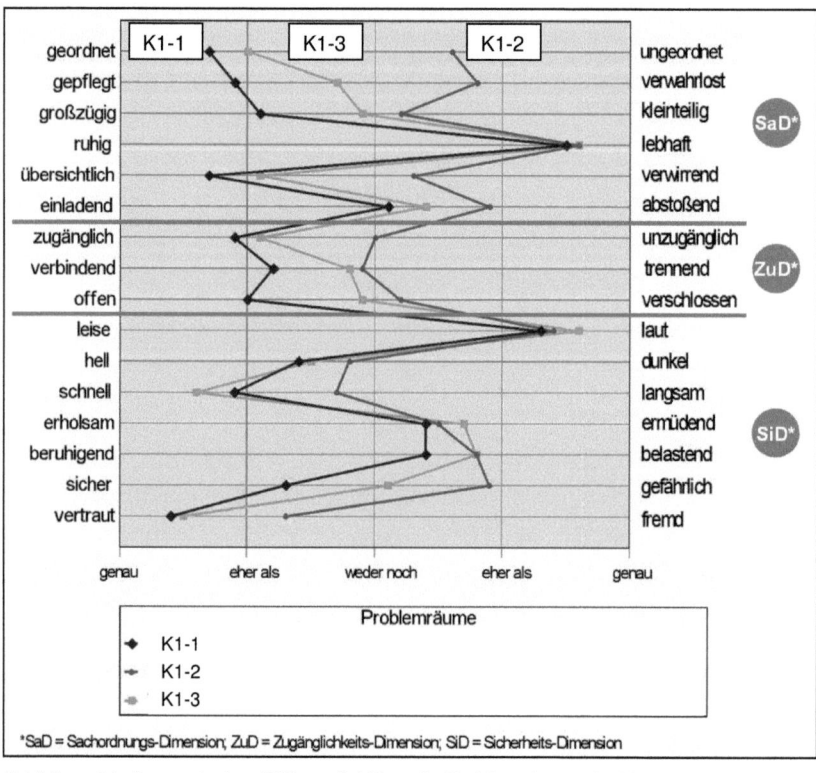

Abbildung 54: Semantisches Differential über die Problemräume der Kategorie 1 [Erhebung NeumannConsult][64]

Es zeigt sich ein in etwa ähnlicher Verlauf der drei Polaritätsprofile, wobei der Raum K1-2 tendenziell eher schlechter bewertet wurde. Dies kommt durch die deutlichere Zustimmung zu negativ konnotierten Adjektiven zum Ausdruck. So sind in der Sachordnungs-Dimension

---

[63] Die konkrete Frage lautete: „Bitte beurteilen Sie das Gebiet … anhand folgender Eigenschaftswörter…".

[64] Die Standardabweichung der Werte wird auf den Profilen aus Übersichtlichkeitsgründen nicht mit angezeigt.

Unterschiede in der Beurteilung festzustellen. Im Gegensatz zu den anderen Problemräumen dieser Kategorie wurde der Raum K1-2 als „ungeordnet", „verwahrlost" und „abstoßend" bewertet. Den anderen Problemräumen wurden dagegen die Adjektive „geordnet", „gepflegt", „großzügig" und „übersichtlich" zugeordnet. Eine vergleichsweise eher positive Beurteilung erhielt die Zugänglichkeits-Dimension. Die positiv konnotierten Adjektive „zugänglich" und „offen" wurden den beiden Kreuzungen in den Räumen K1-1 und K1-4 zugeordnet.[65] Bei diesen Eigenschaftspaaren wurden die Räume K1-2 und K1-3 weniger zusagend beurteilt. Im Bereich der Sicherheits-Dimension verlaufen die Polaritätsprofile insgesamt stärker parallel. Hier wurden die Problemräume dieser Kategorie als eher „laut", „ermüdend", „belastend" und „gefährlich" bewertet.

6.4.2 Ergebnisse für die Kategorie 2 (Einfache Kreuzungen)

Insgesamt lag die Zahl der Befragten in dieser Problemraum-Kategorie bei 104 Personen. Neben den Unsicherheitsfaktoren, z. B. schlechte Beleuchtung und Unübersichtlichkeit der Räume, wurden in dieser Kategorie die Überquerungsanlagen bemängelt. Die Befragten bewerteten sie als eher schlecht ausgestattet. Die Bewertung umfasste auch das Fehlen von taktilen und akustischen Signalgebern an Fußgänger-Lichtsignalanlagen, schlecht erkennbare oder nicht vorhandene Markierungen und nicht abgesenkte Bordsteine.

Die Erlebniswirkungen der Befragten wurden mittels der oben beschriebenen drei Erlebnisdimensionen ermittelt und für alle Problemräume der Kategorie 2 vergleichbar zusammengefasst (vgl. Abbildung 55).[66]

---

[65] Der Problemraum K1-4 wurde nicht über das Polaritätsprofil ausgewertet, da erst ab einem Umfang von mindestens 20 Interviewpartnern stabile Durchschnittsprofile zu erwarten sind (vgl. Harfst 1980, S. 171).

[66] Die Standardabweichung der Werte wird auf den Profilen aus Übersichtlichkeitsgründen nicht mit angezeigt.

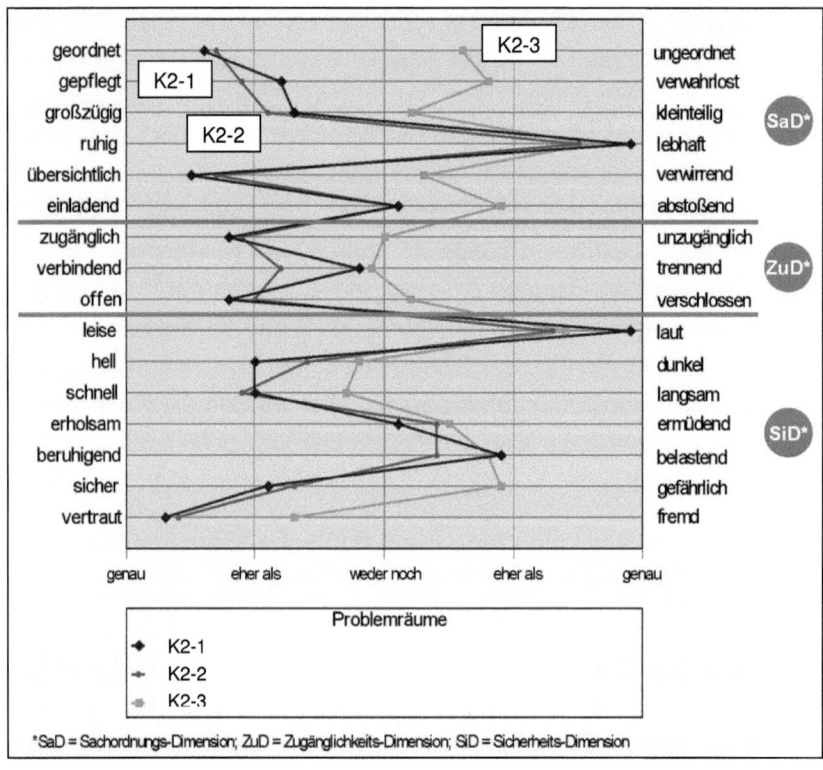

Abbildung 55: Semantisches Differential über die Problemräume der Kategorie 2 [Erhebung NeumannConsult]

Die Auswertung des semantischen Differenzials zeigt bei zwei der drei untersuchten Problemräume einen vergleichbaren Verlauf der Polaritätsprofile. Das Polaritätsprofil für den Raum K2-3 zeigt insbesondere in der Sachordnungs-Dimension eine insgesamt deutlich negativere Bewertung durch die Befragten. Im Gegensatz zu den anderen Problemräumen dieser Kategorie wurde der Raum K2-3 als eher „ungeordnet", „verwahrlost", „kleinteilig", „verwirrend" und „abstoßend" bewertet. Dabei wurden hier nicht nur verkehrliche Gesichtspunkte mit einbezogen, sondern es scheinen sich hier zusätzlich städtebauliche Missstände im direkten Umfeld wider zu spiegeln. Die Beurteilung der Zugänglichkeits-Dimension war insgesamt eher positiv. Im Bereich der Sicherheits-Dimension wurden die Problemräume dieser Kategorie durchweg als eher „laut", „ermüdend", „belastend" und „gefährlich" bewertet.

6.4.3 Ergebnisse für die Kategorie 3 (Verkehrsstrecken und -flächen)

In dieser Kategorie wurden Verknüpfungspunkte des öffentlichen Nahverkehrs bewertet. Insgesamt lag die Zahl der Befragten in dieser Problemraum-Kategorie bei 75 Personen. Sitzgelegenheiten und die Ausstattung mit öffentlichen Toiletten erhielten überdurchschnittlich häufig schlechte Bewertungen. Dazu kamen ÖPNV-spezifische Aspekte, wie z. B. Probleme bei der Bedienung von Fahrscheinautomaten sowie mangelnde Informationsmöglichkeiten (vgl. Abbildung 56)[67].

Die Auswertung des semantischen Differenzials zeigt einen in etwa vergleichbaren Verlauf der Polaritätsprofile bei den beiden untersuchten Problemräumen dieser Kategorie. In der Sachordnungs-Dimension wurden beide Problemräume eher als „geordnet", „gepflegt", „großzügig" und „übersichtlich" bewertet. Da es sich hierbei um großflächige Verkehrsräume handelt, überrascht diese Einschätzung nicht. Die Zugänglichkeits-Dimension wurde insgesamt ebenfalls eher als positiv beurteilt. Im Bereich der Sicherheits-Dimension wurden die Problemräume dieser Kategorie als eher „laut", „ermüdend" und „belastend" bewertet. Darin spiegelt sich sicherlich der Aufenthalt mit oft längeren Wartezeiten in diesen Verkehrsräumen wider, der besonders für ältere Menschen eine Belastung darstellen kann.

---

[67] Die Standardabweichung der Werte wird auf den Profilen aus Übersichtlichkeitsgründen nicht mit angezeigt.

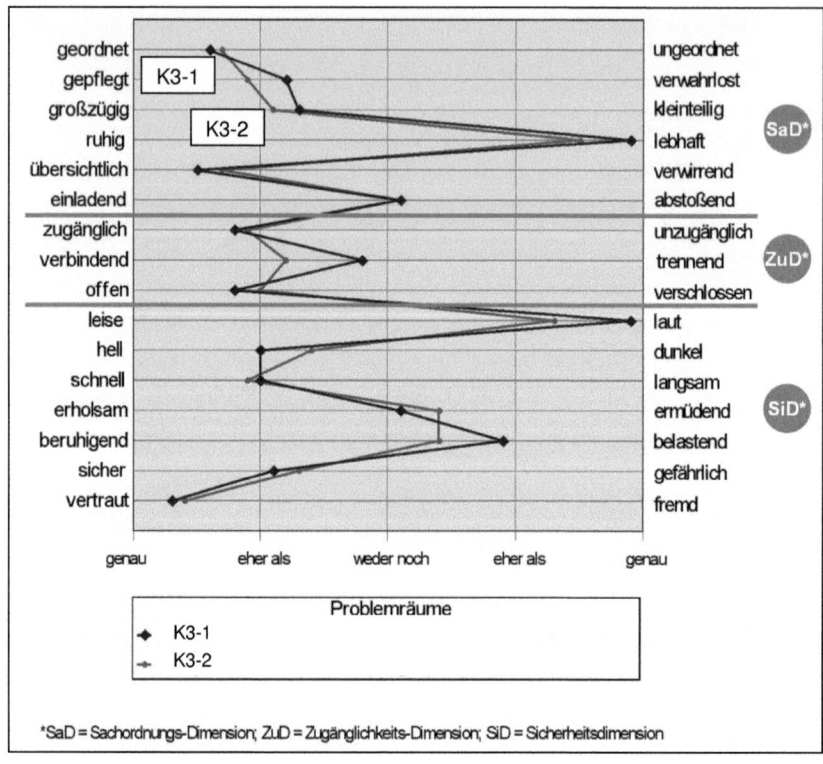

Abbildung 56: Semantisches Differential über die Problemräume der Kategorie 3 [Erhebung NeumannConsult]

6.4.4 Zusammenfassung der städteübergreifenden Ergebnisse

In den ermittelten Problemräumen wurden insgesamt 318 Personen zur Verkehrssituation und ihrer persönlichen Beurteilung befragt. Zusätzlich wurden die Erlebniswirkungen der Befragten mit der Methode des semantischen Differenzials erfasst.[68] Die Fragen wurden drei Erlebnis-Dimensionen zugeordnet, um die Räume beschreiben zu können:

- Der Sachordnungs-Dimension,
- der Zugänglichkeits-Dimension sowie

---

[68] Die konkrete Frage lautete: „Bitte beurteilen Sie das Gebiet ... anhand folgender Eigenschaftswörter...".

- der Sicherheits-Dimension.

Bei der Bewertung der Problemräume wurden folgende Punkte von den Befragten als besonders negativ herausgestellt: Häufig fehlt es nach Meinung der Befragten an einer klaren Strukturierung der Verkehrsräume mit deutlicher Trennung der einzelnen Verkehrsträger. Ein besonderes Augenmerk lag auf dem Fußgängerverkehr. Hier wurden zu kurze Grünphasen ebenso negativ beurteilt, wie fehlende taktile und akustische Signalgeber an Lichtsignalanlagen. Zudem wurde immer wieder auf eine ungenügende Anzahl an Sitzgelegenheiten und öffentlichen Toiletten hingewiesen.

Für die Erlebniswirksamkeit der Problemräume können folgende Bewertungen seitens der Befragten abgeleitet werden:

- Sachordnungs-Dimension: Bis auf wenige Ausnahmen wurden die Problemräume in dieser Dimension tendenziell als „lebhaft" und eher „abstoßend" bewertet. Bei den anderen Adjektivpaaren erhielten eher die positiv konnotierten Begriffe wie „geordnet", „gepflegt", „großzügig" und „übersichtlich" Zustimmung.

- Zugänglichkeits-Dimension: Hier wurden die Problemräume durchweg tendenziell als „zugänglich" und „offen" bewertet. Bei dem Adjektivpaar „verbindend - trennend" tendierte die Bewertung eher in den neutralen Bereich. Als Verkehrsraum wurden die meisten Problemräume als gut zugänglich bewertet. Da sie i. d. R. als Verbindungsfunktionsräume konzipiert sind, muss die neutrale Bewertung für das Adjektivpaar „verbinden - trennend" eher negativ beurteilt werden.

- Sicherheits-Dimension: Hier wurde deutlich, dass das Sicherheitsgefühl der Befragten bezogen auf die Untersuchungsräume eher unspezifisch ist. Vergleicht man die Aussagen der Fokusrunden und der Stadtraumbefragungen zu diesem Aspekt mit den Ergebnissen aus der Befragung in den Problemräumen, wird klar, dass am konkreten Objekt nur wenige Sicherheitsprobleme benannt wurden. Von den Befragten wurden die Problemräume tendenziell als „hell", „schnell", „sicher" und „vertraut" eingestuft.

Als eher negative Eigenschaften wurden den Räumen die Adjektive „laut", „ermüdend" und „belastend" zugeordnet.

6.5 Ergebnisse der Wegekettenprotokolle

Mit Hilfe der Wegekettenprotokolle konnte eine Vielzahl von sehr konkreten, ortsspezifischen Hinweisen bezüglich straßenräumlicher Situationen ermittelt werden, die aus Sicht älterer Menschen zu Problemen und Risiken führen können. Neben Aussagen zu Defiziten der Infrastruktur, spielte die Sicherheit im öffentlichen Raum eine Rolle (vgl. Tabelle 20). Die Sicherheit im öffentlichen Raum stellt neben der Sicherheit im Straßenverkehr einen zweiten wichtigen Baustein bei der Sicherung der Mobilität älterer Verkehrsteilnehmer dar.

Tabelle 20: Infrastrukturelle Hemmnisse und Barrieren, ermittelt durch Wegekettenprotokolle [Eigene Auswertung]

	Hemmnisse und Barrieren aufgrund der Infrastruktur
1	Geschwindigkeitsübertretungen
2	Fußgängerzone wird von Kfz-Verkehr genutzt
3	Kombinierte Rad- und Fußwege schwierig
4	Konflikte von Rad- und Fußverkehr an Überquerungen
5	Überquerungshilfen schlecht verortet oder nicht vorhanden
6	Teilweise keine abgesenkten Bordsteine
7	Schlechter Belag
8	Schlechte Beleuchtung
9	Kopfsteinpflaster erschwert Fortbewegung von Rollstuhlfahrern
10	Grünphase der Fußgängerampel zu kurz
11	Keine Ton- und Tastenhilfe an Ampeln
12	Ampelschaltung bevorzugt Kfz-Verkehr
13	Wenig Parkmöglichkeiten

Geschwindigkeitsübertretungen bereiten älteren Menschen ebenso Schwierigkeiten, wie die Tatsache, dass mancherorts die Fußgängerzone vom Kfz-Verkehr genutzt wird. Im Themenbereich Radverkehr wurde bemängelt, dass kombinierte Rad- und Fußwege älteren Verkehrsteilnehmern Probleme bereiten können. Weiterhin stellen Überquerungen ein Hemmnis dar, wenn sie falsch bemessen sind, sich am falschen Ort befinden oder auf wichtigen Wegeverbindungen älterer Fußgänger fehlen. Nicht abgesenkte Bordsteine, schlecht begeh- oder berollbare Oberflächen oder aber mangelnde Beleuchtung können darüber hinaus ältere Menschen in ihrer Fortbewegung beeinträchtigen. Ebenso wurden fehlende taktile und akustische Hilfen an Lichtsignalanlagen sowie zu kurze Grünphasen bemängelt. Auch dass einzelne Schaltungen an Lichtsignalanlagen offensichtlich den Kfz-Verkehr bevorzugen bzw. Den Fußgängerverkehr benachteiligen, wurde moniert.

6.6 Ergebnisse der Fokusrunden

Der folgende Absatz fasst die Ergebnisse der in den drei Untersuchungsstädten durchgeführten Fokusrunden nach Verkehrsträgern geordnet zusammen. Auf die Darstellung stadtspezifischer Ergebnisse wird an dieser Stelle verzichtet, da sich von ihnen keine prototypischen Aussagen ableiten lassen.

6.6.1 Mobilität aus Sicht älterer Kfz-Nutzer

Die Kfz-Fahrer äußerten i. d. R. den Wunsch nach klarer gegliederten Verkehrsräumen (vgl. Tabelle 21, S. 200). Eine deutlichere und reduzierte Beschilderung sowie eine klare und eindeutige Verkehrsführung mit einer kontrastreichen und im Dunkeln gut erkennbaren Kennzeichnung wurde als Zielvorstellung formuliert. Diese gewünschte Herabsetzung der Komplexität bezog sich auch auf Verkehrsregelungen, wie z. B. Höchstgeschwindigkeitsregelungen in klar abgegrenzten Stufen, Eindeutigkeit bei Vorfahrtsberechtigungen u. Ä. Zudem wurde in allen Fokusrunden eine verbesserte Überwachung der Geschwindigkeiten verlangt. Als weiteres Manko wurde eine nicht nachvollziehbare oder unkomfortable, da als zu schmal empfundene, Straßenführung genannt. Auch unklare Rechts-vor-links-Regelungen sowie unübersichtliche Kreuzungen stellen deutliche Probleme dar. Schlechter Straßenbelag wurde ebenfalls als ein Defizit benannt.

6.6.2 Mobilität aus Sicht älterer Fußgänger

Neben einer Verbesserung des Gehwegenetzes und einer regelmäßigen Instandhaltung der Oberflächen wurden für die Gehwege deutliche Kontraste und eine ausreichende Beleuchtung gefordert (vgl. Tabelle 21, S. 200). Die Gehwege sollten breit genug sein, so dass auch Rollstuhlfahrer sie in komfortabler Weise benutzen können und der Belag sollte rutschfest sein. Auch Nutzer von Rollatoren können durch nicht adäquate Bedingungen stark in ihrem Handlungsspielraum eingeschränkt werden. Dabei spielen zu hohe Bordsteinkanten, schlechte Oberflächenbeschaffenheit infolge gebrochener oder hochstehender Gehwegplatten sowie z. B. Werbetafeln im Bereich der Gehbahn eine Rolle. Genauso wie zu schmale, unzulänglich verortete oder an wichtigen Stellen des Fußwegenetzes fehlende Überquerungshilfen. Zu kurze Grünphasen, schlecht erkennbare Signale und fehlende akustische und taktile Signalgeber für blinde und sehbehinderte Menschen stellen aus Sicht der Befragten häufige Defizite an Lichtsignalanlagen dar. Zudem wurde mangelnde Rücksichtnahme anderer Verkehrsteilnehmer gegenüber Fußgängern moniert. Gerade in Zusammenhang mit Fußgängerzonen, die teilweise für Rad- und PKW-Verkehr zugänglich sind, wurde dies angeführt. Zudem benannten die Teilnehmer konkrete Orte, an denen aus ihrer Sicht schlechte Beleuchtung und dadurch subjektiv empfundene Unsicherheit die Mobilität älterer Menschen beeinträchtigt.

6.6.3 Mobilität aus Sicht älterer Radfahrer

Ein markantes Hemmnis im Bereich des Radverkehrs stellt die Angst vor der Fahrbahnbenutzung dar, wenn Radverkehr im Mischverkehr geführt wird bzw. keine Sicherung des Radverkehrs besteht (z. B. Radfahrstreifen). Daher wurde von Teilnehmern offen bekannt, dass sie wegen des Unsicherheitsgefühls an einzelnen Stellen auf Gehwege ausweichen würden, im Bewusstsein, dass dieses Verhalten nicht gesetzeskonform wäre (vgl. Tabelle 21, S. 200). Es wurde klar geäußert, dass Radwege subjektiv sicherer beurteilt würden. Weiterhin wurden uneinheitliche Markierungen, unklare und nicht kontinuierliche

Verkehrsführung sowie schlechter Fahrbahnbelag und unzureichende Dimensionierung von Radwegen als Defizite aus Sicht älterer Radfahrer benannt. Moniert wurde zudem die stellenweise gängige Praxis, Umlaufsperren im Verlauf von Radrouten einzusetzen. Oftmals sind die Abstände zwischen den Rahmen sehr eng bemessen und erschweren so die Umfahrbarkeit. Aus Sicht der Befragten stellen die Sperren zugleich eine besondere Barriere für Rollstuhlfahrer dar. Unechte Einbahnstraßen ohne besondere Sicherung des Radverkehrs wurden ebenfalls als problematisch benannt, da der Begegnungsfall mit einem Kraftfahrzeug zu Unsicherheiten bei den älteren Radfahrern führen könne. Ein weiterer Kritikpunkt war das Mischungsprinzip. Eine klare Trennung der einzelnen Verkehrsmittel gehörte zu den dringenden Anliegen der befragten Personen. Auch Lichtsignalanlagen stellen auch ältere Radfahrer vor schwierige Situationen: So wird insbesondere das notwendige Ab- und Aufsteigen insbesondere an Anforderungstastern als Beeinträchtigung eingeschätzt. Einige der Teilnehmer schlugen die generelle Freigabe von Gehwegen für ältere Radfahrer als Möglichkeit vor, der subjektiv empfundenen Gefährdung durch den Autoverkehr zu entgehen.

6.6.4 Mobilität aus Sicht älterer ÖPNV-Nutzer

Zu Defiziten hinsichtlich der Nutzung des öffentlichen Personennahverkehrs gab es in den drei Untersuchungsstädten unterschiedlich ausgeprägte Anmerkungen. Dies lag u. a. an der ungleich starken Ausgestaltung und somit Nutzung des ÖPNV. Potenzielles Hemmnis bei der Nutzung des ÖPNV stellt für ältere Menschen die Ein- und Ausstiegssituation dar. Zu große Höhenunterschiede erschweren oder verhindern insbesondere für Personen mit Gehbehinderung oder für Rollstuhlfahrer den Zugang zu öffentlichen Verkehrsmitteln (vgl. Tabelle 21, S. 200).

Tabelle 21: In der Fokusrunde diskutierte Mängel im Bereich Straßenverkehr/Verkehrssicherheit [Eigene Auswertung]

Mängel des Kfz-Verkehrs
Lichtsignalanlagen nicht auf grüne Welle geschaltet
Fahrspuranzeigende Verkehrsschilder werden nicht mehr beleuchtet
Verkehrsschilder sind beschmiert und werden nicht gesäubert
Autos fahren gegen Einbahnstraße, da Schilder nicht sichtbar sind
Geschwindigkeitsbegrenzungen werden nicht eingehalten
Busbuchten wurden wieder zurückgebaut
Streckenweise zu enge Straßenführung
Mängel des Fußgängerverkehrs
Fußwege falsch dimensioniert
Überquerungen zu schmal, fehlen gänzlich oder an den falschen Stellen
Unwegsame Gehwegplatten, speziell beim Busausstieg
Werbeständer auf Fußweg, sehr wenig Platz für Passanten
Keine Rücksicht von anderen Verkehrsteilnehmern
Absenkung von Bürgersteigen wird nicht kontrolliert
Plätze insgesamt schlecht beleuchtet und mangelhaft kontrolliert
Signalampeln für Blinde fehlen
Fußgängerzone teilweise für Auto- und Radverkehr freigegeben
Belange der Behinderten und Senioren werden nicht genügend berücksichtigt
Bahnhof sehr schmutzig
Angst vor Ausländern
Sicherheitslage mangelhaft: Ältere Mitbürger wissen nicht, an wen sie sich wenden sollen
Mängel des ÖPNV-Verkehrs
Busse nutzen nicht Hydraulik zum Absenken der Ein- und Ausstiege
Busbahnhof wird als Angstraum eingestuft
Teilweise sehr dunkle Haltestellen
Mangelnde Kundenfreundlichkeit der Busfahrer
Busfahrer warten nicht, bis Personen mit Behindertenausweis sitzen
Mängel des Radverkehrs
Keine einheitliche Farben für Fuß- und Radwege in den unterschiedlichen Städten
Radwege falsch dimensioniert
Probleme bei unechten Einbahnstraßen, wenn Autofahrer entgegen kommen können
Verkehrsmischung in Fußgängerzone
Verengte Fahrbahn
Aus Angst vor Kfz fahren ältere Radfahrer lieber auf dem Gehweg als auf der Straße
Trennung zwischen Fuß- und Radweg gewünscht
Stärkere Trennung zwischen Radweg und Fahrbahn gewünscht

Ebenso wurde das Verhalten einzelner Busfahrer kritisiert. Teilweise hätten keine Auskünfte zu Fahrzielen oder zur ÖPNV-Netzstruktur gegeben werden können. Fahrpersonal wurde teilweise als ungenügend sensibilisiert eingestuft, da z. B. keine Rücksicht auf bewegungseingeschränkte Personen beim Anfahren von der Haltestelle genommen würde. Auch die dezentrale Lage von wichtigen Verkehrsknotenpunkten (z. B. Bahnhöfen), schränkt nach Ansicht der Teilnehmer für viele ältere Menschen die Möglichkeiten der Nutzung ein. Darüber hinaus würden Defizite beim Ticketverkauf die Mobilität beeinträchtigen: Mangelnde persönliche Beratung aufgrund geschlossener Verkaufsstellen oder fehlendem Schaffner und defekte oder aber in der Bedienung schwer verständliche Fahrkartenautomaten wurden hier als Ursachen benannt. Auch beim ÖPNV spielte das subjektive Sicherheitsempfinden in öffentlichen Räumen, z. B. an unübersichtlichen oder schlecht beleuchteten Bahnhöfen oder Bushaltestellen, eine wichtige Rolle für die Ausübung der Mobilität.

6.6.5 Generelle Anmerkungen zur Mobilität

Losgelöst von einzelnen Verkehrsmitteln wurde immer wieder deutlich, dass das subjektive Sicherheitsbedürfnis älterer Menschen als sehr hoch einzustufen ist. Bei älteren Mitmenschen ist die Furcht vor Kriminalität im Allgemeinen noch deutlicher ausgeprägt als bei jüngeren Menschen. Diese Angst kann einen entscheidenden Einfluss auf die Verkehrsmittelwahl oder auch auf die Mobilität im Allgemeinen ausüben. Fühlen sich ältere Verkehrsteilnehmer nicht sicher, werden bestimmte Räume oder Verkehrsmittel gemieden. Diese Einstellung kann sich mit tageszeitlichen Einflüssen überlagern (z. B. besteht während der Dunkelheit bzw. schlechter Beleuchtung ein höheres subjektives Angstgefühl) oder bezieht sich auch auf Räume, in denen verstärkt ausländische Bevölkerungsgruppen auftreten. Die Kriminalstatistik der Polizei belegt diese subjektive Angst jedoch nicht. Die subjektiven Ängste lassen sich nicht durch objektiv messbare Daten aus der Kriminalstatistik nachweisen (vgl. auch Landeskriminalrat RLP 2010). Auch Räume, die städtebaulich ungeordnet oder ungepflegt wirken, verstärken Ängste bei der Durchquerung.

Aus diesen subjektiven Ängsten heraus wünschen sich ältere Verkehrsteilnehmer immer wieder Service- oder Sicherheitskräfte, die für sie in Angstsituationen als Ansprechpartner fungieren können und somit subjektiv betrachtet für ein höheres Sicherheitsgefühl sorgen. In den Fokusrunden wurde z. B. oft gewünscht, dass die Polizei auf den Straßen mehr Präsenz zeigt („Schutzmann an der Ecke"). Auch bei der Nutzung öffentlicher Verkehrsmittel spielt das subjektive Sicherheitsempfinden eine große Rolle.

Ein weiterer zentraler Punkt war die aus Sicht der Betroffenen mangelnde Versorgungsdichte mit öffentlichen, sauberen und (subjektiv) sicheren Sanitäranlagen. Neben der Netzdichte spielte eine Rolle, dass zahlreiche Anlagen ohne Personal betrieben wurden und z. B. unterirdisch lagen. Diese Versorgungslücke führt aus Sicht der Senioren zu starken Einschränkungen bei der Ausübung selbstständiger Mobilität.

Immer wieder war die Forderung nach Rücksichtnahme und Sensibilisierung der Mitmenschen für die eigenen Probleme herauszuhören. Diese Forderung bezieht sich sowohl auf das Verhalten anderer Verkehrsteilnehmer als auch auf den Bereich der Planungspraxis. So geht es älteren Verkehrsteilnehmern darum, ihre Perspektive der Teilnahme am Straßenverkehr anderen Gruppen vertraut zu machen und diese für ihre Schwierigkeiten zu sensibilisieren. Insgesamt sollte ein höheres Maß an „Miteinander im Verkehr" stattfinden. Die auf Leistungsfähigkeit und Schnelligkeit konzentrierte Verkehrswelt ist nach eigener Einschätzung für ältere Verkehrsteilnehmer feindlich und führt ebenfalls zu Hemmnissen bei der Nutzung. Es wurde generell für mehr Verständnis für die besondere Situation von älteren Menschen im Straßenverkehr geworben (langsamere Bewegungsabläufe, erhöhtes Sicherheits- und Komfortbedürfnis aufgrund physischer oder sensorischer Einschränkungen). Klagen bezogen sich z. B. auf das Verhalten anderer Verkehrsteilnehmer gegenüber der eigenen Gruppe. Darin eingeschlossen war z. B. auch das Verhalten von Busfahrern im ÖPNV. Beklagt wurde immer wieder eine mangelnde Sensibilisierung des Personals gegenüber den Belangen der älteren Fahrgäste (z. B.

abruptes Anfahren von der Haltestelle, wenn noch kein Sitzplatz eingenommen wurde). Die mangelnde Berücksichtigung in der Planungspraxis äußert sich z. B. in mangelnder Barrierefreiheit.

6.7 Exkurs: Leitfaden zur Verkehrsraumgestaltung

Aus den mithilfe des Methodenmixes gewonnenen Erkenntnissen über lokal-spezifische Anforderungen älterer Menschen lassen sich eine Reihe von konkreten Empfehlungen und Vorschlägen für die Gestaltung von generationengerechten Verkehrsräumen ableiten. Diese werden in einer separaten Veröffentlichung, dem im Rahmen des Forschungsvorhabens erarbeiteten Leitfaden „Mobilitätssicherung älterer Menschen im Straßenverkehr – Leitfaden für die Praxis" vorgestellt. Dieser nimmt die im Rahmen dieser Arbeit erarbeiteten Handlungsempfehlungen auf und stellt Praxisbeispiele für die generationengerechte und barrierefreie Straßenraumgestaltung dar. Diese Vorschläge werden hier exemplarisch anhand einiger ausgewählter Beispiele dargestellt (s. u.). In dieser Arbeit liegt der Fokus auf der Erarbeitung und Darstellung eines geeigneten Prozesses für die Integration der Planung generationengerechter Verkehrsräume in bestehende Verkehrsplanungsprozesse.

Der erwähnte Leitfaden ist gleichfalls für die Anwendung durch Entscheidungsträger, Planer und Betroffene gedacht und soll Methoden und Wege aufzeigen, wie die Belange älterer Menschen bei der Planung von Straßenverkehrsräumen in Zukunft besser und effizienter berücksichtigt und umgesetzt werden können. Die Empfehlungen zur Umsetzung von konkreten Maßnahmen zur generationengerechten Gestaltung des Straßenraumes beruhen auf den einschlägigen Richtlinien und Normen zur Straßenverkehrsraumgestaltung. Diese werden durch aktuelle Erkenntnisse aus den dieser Dissertation zugrundeliegenden Erhebungen ergänzt, z. B. durch die Empfehlungen

- die kommunale Mobilitätssicherungsplanung als Leitlinie und Grundlage zur Umsetzung einer generationengerechten und barrierefreien Straßenverkehrsplanung zu nutzen,
- im Sinne eines Design für Alle zu planen und somit

- Betroffene und Interessenvertreter als „Experten in eigener Sache" konsequenter in die Planungs- und Entscheidungsprozesse einzubinden sowie
- sich für die Anforderungen der betroffenen Nutzer stärker zu sensibilisieren.

Im Rahmen der Untersuchung der Planungspraxis hat sich gezeigt, dass die derzeit verfügbaren Regelwerke die speziellen Belange älterer Menschen bereits weitestgehend berücksichtigen, wenn die Vorgaben konsequent im Sinne der Zielgruppe angewendet und umgesetzt werden. Derzeit bestehen allerdings noch zahlreiche Defizite bei der Anwendung der vorliegenden Regelwerke, da der Fokus der Verkehrsplanung oftmals auf andere Interessen gerichtet wird (z. B. Leistungsfähigkeit des Kraftfahrzeugverkehrs). Dies geschieht zu Lasten der schwächeren Verkehrsteilnehmer, zu denen die Gruppe der älteren Menschen zählt. Gründe liegen z. B. in dem mangelhaften Wissen um die adäquate Lösung der zwangsläufig bestehenden Zielkonflikte. Hier wird den Entscheidungsträgern und Planern mit dem Leitfaden ein Instrument an die Hand gegeben, auftretende Zielkonflikte zu erkennen und bewerten zu können. Im Leitfaden werden zahlreiche wirkungsvolle und durchsetzbare Maßnahmen im Sinne eines Design für Alle erläutert. Viele der Maßnahmen kommen auch anderen Gruppen zu Gute.

Im Folgenden werden einige dieser Maßnahmenvorschläge beispielhaft aufgeführt und erläutert.

6.7.1 Beispiel 1: Gestaltung von Überquerungsstellen für ältere Fußgänger

Die Anzahl und die Ausstattung von Überquerungsstellen hat vor allem für ältere Fußgänger eine herausragende Bedeutung. Ein Großteil der Verkehrsunfälle, an denen ältere Fußgänger beteiligt sind, ereignet sich beim Überqueren einer Fahrbahn an ungesicherten Stellen außerhalb von Knotenpunkten. Denn ältere bzw. mobilitätseingeschränkte Fußgänger sind häufig nicht mehr dazu in der Lage, größere Umwege zu machen. Da ältere Fußgänger häufig eine oder sogar mehrere Mobilitätseinschränkungen haben, stellen sie an die Lage, Häufigkeit und Qualität der baulichen Gestaltung von Überquerungsstellen besondere Ansprüche.

Ein immer wieder auftretender Zielkonflikt liegt in der Höhe der Absenkung der Bordsteinkante an Überquerungsstellen. Gehbehinderte Personen, insbesondere Rollatornutzer und Rollstuhlnutzer, wünschen sich möglichst eine Absenkung des Bordsteins auf Fahrbahnniveau. Ohne eine behindernde Kante ist gewährleistet, dass sie die Fahrbahn möglichst schnell verlassen können und es besteht keine Kippgefahr beim Betreten des Gehwegs. Blinde und stark sehbehinderte Personen als Nutzer eines Langstocks wünschen sich demgegenüber eine eindeutig ertastbare Kante, um nicht Gefahr zu laufen, unbeabsichtigt die Fahrbahn zu betreten. Die Lösung des Zielkonflikts im Sinne eines Design für Alle liegt in der Anordnung einer Überquerungsstelle mit differenzierten Bordhöhen („Doppelüberquerung"), die nebeneinander einen Bereich mit einer Absenkung auf Fahrbahnniveau und einem Bereich mit Hochbord mit mind. 3 cm, besser 6 cm Auftritt, aufweist (vgl. Abbildung 57).

Abbildung 57: Überquerungsstelle mit differenzierten Bordhöhen: Absenkung auf Fahrbahnniveau (links) und Hochbord mit tastbarer Bordkante (rechts) [Foto: Boenke]

Eine wichtige Rolle für ältere Verkehrsteilnehmer, die Rollatoren oder Rollstühle benutzen, spielt die Gestaltung der Oberfläche. Diese sollte auch im Bereich von Überquerungsstellen rutschsicher sowie gut und leicht berollbar sein, um auch Rollstuhlbenutzern oder Personen mit Rollatoren eine sichere und einfache Überquerung zu ermöglichen (vgl. Abbildung 58).

Abbildung 58: Verbesserung der Überquerbarkeit für Personen mit Rollstühlen oder Rollatoren durch Einbau eines glatten Pflasterbelags im historischen Umfeld [Foto: Norbert Rudolph, Münster]

Ältere Menschen, die durch Mobilitätseinschränkungen langsamer in ihren Bewegungsabläufen sind, haben oftmals Schwierigkeiten bei der Überquerung der Fahrbahn. Bei hohen Geschwindigkeiten des Kraftfahrzeugverkehrs entstehen weitere Ängste, die Überquerung nicht sicher durchführen zu können. Durch Aufpflasterungen an Überquerungsstellen kann die Geschwindigkeit des Kraftfahrzeugverkehrs wirksam reduziert werden. Ein zusätzlicher positiver Effekt entsteht durch die gleichzeitige Reduzierung der Bordkantenhöhe im Bereich der Überquerungsstelle, die sich durch das Anheben der Fahrbahn ergibt (vgl. Abbildung 59). Durch vorgezogene Seitenräume lässt sich zudem die Überquerungslänge für den Fußgängerverkehr reduzieren und die Sichtbeziehungen zwischen Kraftfahrzeugverkehr und Fußgängern werden verbessert.

Abbildung 59: Fußgängerüberweg mit optisch auffälliger Beschilderung, Aufpflasterung im Fahrbahnbereich sowie vorgezogenen Seitenräumen [Foto: Boenke]

6.7.2 Beispiel 2: Kontrastreiche Gestaltung von Elementen im Verkehrsraum

Ein Nachlassen des Sehvermögens gehört zu den typischen Alterseinschränkungen. Viele ältere Menschen sind aufgrund nachlassenden Sehvermögens auf eine kontrastreiche Gestaltung der Umwelt angewiesen, um sicher mobil zu sein. Bisher wird vielfach den Belangen der Stadtgestaltung nachgegeben und Verkehrsräume werden „Ton-in-Ton" gestaltet. Dadurch ergeben sich besondere Gefahrenstellen für viele Menschen mit Seheinschränkungen, z. B. gefährliche Stolperfallen. Besonderer Wert sollte daher auf einen hohen Leuchtdichtekontrast[69] gelegt werden; ein guter Farbkontrast bietet keine ausreichende Sicherheit, da es zahlreiche Menschen mit Farbsehschwächen gibt (vgl. Abbildung 60).

---

[69] Der Leuchtdichtekontrast beschreibt den Unterschied der Helligkeit eines Objektes in Bezug auf den Hintergrund.

Abbildung 60: Beispiel für einen hohen Leuchtdichtekontrast durch ausgewählte Farbgestaltung [Foto: Boenke]

Beispielsweise stellen in den Verkehrsraum hineinkragende Elemente eine Gefahr insbesondere für Personen mit eingeschränktem Sehvermögen dar. Daher sollten solche Elemente immer optisch kontrastierend gekennzeichnet werden (vgl. Abbildung 61).

Abbildung 61: Kontrastreiche Absicherung der Glasflächen an einer Haltestelle [Foto: Boenke]

Gerade bei temporären Elementen sollte verstärkt auf gute Kontraste geachtet werden. Temporäre Einbauten können Abweichungen im Verlauf bekannter Routen darstellen und von Ihnen geht eine besondere Unfallgefahr aus (vgl. Abbildung 62).

Abbildung 62: Kontrastreiche Markierung eines temporären Kabelkanals zur Minimierung der Stolpergefahr und Verbesserung der Überfahrbarkeit [Foto: Boenke]

6.7.3 Beispiel 3: Verweilplätze und Sanitäranlagen

Aufgrund der nachlassenden Körperkräfte und der oftmals herabgesetzten Gehgeschwindigkeit im Alter benötigen ältere Menschen Verweilzonen in geringeren Abständen, als das für jüngere Menschen notwendig wäre (vgl. Abbildung 63).

Abbildung 63: Eine ausreichende Anzahl an qualitativ ansprechenden Ruhe- und Verweilzonen ist wichtiger Bestandteil generationengerechter Routenplanung [Foto: Boenke]

Zudem wird in Befragungen immer wieder ein Mangel an öffentlichen und barrierefrei zugänglichen Sanitäranlagen angesprochen. Insbesondere auf Hauptrouten älterer Menschen sollten daher verstärkt Verweilplätze und nutzbare Sanitäranlagen (vgl. Abbildung 64) angeboten werden. Diese Elemente erhöhen die Qualität der Mobilität für ältere Menschen deutlich.

Abbildung 64: Öffentliche, barrierefrei zugängliche Sanitäranlagen sind nach Meinung älterer Menschen Mangelware [Foto: Siegmund Zöllner, Bonn]

6.7.4 Beispiel 4: Trennung von Verkehrsanlagen verschiedener Verkehrsträger

Ältere Menschen sind aufgrund nachlassender physischer Leistungsfähigkeit in ihren Bewegungsabläufen häufig unsicherer und langsamer, als jüngere Menschen. Dazu gesellen sich häufig sensorische Einschränkungen (nachlassendes Seh- oder Hörvermögen), welche die Teilnahme am Straßenverkehr erschweren. Personen mit starken Sehbehinderungen wünschen sich z. B. eine deutlich erkennbare Trennung des Fußgängerverkehrs von Kraftfahrzeug- oder Radverkehr. Durch entsprechende Gestaltungselemente lässt sich die Trennung optisch und taktil erkennbar realisieren (vgl. Abbildung 65).

Abbildung 65: Optisch und taktil gut erkennbare Trennung von Flächen des Rad- und Fußverkehrs [Foto: Boenke]

Die vorstehenden Darstellungen sollen beispielhaft die Umsetzung von generationengerechten und barrierefreien Verkehrsanlagen illustrieren. Sie stellen nur einen geringen Ausschnitt aus den vielfältigen Möglichkeiten für Planer dar. Für weitere Praxisbeispiele wird auf den angesprochen Leitfaden verwiesen.

6.7.5 Beispiel 5: Signaltechnische Sicherung von Linksabbiegern an Lichtsignalanlagen

Lichtsignalanlagen werden dort eingesetzt, wo sich die Verkehrssicherheit oder die gewünschte Qualität des Verkehrsablaufs ohne Signalisierung nicht mehr aufrechterhalten lässt. Gegenüber nicht signalisierten Knotenpunkten besteht der Vorteil, dass Ströme gezielt freigegeben und somit potenzielle Konflikte vermieden werden können. Das Sicherheitspotenzial, z. B. für abbiegende Ströme, ist somit sehr hoch. Für viele mobilitätseingeschränkte Menschen wird die sichere Überquerung einer Straße erst durch den Einsatz einer Lichtsignalanlage ermöglicht. Allerdings erfolgt die Signalsteuerung häufig unter dem Aspekt der Leistungsfähigkeit.

Aus diesem Grund erfolgt die Signalisierung von linksabbiegenden Kraftfahrzeugen häufig ohne eigene Phase. Dadurch entstehen zahlreiche Konfliktpunkte, die zu vielen Unfällen führen, die besonders schwere Verletzungsfolgen oder zumindest hohen Sachschaden zur Folge haben (vgl. Kap. 6.2.1.1 und Abbildung 66).

Abbildung 66: Durch fehlende signaltechnische Sicherung von Linksabbiegern ergeben sich zahlreiche gefährliche Konfliktpunkte [Foto: Boenke]

Je nach baulicher Gestaltung des Knotenpunktes und seiner Komplexität ergeben sich gefährliche Konfliktpunkte mit dem entgegenkommenden Kraftfahrzugverkehr, mit dem kreuzenden Radverkehr (insbesondere bei Radwegen) sowie mit dem kreuzenden Fußgängerverkehr. Es muss erwähnt werden, dass die typischen Unfälle, die sich aus der unzureichenden Sicherung der linksabbiegenden Verkehrsströme ergeben, nicht nur typisch für ältere Menschen, sondern treten in allen Altersgruppen auf.

Abbildung 67: Ungesicherter Linksabbieger mit zahlreichen Konfliktpunkten an einem komplexen Knotenpunkt – Beispiel aus einer der untersuchten Städte [Foto: Boenke]

Der signaltechnischen Sicherung von Linksabbiegern sollte daher verstärkt Priorität eingeräumt werden (vgl. Abbildung 68). Hier muss der Grundsatz gelten: Verkehrssicherheit vor Leistungsfähigkeit! In den meisten Fällen werden sich die möglicherweise ergebenden Kapazitätsengpässe, die sowieso zeitlich sehr begrenzt auftreten, durch komplementäre Maßnahmen vermeiden lassen (z. B. dynamische Anpassung der Signalsteuerung, alternative Routen).

Abbildung 68: Sichere Signalisierung des linksabbiegenden Kraftfahrzeugverkehrs durch eigene Signalphase [Foto: Boenke]

7 Handlungsempfehlungen für die Planungspraxis und Zusammenfassung

7.1 Konsequenzen für die zukünftige Verkehrsraumgestaltung

Die Mobilität älterer Menschen gewinnt aufgrund demografischer, ökonomischer und gesellschaftlicher Entwicklungen zunehmend an Bedeutung. Viele ältere Menschen sind in ihrer Mobilität eingeschränkt. Verkehrsangebot und Verkehrsplanung sind jedoch auf diese Situation bisher nicht ausreichend eingestellt. Zukunftsfähige Planungen und Prozesse sollten die Anforderungen älterer Zielgruppen stärker berücksichtigen. Bei der Analyse der derzeitigen Situation wird deutlich, dass in vielen Bereichen zu wenig Bewusstsein und Erfahrung vorliegt, um rationale und effektive altersbezogene Gestaltungslösungen zu entwickeln und umzusetzen. Bei Straßenplanung und Straßenbetrieb fehlt teilweise konkretes Wissen, wie den Bedürfnissen älterer Verkehrsteilnehmer und ihren Anforderungen an Straßenraum und Verkehrsanlagen adäquat Rechnung zu tragen ist. Zudem fehlen derzeit noch die Instrumente bzw. Methoden, sich dieses Wissen anzueignen, es zu analysieren und daraus adäquate Maßnahmen zur Verbesserung der Situation abzuleiten und diese nach Prioritäten zu ordnen.

Ziel dieser Arbeit ist es, Handlungsempfehlungen für Kommunen, Planer und Entscheidungsträger zu entwickeln. Es soll aufgezeigt werden, mit welchen Methoden die lokal-spezifischen Anforderungen älterer Menschen ermittelt werden können und wie die Ergebnisse unter Beteiligung der Zielgruppe in ihrer Priorität bewertet und systematisch umgesetzt werden können.

Die generationengerechte Gestaltung des Straßenraums sollte dabei bestimmten Grundsätzen folgen. Eine zukunftsfähige Straßenraumgestaltung sollte sich nicht an bestimmten Merkmalen wie Alter oder Behinderung, sondern an den Bedürfnissen der Nutzer orientieren. Der öffentliche Straßenraum ist zu komplex, um im Hinblick auf alle Bedürfnisse maximal verfügbar und maximal nutzbar zu sein. Vielmehr geht es darum, möglichst optimale, konsensfähige Lösungen anzustreben (vgl. Neumann 2005). Diese erfordern auf die jeweiligen lokalen Voraussetzungen abgestimmte Lösungsansätze und Planungsmaßnahmen.

7.1.1 Von der Barrierefreiheit zum Design für Alle

Eine geeignete Leitlinie sowohl bei Neubau-, als auch bei Umbaumaßnahmen bzw. Maßnahmen im Bestand ist das Prinzip des Design für Alle. Dieses Konzept stellt somit eine Weiterentwicklung des Prinzips der Barrierefreiheit dar, das in Deutschland mittlerweile ein gesetzlich verankertes Bürgerrecht ist. Während sich Barrierefreiheit vor allem auf gestaltete „Endprodukte" bezieht, also z. B. auf die gebaute Umwelt, Verkehrsmittel, Elektronik-, Informations- und Kommunikationssysteme sowie Dienstleistungs- und Serviceangebote, setzt das Prinzip des Design für Alle ganz bewusst auf die Analyse des Bedarfs und der Wünsche der Menschen. Design für Alle verlangt die Einbindung der Endverbraucher in jede Phase des Entstehungsprozesses und ist damit ein entscheidender Schritt zu einer nachhaltigen Zukunftsentwicklung, der die Lebensqualität in Städten und Gemeinden verbessert und eine nutzerfreundliche und kosteneffektive Gestaltung ermöglicht. In diesem Zusammenhang erhält der Ansatz Design für Alle eine Schlüsselrolle in der raumbezogenen Forschung und Planungspraxis (vgl. EDAD u. FDST 2005).

7.1.2 Berücksichtigung und Auswirkungen von Design für Alle in der Praxis

Sind gestalterische Maßnahmen vorgesehen und gelten dabei enge finanzielle Rahmenbedingungen, sollten im ersten Schritt wenigstens „Mindestkriterien" des Design für Alle berücksichtigt werden. Bei der Formulierung von Mindestkriterien für die generationengerechte (Um-)Gestaltung des Straßenraums steht nicht die barrierefreie Gestaltung des gesamten Straßenraums auf höchstem Niveau im Vordergrund, sondern der Aufbau geschlossener, barrierefreier Wegeketten.

Die konkrete Umsetzung der Mindestkriterien auf lokaler Ebene im Rahmen eines Maßnahmenkataloges sollte in einem gemeinsamen

Abstimmungsprozess vor Ort zwischen Planern und Betroffenenvertretern (z. B. Senioren- und Behindertenorganisationen) festgelegt werden. Dazu müssen ältere und behinderte Menschen aktiv angesprochen und in die Umbauplanungen mit einbezogen werden. Planer und Entscheidungsträger sollten dabei moderierend zur Seite stehen und anhand der Mindestkriterien und guter Beispiele Hilfestellung anbieten. Die möglichst konkret zu formulierenden Mindestkriterien sollten auf dem Modellansatz der „Pyramide der Barrierefreiheit" (Neumann u. Reuber 2004) beruhen. Dieses Modell stellt den Zusammenhang zwischen Investitionsvolumen, Ausmaß der Barrierefreiheit und der Zahl der Anbieter sowie der erreichten Nachfrager dar (vgl. Abbildung 69).

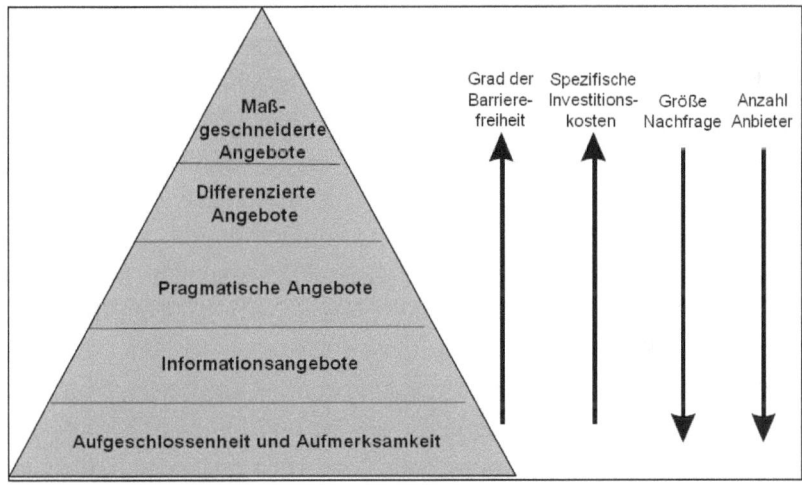

Abbildung 69: Die Pyramide der Barrierefreiheit [Quelle: Neumann u. Reuber 2004]

Die Fläche der Pyramide stellt den gesamten Maßnahmenbereich barrierefreier Straßenraumgestaltung dar. Im Modell sind die Maßnahmen von unten nach oben immer mehr auf die individuellen Bedürfnisse der Nutzer zugeschnitten; dementsprechend nimmt die realisierte Barrierefreiheit sowie auch das damit verbundene spezifische Investitionsvolumen zu. Die Anzahl der Personen, die auf die steigende individuelle Anpassung der Maßnahmen und damit verbundene höhere Investitionen angewiesen sind, nimmt dementsprechend nach oben hin ab. So setzt sich die Pyramide aus verschiedenen, aufeinander aufbauenden

Ebenen zusammen, deren Übergänge jedoch in der Praxis fließend sind.

Für die Herstellung von mehr Barrierefreiheit müssen nach dem Prinzip des Design für Alle Mindestkriterien festgelegt werden, die

- das Investitionsvolumen,
- das Ausmaß der Barrierefreiheit und die Zahl der Anbieter sowie
- die erreichten Nachfrager

in einen Zusammenhang bringen. Dabei sind Investitionen in barrierefreie Angebote nicht generell mit höheren Kosten verbunden. Verschiedene Studien belegen, dass bei richtiger Planung und Ausführung die Kosten für einen barrierefreien Neubau i. d. R. kaum höher liegen (vgl. Neumann u. Reuber 2004). Bei Gebäuden etwa liegt diese Quote bei nur 1-2 % der Bausumme. Nachträgliche Anpassungen verursachen höhere Kosten und betragen ca. 3,5 % des Gebäudewertes (Manser 2003, Schweizerische Fachstelle für barrierefreies Bauen 2004).[70] In Deutschland hat das Institut für Bauforschung e. V. in Hannover analysiert, welche baulichen Maßnahmen für barrierefreies Bauen kostenneutral sind und für welche Maßnahmen Mehrkosten entstehen können (IfB 2004). Das Ergebnis ist, dass barrierefreies Bauen sinnvoll und auch wirtschaftlich zumutbar ist. Vor allem mit Blick auf die demografische Entwicklung handelt es sich um eine wichtige und notwendige Investition für die Zukunft handelt. „Es erfordert nur unwesentlich höhere Investitions- und Unterhaltskosten, in erster Linie aber planerisches Können und das Wissen um die Bedürfnisse behinderter und alter Menschen", stellte die bayerische Staatsministerin für Arbeit und Sozialordnung, Familie und Frauen Stewens im Juli 2005 fest (Bartz 2005).

---

[70] Dieser Wert bezieht sich auf Gebäude, die keinen Denkmalschutzauflagen unterliegen. Müssen die Anforderungen an Barrierefreiheit mit Anforderungen aus dem Denkmalschutz abgestimmt werden, können sich deutlich höhere Kosten ergeben.

7.1.3 Erarbeitung von Mindestkriterien für eine barrierefreie Straßenraumgestaltung

Bei der Erarbeitung von Mindestkriterien für eine barrierefreie Straßenraumgestaltung sollten grundsätzlich die ersten drei Stufen der Pyramide der Barrierefreiheit berücksichtigt werden. Dies umfasst (vgl. DIN 2002)

1. das Verständnis und die Kenntnis bei den Planungsverantwortlichen und Verkehrsunternehmen hinsichtlich der Bedürfnisse und möglicher Problemsituationen vor Ort für alle Nutzer – ob mit oder ohne Behinderung,
2. die Vermittlung verlässlicher Basis-Informationen über die Zugänglichkeit (ggf. auch Einschränkungen) eines Ziels oder einer Einrichtung für alle Nutzer sowie
3. die Herstellung der Nutzbarkeit der zentralen Angebotsbereiche und die Zugänglichkeit der gesamten Wegekette, wobei die Schwerpunkte weniger auf Ausstattungsqualität als auf Funktionalität und Nutzerfreundlichkeit liegen.

Da eine barrierefreie Straßenraumgestaltung eine komplexe Zielgröße ist, können einzelne Anforderungen und Empfehlungen miteinander konkurrieren. Folgende übergeordnete Anforderungen und Empfehlungen an eine barrierefreie Gestaltung sollten bei der Entwicklung von Mindestkriterien generell berücksichtigt werden (vgl. DIN 2002):

- Bei der Gestaltung des Straßenraums und der Verkehrsträger sollte beachtet werden, dass barrierefreie Maßnahmen die Akzeptanz möglichst vieler Menschen finden können.
- Die barrierefreie Gestaltung sollte weder die Funktionalität noch die Sicherheit der Wegekette beeinträchtigen.
- Informations- und Leitsysteme müssen eine geschlossene Informationskette darstellen und Orientierungshilfen müssen verständlich und frühzeitig erkennbar sein.
- Entsprechende Informationen sollten dem Nutzer Klarheit darüber verschaffen, ob die benötigte Wegekette
    - in vollem Umfang seinen Fähigkeiten entspricht,

- o aufgerüstet oder angepasst werden kann, damit er den erwarteten Nutzen erzielen kann oder
- o durch ihn nicht nutzbar ist.
- Werden potenzielle Nutzer nicht ausreichend berücksichtigt, sollte/n, um sie nicht von der Nutzung des barrierefreien Angebotes auszuschließen
    - o die Verwendung üblicher Hilfsmittel ermöglicht werden,
    - o Hilfsmittel ergänzend angeboten werden sowie
    - o Hinweise für Nutzer mit besonderen Anforderungen bereitgestellt werden.
- Es dürfen keine Beeinträchtigungen der Privatsphäre von Nutzern entstehen (wie z. B. bei Bankautomaten mit Sprachausgabe, bei denen Dritte mithören könnten).
- Produkte bzw. Angebote dürfen Nutzer weder diskriminieren, stigmatisieren noch anderweitig beeinträchtigen (z. B. können Sprachausgaben, die nicht abschaltbar sind, geräuschempfindliche Nutzer beeinträchtigen).
- Es darf keine unangemessene Umsetzung von Anforderungen und Empfehlungen, geben, wenn nur für Wenige ein Nutzen, aber viele eine Beeinträchtigung erfolgt.
- Die Entwicklung von Maßnahmen sollte unter Berücksichtigung des Zwei-Sinne-Prinzips erfolgen (vgl. Kap. 4.5.2).

7.2 Schlussfolgerungen aus den Arbeitsergebnissen

Für die Ableitung von geeigneten Methoden zur Erhebung, Analyse und Bewertung der Anforderungen älterer Menschen an die Gestaltung des Straßenverkehrsraums im Sinne eines Design für Alle wurden verschiedene Analyseschritte durchgeführt und in der vorliegenden Arbeit dokumentiert. Die einzelnen Methoden werden nachfolgend einer Bewertung unterzogen und anschließend zu einem Prozess verknüpft. Dieser Prozess kann

- mit Hilfe eines eigenständigen Plans oder

- sinnvoll im Rahmen kommunaler Verkehrsentwicklungspläne umgesetzt werden. Auf Basis der Ergebnisse der Methodenanwendung sind anschließend adäquate Maßnahmen zu entwickeln, die den Belangen dieser heterogenen Zielgruppe möglichst weitreichend entsprechen.

7.2.1 Ermittlung der Anforderungen älterer Menschen auf Basis von Kenndaten

Im Kapitel 4 dieser Arbeit werden die gesellschaftlichen und ökonomischen Voraussetzungen im Zusammenhang mit der Mobilität älterer Menschen aufgezählt. Unter Berücksichtigung verschiedener Randbedingungen werden Prognosen für das zukünftige Mobilitätsverhalten erarbeitet. Einen Einfluss auf die Ausübung der Mobilität haben zudem physische und kognitive Veränderungen, die mit dem Alter wahrscheinlicher eintreten.

Auf Grundlage dieser Analyse und Prognosen werden die zukünftig daraus abzuleitenden Anforderungen älterer Menschen an die Verkehrsraumgestaltung und das Verkehrsangebot abgeleitet. Es zeigt sich, dass die bisherige Verkehrsplanungspraxis auf die in den kommenden Jahren zu erwartende rasante Entwicklung nicht eingestellt ist.

7.2.2 Praxisuntersuchung – Bewertung der verwendeten Methodik und Empfehlungen

Im Rahmen dieser Arbeit werden verschiedene Methoden zur Erhebung, Analyse und Bewertung der Anforderungen älterer Menschen an die Verkehrsraumgestaltung an drei Fallbeispielen dargestellt. Dabei handelt es sich um eine Methodenkombination aus der Verkehrssicherheit und der empirischen Sozialforschung. Die angewandten und bereits erprobten Methoden wurden dabei zur Ermittlung der spezifischen Anforderungen älterer Menschen modifiziert. Im Folgenden wird die im Rahmen der Untersuchung angewandte Methodik kritisch überprüft und hinterfragt, um Empfehlungen für die Anwendung bei der zukünftigen Ermittlung von Anforderungen im Rahmen einer Mobilitätssicherung aussprechen zu können.

7.2.2.1 Unfallanalyse

Die Unfallanalyse erwies sich unzweifelhaft als wichtiger Baustein für die Bewertung der Situation, da sie als einzige der verwendeten Methoden eine objektive Betrachtung zu Grunde legt. Die Analyse der Unfälle mit Beteiligung älterer Menschen hat zudem insgesamt gezeigt, dass die Unfalllage dieser Gruppe stärker in den Fokus der Analysearbeit gerückt werden sollte.

Derzeit lassen sich mittels der üblichen Analyse von Unfällen spezielle Unfallschwerpunkte älterer Menschen innerhalb einer Stadt nicht feststellen; Sonderauswertungen, wie sie bei den Kinder- und Schulwegunfällen gemacht werden, werden bisher nicht durchgeführt. Die Umstellung auf elektronisch geführte Unfalldatenbanken kann die Analysearbeit zukünftig deutlich erleichtern, da altersgruppenspezifische Auswertungen und Visualisierungen mit geringem Aufwand möglich werden. Es ist zu empfehlen, für ältere Verkehrsteilnehmer analog zu den Kinderunfallkarten eigenständige Steckkarten zu erstellen und auszuwerten, um der zunehmenden Bedeutung der Unfälle bei dieser Gruppe gerecht zu werden. Bei diesen Sonderkarten kann der Fokus auf den Unfällen mit Personenschaden liegen, da der Vermeidung von Unfällen mit schweren Folgen Priorität eingeräumt werden sollte.

Durch die jeweilige Darstellung der erhobenen Unfälle in einer eigenen Unfalltypensteckkarte, ließen sich unfallauffällige Bereiche älterer Verkehrsteilnehmer visualisieren und identifizieren. Es zeigte sich allerdings, dass die Darstellung der Unfälle nach den Kriterien der örtlichen Unfalluntersuchung bei der Auswertung der Unfälle mit älteren Menschen nicht sicher zu belastbaren Ergebnissen führt. Einerseits sind Unfälle mit Beteiligung älterer Menschen auf die Gesamtzahl der Unfälle bezogen relativ seltene Ereignisse, so dass sich bei Betrachtung der üblichen 3-Jahreszeiträume nicht zwangsläufig ein Risikobild ergeben muss. Daher sollten 5-Jahreszeiträume bei der Unfallanalyse betrachtet werden. Andererseits greifen gerade bei älteren Verkehrsteilnehmern Kompensationsstrategien, die sich z. B. in einer angepassten Wegewahl äußern. Subjektiv „gefährliche" Bereiche werden vermieden; dazu zählen häufig auch allgemeine Unfallhäufungspunkte. Somit hat sich auch im Rahmen der Untersuchung gezeigt, dass die unfallauffälligen Bereiche älterer Menschen nicht zwangsläufig deckungsgleich mit den generellen Unfallschwerpunkten sind.

Die Kombination der detaillierten Unfallanalyse mit Befragung und Fokusrunde ermöglichte es, „Problemräume" subjektiver Prägung mit solchen aus der objektiven Analyse (unfallauffällige Bereiche) zu überlagern. Die Überlagerung ist ein wichtiger Faktor bei der Erstellung einer Prioritätenliste. Besteht z. B. eine Übereinstimmung zwischen objektiv und subjektiv ermitteltem Problemraum, lässt sich vordringlicher Handlungsbedarf ableiten. Besteht keine Überdeckung, kann die Priorität nach den subjektiv oder objektiv ermittelten Kriterien vorgenommen werden.

Es wird weiterhin die in dieser Untersuchung durchgeführte, detaillierte Auswertung der Unfalllage älterer Menschen durch Betrachtung des dreistelligen Unfalltypschlüssels empfohlen, um konkrete Konfliktsituationen feststellen zu können. Aggregierte und allgemeine Unfallzahlen zu Verkehrsunfällen älterer Menschen sind für die Ableitung konkreter Maßnahmen innerhalb einer Kommune zu unspezifisch und ungenau. Die durchgeführte Analyse an drei Fallbeispielen ließ erkennen, dass die Ausprägung der Unfallsituation sehr stadtspezifisch ist. Bereits die Verkehrsmittelwahl, die u. a. durch Stadtstruktur und Topografie geprägt wird, führt zu deutlichen Unterschieden. Auf Basis verallgemeinerter und aggregierter Datensätze lässt sich im Vorfeld keine hinreichend genaue Abschätzung

Zur Einschätzung der Unfallgefährdung im Vergleich unterschiedlicher Städte und Regionen ermitteln die Polizeidienststellen eine Verunglücktenhäufigkeitszahl (VHZ). Diese fasst bis jetzt allerdings aktive und passive Unfallbeteiligte zusammen. Passive Verkehrsteilnehmer haben allerdings für die Einschätzung der Unfallsituation und die anschließende Ableitung von Maßnahmen keine Relevanz (z. B. Mitfahrer in Pkw). Die Ermittlung und Anwendung einer aktiven VHZ wäre zielführender. Eine VHZ für lediglich aktiv am Verkehr beteiligte Menschen wäre wünschenswert, um die Vergleichbarkeit eines Risikopotenzials bei Unfällen bestimmter Personengruppen zu verbessern. Insbesondere dann, wenn sich keine unfallauffälligen Bereiche in einer Unfalltypensteckkarte ermitteln lassen, könnte über eine VHZ ein allgemeines Risikopotenzial für eine Altersgruppe innerhalb einer Kommune abgeschätzt und damit möglicher Handlungsbedarf erkannt werden. Die VHZ berechnet sich aus allen Unfällen einer Gruppe in einer Stadt. Bei geringer optischer Unfalldichte in der Unfalltypensteckkarte mit Unfällen mit Personenschaden könnte sich dennoch eine hohe VHZ ergeben.

Methodisch nicht analysiert wurde die Gefährdung älterer Verkehrsteilnehmer im Verhältnis zu jüngeren Altersgruppen. Dieser Schritt konnte im Rahmen dieser Arbeit mangels verfügbaren Datenmaterials nicht geleistet werden. Ein solcher Vergleich ist allerdings generell schwierig, da selten detaillierte Fahrleistungsdaten nach Altersgruppen vorliegen. Eine Abschätzung des Risikos bestimmter Altersgruppen auf Basis bundesweiter Fahrleistungsdaten wäre möglich, bliebe aber Spekulation. Ebenso wäre eine Abschätzung unter Bezug auf Pkw-Verfügbarkeit innerhalb einzelner Altersgruppen oder auf Basis der Bevölkerungsanteile möglich. Alle Berechnungen wären allerdings mit einer gewissen Unsicherheit behaftet, da nie sicher sein kann, dass alle in die Rechnung einbezogenen Personen tatsächlich mobil sind.

Die dieser Arbeit zugrunde liegenden Unfalldaten der betrachteten Gemeinden entstammen den Verkehrsunfallanzeigen der zuständigen Polizeibehörden. Sie werden von dort i. d. R. an die zuständigen Dezernate weitergegeben und zusammen mit dem Unfallbericht ausgewertet. Bei der Auswertung von Unfallanzeigen ist zu bedenken, dass die Aussagen mit Unsicherheiten behaftet sein können. Einer der Gründe resultiert aus einem fehlerhaften Eintrag von Unfallursachen in die Unfallmeldebögen. Ursache hierfür ist, dass die Statistik für ermittelnde Beamte häufig keine Priorität hat (Menzel 2002). Durch kurze Fristen bei der Bearbeitung im Rahmen der Meldung an die statistischen Landesämter kann es hier zusätzlich zu einem statistischen

Fehler kommen. Die Polizeidienststellen sind angehalten, die Unfallmeldebögen innerhalb von 14 Tagen nach dem Unfall bei den statistischen Landesämtern einzureichen. Gerade die Ermittlung der Unfallursachen kann aber längere Zeit in Anspruch nehmen. Im günstigsten Fall kommt es zu Nachmeldungen an die statistischen Landesämter. Allerdings ist der möglicherweise resultierende statistische Fehler hierbei eher gering anzunehmen. Zudem wird personenspezifisch teilweise stark von der Möglichkeit Gebrauch gemacht, mehrere Unfallursachen anzuzeigen (je beteiligter Partei sind maximal drei Nennungen möglich). Ähnlich wie bei den Unfalltypen besteht auch bei den Unfallursachen die Möglichkeit, die im Bundesdurchschnitt am zweithäufigsten genannte, nicht weiter analysierbare Unfallursachen-Nr. 49 („Andere Fehler beim Fahrzeugführer") zu benennen (Bachmann 2005). Allerdings können die Ergebnisse aus den Unfallanalysen als hinreichend genau bewertet werden.

Schwerer wiegen Ungenauigkeiten, die aus dem schwankenden Anteil nicht näher spezifizierter Unfalltypen resultieren. Unterschiedlich häufig wird der Fall „Sonstiger Unfall" als Unfalltyp angegeben, der für die konkrete Auswertung nicht verwertbar ist. Des Weiteren ist durch die Gestaltung der Unfallanzeigen die Möglichkeit nicht auszuschließen, dass diese fehlerhaft ausgefüllt werden. So stehen in der Merkmalsgruppe „Besonderheiten der Unfallstelle" z. B. die anzukreuzenden Begriffe „Fußgängerüberweg" und Fußgängerfurt" untereinander, was bei einer nicht unerheblichen Anzahl von Unfallanzeigen zu Verwechslungen führt (Bachmann 2005). Auch die mangelhafte Aufnahme der Unfallörtlichkeit kann Fehler in die Auswertung bringen. Weiterhin enthalten die Verkehrsunfallanzeigen Beschreibungen zum Unfallhergang, die teilweise auf Angaben der am Unfall beteiligten basieren. Hier ist zu beachten, dass besonders die Äußerungen unmittelbar nach dem Unfall verfälscht sein können.

Diese Beispiele sollen zeigen, dass die Auswertung von statistischen Daten im Rahmen einer Unfallanalyse mit Vorsicht durchzuführen und nicht gänzlich ungeprüft zu interpretieren ist. Trotz dieser möglichen Ungenauigkeiten bleibt die Analyse des Unfallbildes ein wichtiges und richtiges Mittel, um Defizite in der Verkehrsraumgestaltung zu erkennen.

7.2.2.2 Passantenbefragungen

Insgesamt betrachtet hat sich die Befragung der Passanten bewährt und als wertvolles Element zur Abbildung eines umfassenden Meinungsspiegels bewiesen. Im Hinblick auf die direkte Untersuchungsmethode der quantitativen Befragung der Zielgruppe älterer Menschen ab 65 Jahre muss festgehalten werden, dass im Rahmen der Untersuchung keine repräsentativen, aber dennoch wichtige Erkenntnisse hinsichtlich des Meinungsbildes zur Gestaltung der Straßenräume bzw. zu Fragen der Sicherheit älterer Menschen im Straßenverkehr abgeleitet werden konnten. Die Erhebungen in den Problemräumen sind wegen der geringen Zahl von Interviewpersonen überwiegend von heuristischem Wert; eine Generalisierbarkeit ist somit nur beschränkt gegeben. Es fiel auf, dass die gewonnenen Erkenntnisse positiver ausfielen, als zunächst vermutet wurde. Grund könnte ein in den befragten Altersklassen vorhandenes, gewisses Maß an Toleranz gegenüber Beeinträchtigungen sein.

Durch breite Ankündigung der Problemraumbefragung in den Medien konnten zusätzliche Interviewpartner gewonnen werden. Ältere Menschen kamen extra zu diesen Problemräumen, um an der Befragung teilnehmen und ihre Meinung zum Standort äußern zu können. Damit lässt sich feststellen, dass die werbewirksame Ankündigung in den Medien dazu beitragen kann, Interviews auch in üblicherweise gemiedenen Räumen (Vermeidungsräumen) durchführen zu können.

Ein Nachteil der Methode liegt darin begründet, dass die Befragung nur mobile Personen erreicht. Immobile ältere Menschen, die möglicherweise gerade aufgrund einer unzureichenden Gestaltung des Verkehrsraums an der Ausübung ihrer Mobilität behindert werden, können leider nicht erreicht werden. Für diesen Personenkreis lassen sich somit keine unmittelbaren Maßnahmen zur Steigerung ihrer Mobilität ermitteln. Um diese Personen einbinden zu können, müsste die Befragung in Teilen modifiziert werden. Denkbar wäre z. B. eine Zufallsauswahl älterer Interviewpartner aus dem Meldeverzeichnis, die dann im Falle einer Immobilität von den Interviewern aufgesucht werden müssten.

Insgesamt entstand durch die Befragung ein dezidiertes Meinungsbild der Zielgruppe mobiler älterer Menschen ab 65 Jahre, welches bei der Gestaltung von Straßenverkehrsräumen berücksichtigt werden könnte. Es wird unterstellt, dass mit der Verbesserung der Verkehrsverhältnisse auf Basis der Ergebnisse der Befragung mobiler älterer Menschen zugleich Verbesserungen für einen Teil bisher immobiler Menschen erreicht werden können.

7.2.2.3 Wegekettenprotokolle

Für die Bearbeitung der Wegeprotokolle gab es eine Informationsveranstaltung, die Eintragung der Wege erfolgte jedoch ohne Aufsicht. Das Ausfüllen der Protokolle stellte sich für manche Personen bereits als zu komplex heraus. Daher wurden nicht von allen angesprochenen Personen Wegekettenprotokolle ausgefüllt. Wenn die Bögen ausgefüllt wurden, wurden sie jedoch sehr engagiert bearbeitet. Die Ergebnisse waren vergleichbar mit den Resultaten aus den Fokusrunden, brachten aber zusätzliche Hinweise.

Insgesamt kann die Methode der Wegekettenprotokolle positiv bewerten werden, da sehr konkrete, ortsspezifische Hinweise auf Mängel und Hindernisse aus Sicht der Zielgruppe im Straßenraum erfasst werden konnten. Diese Hinweise wären z. B im Rahmen der Befragung nicht zu ermitteln gewesen. Als ergänzende Methode zu den weiteren im Rahmen der Untersuchung eingesetzten Methoden waren die Wegekettenprotokolle daher eine wertvolle Hilfe. Es sollte bei zukünftigem Einsatz jedoch darüber nachgedacht werden, durch welche Anpassungen der Methodik oder der Protokollbögen eine höhere Beteiligungsquote erzielt werden kann, um die Effektivität zu steigern. Angestrebt werden könnte eine Vereinfachung des verwendeten Fragebogens, indem z. B. mehr Multiple Choice-Elemente verwendet werden. Eine andere Möglichkeit wäre ein Telefoninterview oder persönliches Gespräch am Ende des Tages, in welchem im direkten Kontakt die Probleme bei der alltäglichen Mobilität abgefragt werden.

7.2.2.4 Fokusrunden

Die Fokusrunden erwiesen sich als besonders sinnvolle Ergänzung zur Befragung, da hier bestimmte Aspekte vertiefend diskutiert werden konnten (z. B. Thema „Vermeidungsräume"). Das Ziel einer Spezifizierung und kritischen Gewichtung der teilweise unspezifischen Aussagen aus der Befragung konnte in den Fokusrunden erreicht werden. Aufgrund der lebhaften Diskussionsbeteiligung, die nicht unterbrochen werden sollte, wurde die vorgegebene Struktur des Gesprächsleitfadens durch die freie Form der Informationssammlung ersetzt. Die protokollierten Informationen wurden für die Auswertung anschließend den vorgegebenen Kategorien des Gesprächsleitfadens zugeordnet.

Bei den Teilnehmern der Fokusrunden war keine resignierte Annahme des Status Quo zu bemerken, vielmehr eine wache und kritische Bestandsaufnahme der Schwachstellen und die Formulierung vieler Verbesserungsideen im öffentlichen Raum. Besonders registriert wurde eine Vielzahl von konkreten Wünschen und Veränderungsideen, die in den Fokusrunden produziert wurden. Ein Teilnehmer brachte zur Unterstützung seiner Kritikpunkte z. B. eine detaillierte und mit erläuterndem Fotomaterial angelegte Infomappe mit. Er hatte sich zudem mit großmaßstäbigem Kartenmaterial versorgt.

Als schwierig stellte sich teilweise die Besetzung der Fokusrunden heraus. Die Anwesenheit von fachlich vorgebildeten Personen, z. B. eines ehemalig mit Planungsaufgaben betrauten Teilnehmers oder langjährigen Ratsmitgliedern, drohte zu Anfang die Diskussion in Angriffen und Rechtfertigungen unterzugehen. Das anwesende Fachpersonal versuchte, durch ausgiebige Beiträge die derzeitige Verkehrssituation als das Ergebnis einer komplexen Kompromissbildung im Sinne aller Verkehrsteilnehmer zu erläutern und zu rechtfertigen. An anderer Stelle musste der Moderator den Versuch eines Teilnehmers abwenden, eine politische Diskussion mit dem anwesenden Vertreter des Seniorenbeirats über Sinn und Unsinn der dort getroffenen Entscheidungen zu provozieren. Es gelang schlussendlich jedoch stets, alle Beteiligten wieder in eine lebhafte und detailreiche Diskussion einzubinden. Allerdings sollte für eine Besetzung zukünftiger Fokusrunden möglichst darauf geachtet werden, dass der Charakter einer „Laienexpertenrunde" deutlicher erhalten bleibt. Inhaltlich waren die Laien, als Experten in eigener Sache, genauso gut vorbereitet und redeten gut motiviert und engagiert mit.

Die Moderation und Gesprächssteuerung sollte aus o. g. und weiteren Gründen in jedem Fall durch einen Fachmann, z. B. einem Verkehrspsychologen, erfolgen.

7.2.2.5 Methodik – Bewertung und Fazit

Die Kombination der objektiven Unfallanalyse mit anderen, durch subjektive Einflüsse geprägten Erhebungsinstrumenten (z. B. Befragung, Fokusrunde) hat sich im Rahmen der Untersuchung als praktikabel herausgestellt. Durch die erweiterte Unfalluntersuchung ließen sich zunächst objektiv Risikoräume für ältere Menschen im Straßenverkehrsraum identifizieren. Auf Basis der durch Subjektivität der Betroffenen geprägten Erhebungen ergaben sich zusätzliche, wichtige Hinweise über generelle Mobilitätshemmnisse oder Gefahren aus Sicht der Betroffenen innerhalb einer Kommune. Insbesondere durch die qualitativen Instrumente entstand eine direkte Rückkopplung zu den aus den quantitativen Erhebungen identifizierten Räumen und generellen Problemen, die gezieltes und vertieftes Nachfragen ermöglichte (vgl. Abbildung 20, S. 118).

Die verschieden gelagerten Erhebungen zeigten, dass die von den älteren Menschen in der Befragung genannten Problemräume nur selten identisch mit den aus der Unfallstatistik ermittelten Unfallschwerpunkten waren. Eine Erklärung kann sein, dass subjektiv empfundene Problemräume von älteren Menschen gemieden werden; möglicherweise, da sie aus Sicht älterer Verkehrsteilnehmer subjektiv als zu komplex erscheinen oder weil ein – evtl. objektiv nicht nachweisbares – Gefahrenpotenzial vermutet wird. Somit sind diese Räume häufig keine Unfallschwerpunkte.

Auffallend ist zudem, dass sich subjektive und objektive Problemschwerpunkte älterer Menschen im Verkehrsgeschehen offensichtlich voneinander unterscheiden. So nennen die befragten älteren Verkehrsteilnehmer – und hier insbesondere auch Personen, die im Auto oder kurz nach dem Parkvorgang befragt worden sind - vorwiegend Defizite aus der Fußgängerperspektive. Ein besonderer Schwerpunkt ist dabei das Fehlen von sicheren Überquerungsmöglichkeiten in Hauptstraßenzügen. Demgegenüber zeigt die Unfallanalyse eindeutig, dass ältere Menschen überwiegend als Autofahrer zu Schaden kommen, obgleich es selbstverständlich auch viele Fußgängerunfälle gibt. Diese treten aber im Verhältnis seltener auf. Probleme bei den Kfz-Unfällen resultieren in vielen Fällen aus hoher Komplexität der Knotenpunkte.

Bei Ermittlung von konkreten Problemen sowie der späteren Priorisierung von Maßnahmen zur Verbesserung der Sicherheit älterer Menschen im Straßenverkehr sollten daher sowohl objektive als auch subjektive Aspekte berücksichtigt werden. Die Einschätzung der Situation alleine auf Basis der einen oder anderen Methode hat sich als nicht Ziel führend erwiesen. Insofern hat sich der Mix zwischen subjektiven und objektiven bzw. direkten und indirekten Methoden bei der Erhebung und Analyse bewährt (vgl. Abbildung 20, S. 118).

7.3 Mobilitätssicherungsplanung als Handlungsempfehlung – Verfahrensvorschlag

Im Rahmen der vorliegenden Dissertationsschrift konnte erarbeitet werden, welche allgemein spezifischen Anforderungen ältere Menschen an das Verkehrsangebot haben, mit welchen Methoden sich diese Anforderungen lokal-spezifisch ermitteln lassen und inwieweit diese Anforderungen in der bisherigen Planungspraxis berücksichtigt wurden.

Aus den vorliegenden Ergebnissen werden in den folgenden Abschnitten Handlungsempfehlungen entwickelt, die die in der Untersuchung beschriebenen Arbeitsschritte in einem Plan für einen Prozess zusammenführt. Dieser Prozess wird hier „Kommunale Mobilitätssicherung" benannt. Dieses Verfahren kann einer Kommune dabei helfen, eine generationengerechte Verkehrsraumgestaltung entsprechend den verfügbaren Ressourcen und den gewünschten Prioritäten umzusetzen (vgl. Abbildung 70).

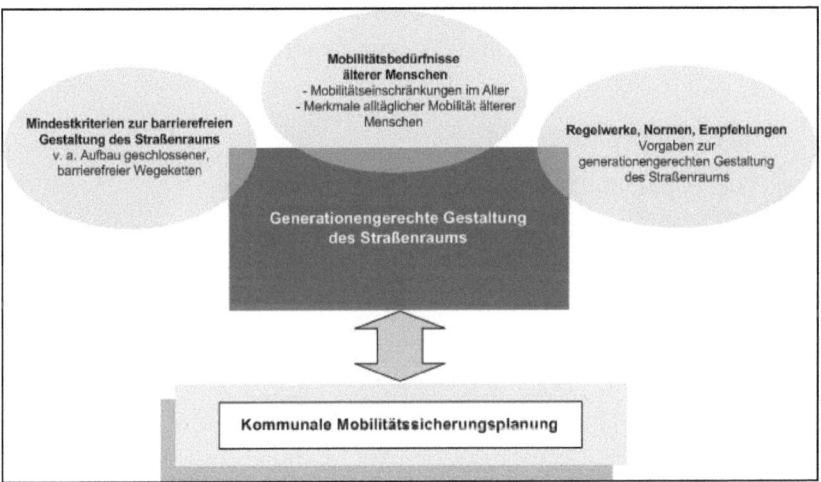

Abbildung 70: Einflüsse auf eine generationengerechte Gestaltung des Straßenraums und Rückkoppelung mit dem Instrument „Kommunale Mobilitätssicherungsplanung"

Mittels der kommunalen Mobilitätssicherung kann eine systematische Analyse und Bearbeitung der Anforderungen älterer Menschen erfolgen. Die Handlungsempfehlungen richten sich an Verkehrs- und Stadtentwicklungsplaner im Kommunen oder Planungsbüros, die mit der Aufstellung verkehrlicher Planungsprozesse betraut sind, aber auch an Entscheidungsträger.

7.3.1 Absicht der Mobilitätssicherungsplanung

Die Verkehrsplanung auf kommunaler Ebene muss vielen verschiedenen Anforderungen Rechnung tragen. Dazu gehören sowohl Anforderungen an die Wirtschaftlichkeit von Verkehrsprozessen, qualitative und quantitative Anforderungen an ihre Leistungsfähigkeit und Sicherheit als auch die Aspekte Ökologie und Sozialverträglichkeit. An die verschiedenen Anforderungen knüpft die kommunale Mobilitätssicherungsplanung an. Ihr Ziel besteht darin, die Belange älterer Verkehrsteilnehmer in den übergeordneten kommunalen Verkehrsplanungsprozess einzubinden. Dazu ist es notwendig, die Gegebenheiten vor Ort zu analysieren und die Bedürfnisse und Anforderungen der Zielgruppe der älteren Menschen herauszustellen. Eine intensive Einbeziehung verschiedener Akteure ist dabei unerlässlich. Aus den Ergebnissen ist ein Mobilitätssicherungsplan zu erstellen, der insbesondere zwei Aspekte fokussiert: Den generationengerechten Ausbau des Straßenraums

- im Bestand und
- bei Neubaumaßnahmen.

Der Ausgangspunkt für die Entwicklung des Verfahrensvorschlags der Mobilitätssicherungsplanung sind die praktischen Erfahrungen mit der kommunalen Verkehrsentwicklungsplanung in den 90er Jahren. Von vielen Städten und Gemeinden wurden kommunale Verkehrsentwicklungspläne erstellt, deren Schwäche vorrangig in der fehlenden Umsetzung vieler geplanter Maßnahmen lag. Das Angebot einer Verfahrensweise, die die Umsetzung der Maßnahmen zur Mobilitätssicherung älterer Menschen systematisch unterstützt, trägt diesen Erfahrungen Rechnung.

Der Verfahrensvorschlag zur Mobilitätssicherungsplanung lehnt sich an die grundsätzliche Verfahrensweise zur Erstellung kommunaler Verkehrsentwicklungspläne an, die von der Forschungsgesellschaft für Straßen- und Verkehrswesen erarbeitet wurde.[71]

7.3.2 Anwendungsbereich

Das Planungsinstrument „Kommunale Mobilitätssicherungsplanung" kann, je nach Ressourcen bzw. gewünschtem Ausmaß auf eine integrierte Planung, in flexiblem Umfang angewendet werden:

---

[71] FGSV (Hrsg., 2001): Leitfaden für Verkehrsplanungen (Nr. 116).

- Stehen in einer Kommune ausreichend Kapazitäten zur Verfügung, kann im besten Fall ein eigenständiger Plan zur Mobilitätssicherung erstellt werden. Der Aufstellungsprozess wird in den folgenden Abschnitten ausführlich dargestellt.
- Ist eine eigenständige Mobilitätssicherungsplanung nicht möglich, können die im Weiteren vorgeschlagenen Planungsschritte und Methoden der Mobilitätssicherungsplanung in die Aufstellung eines anderen Verkehrsplanes integriert werden. Durch die Einbindung der Mobilitätsanforderungen älterer Menschen in eine übergeordnete, kommunale Verkehrsplanung, können mit einem geringen Mehraufwand wichtige, ansonsten vernachlässigte Aspekte berücksichtigt werden.

Darüber hinaus besteht auch die Option, bei Projektplanungen (quasi als Minimalvariante) – sowohl für den Bestand als auch für Neubauvorhaben – die Vorgaben für eine Mobilitätssicherung älterer Menschen zu beachten. In diesem Fall greift die Mobilitätssicherung erst auf Projektebene und besitzt keine strategische Funktion. Auf dieser Ebene ist – je nach Rahmenbedingung – zu entscheiden, welche der Methoden anzuwenden sind, um die notwendigen Informationen zur Definition der Anforderungen an eine generationengerechte Gestaltung zu gewinnen (vgl. Kap. 5).

Da es sich beim Mobilitätssicherungsplan um ein informelles Planungsinstrument handelt, ist zu überprüfen, inwiefern die implizierten Maßnahmen mit übergeordneten Planungen zu vereinbaren sind. Dieser Schritt kann entfallen, wenn notwendige Maßnahmen bereits in die Aufstellung eines übergeordneten Planes eingebunden wurden.

7.3.3 Voraussetzung für die Durchführung des Prozesses

Der politische Wille, die Mobilität älterer Menschen zu sichern, und die daraus abzuleitende Entscheidung, Bau, Umbau, Erhalt und Pflege von Verkehrsanlagen unter dem Aspekt der Mobilitätssicherung älterer Menschen zu betreiben, muss vorhanden sein. Dies ist die Voraussetzung für eine erfolgreiche Mobilitätssicherungsplanung.

7.3.4 Der Planungsprozess

Die Entwicklung eines Mobilitätssicherungsplanes ist ein partizipativer Prozess im Sinne eines Design für Alle, bei dem verschiedene Akteure vor Ort und insbesondere die Zielgruppe der älteren Menschen in die verschiedenen Schritte der Planung einbezogen werden. Der Mobilitätssicherungsplan teilt sich in drei Phasen:

1. Aufstellungsphase: Plan entwickeln,
2. Umsetzungsphase: Maßnahmen realisieren,
3. Evaluation der umgesetzten Maßnahmen bzw. initiierten Prozesse.

Diese drei Phasen gliedern sich wiederum in mehrere aufeinander folgende Schritte. Die folgende Abbildung 71 gibt dazu einen ersten Überblick:

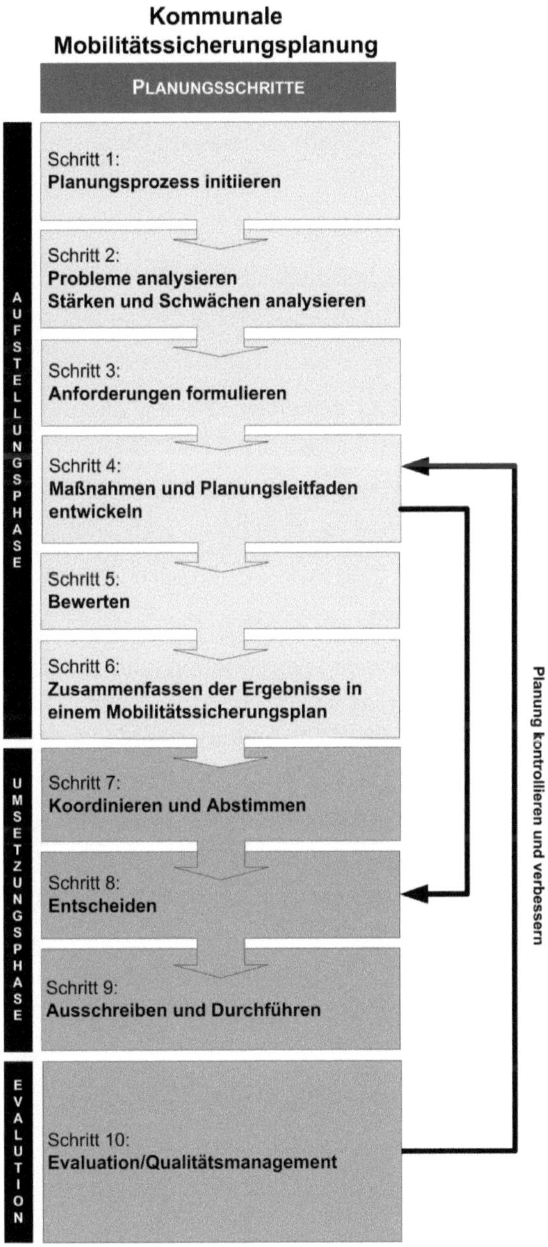

Kommunale Mobilitätssicherungsplanung

PLANUNGSSCHRITTE

AUFSTELLUNGSPHASE

Schritt 1:
Planungsprozess initiieren

Schritt 2:
**Probleme analysieren
Stärken und Schwächen analysieren**

Schritt 3:
Anforderungen formulieren

Schritt 4:
Maßnahmen und Planungsleitfaden entwickeln

Schritt 5:
Bewerten

Schritt 6:
Zusammenfassen der Ergebnisse in einem Mobilitätssicherungsplan

UMSETZUNGSPHASE

Schritt 7:
Koordinieren und Abstimmen

Schritt 8:
Entscheiden

Schritt 9:
Ausschreiben und Durchführen

EVALUTION

Schritt 10:
Evaluation/Qualitätsmanagement

Planung kontrollieren und verbessern

Abbildung 71: Kommunale Mobilitätssicherung – Überblick über den Planungsablauf

7.3.4.1 Aufstellungsphase – Phase 1

In dieser ersten Planungsphase wird der eigentliche Mobilitätssicherungsplan erstellt. Hierzu ist es notwendig, die Prozessbeteiligung der verschiedenen Akteure anzustoßen. Im Rahmen dieser Planungsphase sind

- Ziele zu entwickeln,
- Mängel der derzeitigen Situation herauszustellen,
- Stärken und Schwächen der vorliegenden Gegebenheiten zu identifizieren und
- Maßnahmen zu erarbeiten und zu bewerten, die den Zielen und Gegebenheiten Rechnung tragen.

Das Ergebnis dieser Schritte ist der eigentliche Plan. Der Ablauf der Planaufstellungsphase gliedert sich, wie in Abbildung 72 (S. 238) dargestellt.

Schritt 1: Planungsprozess initiieren

Nachdem ein Leitbild für die Entwicklung vorgegeben und politisch verankert worden ist (vgl. Kap. 7.3.3), muss der Planungsprozess initiiert werden. Das bedeutet zum einen, dass für die verkehrliche Entwicklung ein Ziel zu formulieren ist, das die Mobilitätssicherung älterer Menschen durch eine zielgruppenorientierte Gestaltung des Straßenraumes und der Verkehrsanlagen beinhaltet. Zum anderen sollten an diesem Punkt bereits grobe Mängel der aktuellen Situation herausgestellt werden. Ergänzend zu diesen inhaltlichen Anforderungen ist zudem in Abstimmung mit den beteiligten Institutionen ein grobes Konzept für die Organisation des weiteren Planungsprozesses zu erarbeiten. Dabei sind folgende Fragen zu klären:

Welche Personen sollen in welcher Art und Weise an der Planung mitarbeiten?

Welche Methoden sind anzuwenden, um die notwendigen Planungsgrundlagen bereit stellen zu können?

Wie können die Ergebnisse in die übergeordneten Verkehrsplanungen eingebunden werden?

Es hat sich als sinnvoll erwiesen, einer Person aus der kommunalen Verkehrsplanungsabteilung die Zuständigkeit für die Initiierung, Koordination und Durchführung des Planungsprozesses zu übertragen.

Bereits in dieser einleitenden Phase ist es sehr wichtig, die Akteure einzubeziehen und an der Zielformulierung und der Konzeption für das weitere Vorgehen zu beteiligen. Die betroffenen Personengruppen (in diesem Falle die älteren Menschen vor Ort) und Institutionen und Gremien (z. B. Seniorenbeirat, Behindertenbeirat, lokale Interessengruppen in Fragen zu Senioren und Menschen mit Behinderungen, Einrichtungen für Senioren und Menschen mit Behinderungen, Beauftragte der Zielgruppen), aber auch Vertreter der später zu beteiligenden Abteilungen der Verwaltung müssen frühzeitig in den Planungsprozess integriert und für die Thematik sensibilisiert werden. Dazu gehört es, den Kontakt zu den relevanten Institutionen herzustellen, und die Notwendigkeit einer altersgerechten Straßenraumgestaltung in der Kommune zu begründen. Dabei ist es wichtig, über die Ziele und den Nutzen des Prozesses zu informieren, um die Motivation zur Teilnahme zu schaffen. Die Angesprochenen sollten ein Interesse für das Thema entwickeln und es als „ihr Thema" betrachten. Darüber hinaus sollten Fachfremde in die Lage versetzt werden, sich qualifiziert am weiteren Planungsprozess zu beteiligen. Die potenziellen Teilnehmer sollten dabei unterstützt werden, die notwendigen Voraussetzungen wie Kommunikationsfähigkeit und fachliches Know-how zu erwerben.

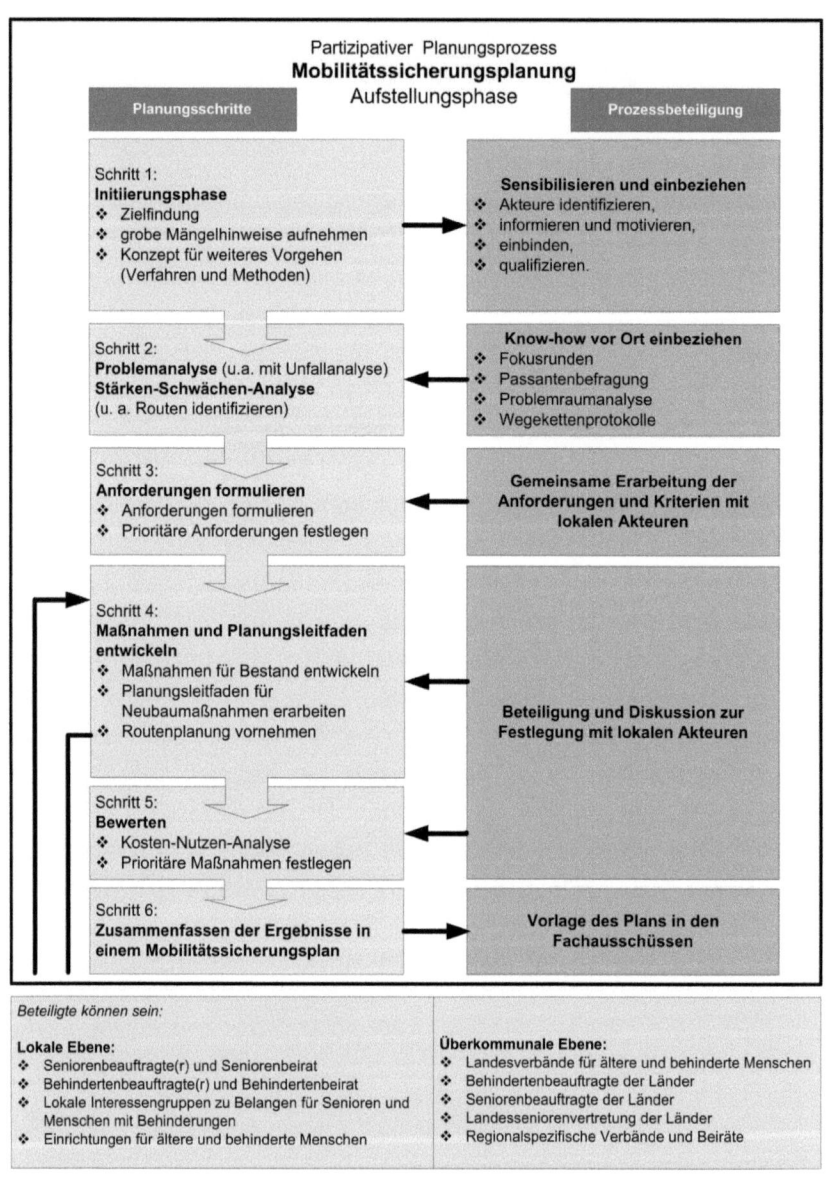

Abbildung 72: Kommunale Mobilitätssicherung – Aufstellungsphase (Detailübersicht)

Schritt 2: Probleme analysieren und Stärken und Schwächen herausstellen

Im zweiten Schritt wird der konkrete Bedarf zur Verbesserung der Mobilität älterer Menschen in der Kommune ermittelt. Er umfasst das Ziel, die Probleme vor Ort herauszustellen und vorliegende Stärken und Schwächen im Planungsraum zu identifizieren. Es geht darum, zu ermitteln, welche Bereiche des Straßenraumes von älteren Verkehrsteilnehmern als unsicher und mobilitätshemmend empfunden werden bzw. unfallauffällig sind und an welchen Stellen daher Verbesserungsmaßnahmen notwendig sind. In diesem Zusammenhang werden sowohl objektive als auch subjektive Sicherheitsaspekte berücksichtigt. Dabei ist es besonders wichtig, das Know-how vor Ort zu nutzen. Gerade die Erfahrungswerte und Einschätzungen der älteren Personen, die sich täglich mit den vorliegenden Gegebenheiten konfrontiert sehen, bieten eine gute Grundlage für die Problemanalyse. Die Straßenräume sollen mit den Nutzern für die Nutzer gestaltet werden. Es bieten sich verschiedene, einander ergänzende Methoden an, Erkenntnisse über die Probleme und Problemräume älterer Menschen im Straßenraum zu gewinnen. Zu nennen sind hier die im Rahmen dieser Arbeit vorgestellten Methoden: Erweiterte Unfallanalyse, Fokusrunde, Passantenbefragung, Problemraumanalyse und Wegekettenprotokoll (vgl. Kap. 5).

Für die Erstellung barrierefreier Wegenetze ist es notwendig und sinnvoll, Routen zu identifizieren. Diese kennzeichnen Wegeketten und -verbindungen, die von besonderer Bedeutung für die Mobilität älterer Menschen im Planungsraum sind oder sein können. Die Routen verlaufen zunächst in Form eines Wunschliniennetzes, daher kann es sich auch um Strecken handeln, die aufgrund subjektiver Einschätzung bisher vermieden werden.

Die Identifizierung solcher Routen kann auf verschiedene Art erfolgen. I. d. R. handelt es sich um Wegebeziehungen, die zwischen relevanten Quellen und Zielen entstehen. Zu solchen Routen gehören daher aufgrund ihrer Versorgungsfunktion z. B. Fußgängerzonen und örtliche Geschäftsstraßen, aber auch von älteren Menschen häufig genutzte andere Strecken, die wichtige Verbindungsfunktionen übernehmen. Auch Orte mit besonderer Aufenthaltsfunktion für ältere Menschen sollten in die Routenplanung einbezogen werden. Das daraus entstehende Wunschliniennetz wird auf das reale Straßen- und Wegenetz umgelegt. Kalibriert werden kann dieses Netz dann z. B. über die Ergebnisse von Befragungen und Fokusrunden.

Aufgrund voraussichtlich eingeschränkter finanzieller Ressourcen bietet es sich an, anhand dieser identifizierten Routen eine Dringlichkeitsreihung in der späteren Bewertungsphase (Schritt 5) vorzunehmen. Es ist empfehlenswert, ergänzend zu den Ergebnissen, die durch die direkte Einbeziehung der Zielgruppe erarbeitet werden (subjektive Analyse), das Unfallgeschehen von älteren Menschen zu berücksichtigen (objektive Analyse).

Schritt 3: Anforderungen formulieren

Aus den Ergebnissen von Schritt 1 und 2 sind Anforderungen abzuleiten, die ältere Menschen an den Straßenraum vor Ort stellen. Es ist bereits dabei sinnvoll, Anforderungen von vorrangiger Bedeutung herauszustellen, um die Verkehrssituation für ältere Menschen möglichst zielgerichtet und effektiv verbessern zu können. Die Anforderungen und deren Wertigkeit sind gemeinsam mit den lokalen Akteuren zu erarbeiten. Hier kann auf die im ersten Schritt des Prozesses entstandenen Kontakte aufgebaut werden. Bei den Prioritäten kann es sich um gruppenspezifische Prioritäten (z. B. Bordabsenkungen für Gehbehinderte), Ausbau identifizierter Route, aber auch um Maßnahmenpakete zum Netzlückenschluss bestehender, in weiten Teilen bereits ausgebauter Routen handeln. Bei der Formulierung von Anforderungen ist zu beachten, dass sie für alle Gruppen tragbar formuliert werden und keine Gruppe unverhältnismäßig benachteiligt wird. Oberste Priorität sollte die Verkehrssicherheit haben.

Schritt 4: Maßnahmen und Planungsleitfaden entwickeln

Aus den in Schritt 3 erarbeiteten Anforderungen an die Straßenraumgestaltung sind nun im Schritt 4 einerseits Maßnahmen für den Bestand zu entwickeln und andererseits ist ein Planungsleitfaden für zukünftige Neubaumaßnahmen zu erstellen. Die konkrete, zielgerichtete Planung setzt jedoch voraus, dass die Planer den Gestaltungsbedarf in der Kommune kennen (s. Schritt 2). Darüber hinaus sind für die in Schritt 2 identifizierten Routen dem Bedarf entsprechende Entwicklungsplanungen zu erarbeiten. Auch in diesem Schritt sollen die lokalen Akteure an der Diskussion über die Festlegung der Maßnahmen beteiligt werden, um ein schlüssiges und zielgerichtetes Konzept erarbeiten zu können.

Schritt 5: Bewerten

Die in Schritt 4 erarbeiteten Maßnahmen sind hinsichtlich ihrer Wichtigkeit zu bewerten. Dabei sind ebenfalls die in Schritt 3 herausgestellten, vorrangigen Anforderungen zu Grunde zu legen. Die in Schritt 2 identifizierten Routen sind als ein wichtiges Bewertungskriterium heranzuziehen, wenn es darum geht, Umsetzungsprioritäten für Maßnahmen zu erarbeiten. Demzufolge sind Maßnahmen auf Hauptrouten zeitlich bevorzugt umzusetzen, da sie den größten Nutzen erwarten lassen. Auch in diesem Schritt sind die lokalen Akteure in die Diskussion mit einzubinden.

Schritt 6: Zusammenfassen der Ergebnisse in einem Mobilitätssicherungsplan

Die Ergebnisse aus den vorangegangenen Schritten sind nun in einem kommunalen Mobilitätssicherungsplan zusammenzufassen. Der Mobilitätssicherungsplan ist mit seiner Zielsetzung, seinen Maßnahmen und seinen Zuständigkeiten den zu beteiligenden kommunalpolitischen Entscheidungsgremien vorzulegen und von diesen zu beschließen.

7.3.4.2 Umsetzen des Plans – Phase 2

In der zweiten Phase geht es darum, die Maßnahmen für den Bestand und die Maßgaben für Neubauvorhaben des Mobilitätssicherungsplans umzusetzen. Dazu ist es notwendig, diese Maßnahmen und Maßgaben mit der übrigen kommunalen (Verkehrsraum-) Gestaltung zu koordinieren und abzustimmen (vgl. Abbildung 73). Sind diesbezüglich

Entscheidungen getroffen worden, sind die beschlossenen Maßnahmen möglichst zügig umzusetzen.

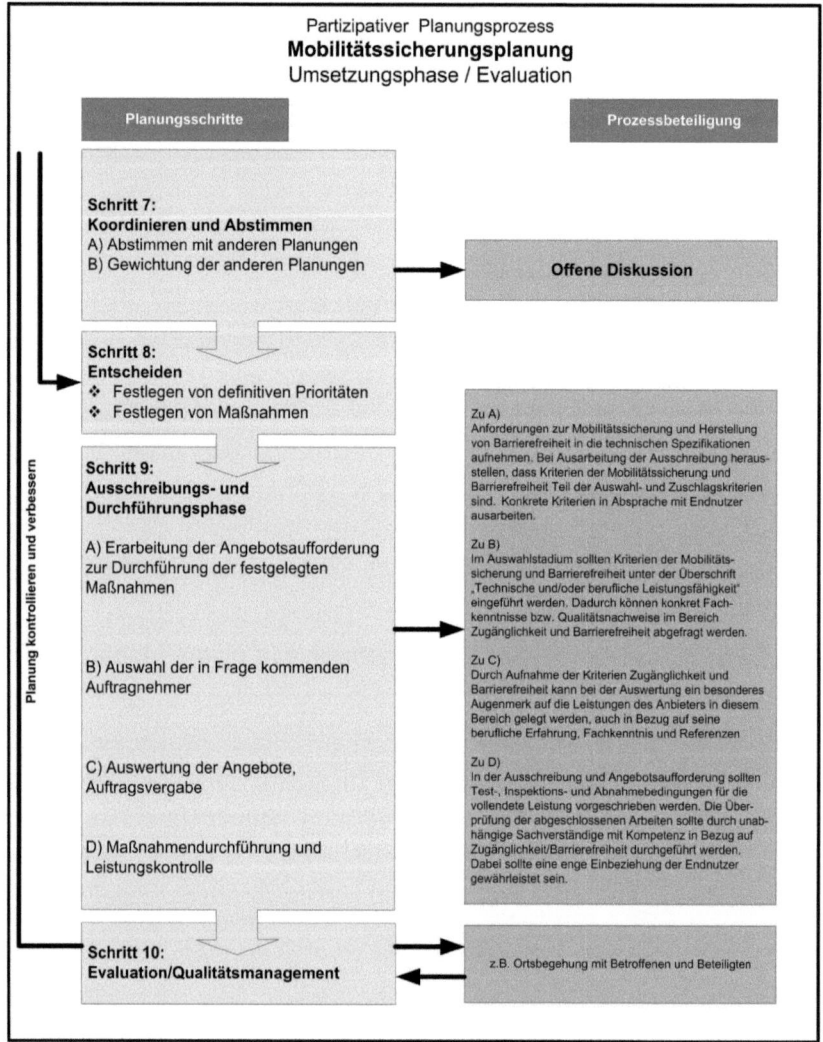

Abbildung 73: Kommunale Mobilitätssicherung – Umsetzung und Evaluation (Detailübersicht)

Schritt 7: Koordinieren und Abstimmen

Nachdem der Mobilitätssicherungsplan erarbeitet und den kommunalpolitischen Entscheidungsgremien vorgelegt worden ist, muss nun erörtert werden, inwiefern die im Plan zusammen gestellten Maßnahmen und Maßgaben mit anderen kommunal relevanten Planungen wie z. B. dem Verkehrsentwicklungsplan, dem Nahverkehrsplan, Stadtentwicklungsplanungen und Bauleitplanungen in Einklang zu bringen sind. Auf diese Weise lassen sich Maßnahmenpakete effizient in andere Vorhaben einbinden. Dabei ist abzuklären, welches Gewicht den jeweiligen Planungen zuteilwird. Darauf basierend sind die Maßnahmen der unterschiedlichen Planungen aufeinander abzustimmen und zu koordinieren. Dieser Prozess ist im Rahmen einer öffentlichen Diskussion durchzuführen.

Schritt 8: Entscheiden

Im Anschluss an die Koordination der Maßnahmen steht die Entscheidung darüber an, welche Maßnahmen umgesetzt werden. Die Umsetzungsprioritäten und die mit ihnen verbundenen Maßnahmen sind verbindlich festzulegen.

Schritt 9: Ausschreiben und Durchführen

Anschließend folgt die eigentliche Umsetzung der Maßnahmen. Dazu ist es zunächst notwendig, Ausschreibungsunterlagen zur Durchführung der festgelegten Maßnahmen zu erarbeiten. Geeignete Bewerber sind daraufhin auszuwählen bzw. Leistungen sind öffentlich auszuschreiben.[72] Gerade im Bereich barrierefreies Bauen ist eine hohe Qualität bei der Bauausführung gefordert. Die eingehenden Angebote sind auszuwerten und ein Auftrag ist zu vergeben. Die Maßnahmen werden umgesetzt und einer abschließenden Leistungskontrolle unterzogen.

---

[72] Die Grenzen für freihändige oder beschränkte Vergabe bzw. die Notwendigkeit öffentlicher Ausschreibung regelt § 3 VOL/A, § 3 VOB/A bzw. die VV zur LHO.

7.3.4.3 Evaluation – Phase 3

Schritt 10: Evaluation und Kalibrierung

Die qualitativ einwandfreie Realisierung und Wirksamkeit der umgesetzten Maßnahmen sollte überprüft werden, um Abläufe oder Planungen optimieren zu können (vgl. Abbildung 73). Für eine Evaluation kommen verschiedene Instrumente in Frage. Als praktikabel erwiesen hat sich z. B. eine Ortsbegehung mit Betroffenen. Dabei sollten nicht nur Personen aus der spezifischen Zielgruppe, für die die Maßnahme primär umgesetzt wurde, teilnehmen. Gerade eine breite Beteiligung verschiedenster Nutzer deckt mögliche Zielkonflikte auf. Durch die Evaluation ergeben sich Rückkoppelungen über den tatsächlichen Nutzen und die Qualität der Umsetzung. Somit kann diese Qualitätskontrolle dazu dienen, anstehende Maßnahmen vor oder während der Umsetzung zu kalibrieren bzw. zu optimieren.

7.4 Zusammenfassung und Fazit

7.4.1 Ausgangslage

Die Mobilität älterer Menschen gewinnt aufgrund demografischer, ökonomischer und gesellschaftlicher Entwicklungen zunehmend an Bedeutung. Viele ältere Menschen sind in ihrer Mobilität eingeschränkt. Das Verkehrsangebot sowie die Verkehrsraumgestaltung sind jedoch auf diese Situation bisher nicht ausreichend eingestellt. Zukunftsfähige Planungen sollten die Anforderungen älterer Zielgruppen besser berücksichtigen. Um den Ansprüchen gerecht zu werden, leitet sich ein verstärkter und kurzfristig zu initiierender Handlungsbedarf für derzeitige Verkehrsplanungsprozesse ab.

7.4.2 Zielsetzung

Ziel der Dissertationsschrift ist es, Handlungsempfehlungen für die kommunale Praxis und Entscheidungsträger zu formulieren, wie lokalspezifische Anforderungen der heterogenen Zielgruppe älterer Menschen ermittelt werden können. Anschließend geht es darum, die Anforderungen in ihrer Wichtigkeit und Dringlichkeit zu bewerten und geeignete Maßnahmen abzuleiten und systematisch umzusetzen, um die Mobilität älterer Menschen nachhaltig zu sichern. Dabei sind immer wieder finanziell und personell knappe Ressourcen zu berücksichtigen. Hier kann es unter Umständen sinnvoll sein, einzelne Teile einer Mobilitätssicherungsplanung in bereits bestehende und laufende Verkehrsplanungsprozesse zu integrieren.

7.4.3 Arbeitsschritte

Die Arbeit beinhaltet eine ausführliche Literatur- und Grundlagenrecherche. Es werden die demografischen, gesellschaftlichen und ökonomischen Voraussetzungen im Zusammenhang mit der derzeitigen und zukünftig zu erwartenden Mobilität älterer Menschen dargestellt. Ergänzt wird die Grundlagenermittlung durch die Ermittlung spezifischer Anforderungen älterer Menschen, die sich aus den körperlichen und kognitiven Altersveränderungen ergeben und damit einen Einfluss auf die Ausübung Mobilität haben.

Im praktischen Teil wurden in ausgesuchten Untersuchungsstädten mittels verschiedener Methoden lokal-spezifische Anforderungen ermittelt. Zunächst wurde eine detaillierte Unfallanalyse von Straßenverkehrsunfällen mit Beteiligung älterer Menschen durchgeführt. Bei dieser wurden auf Basis der Auswertung der dreistelligen Unfalltypschlüssel prototypische Konfliktsituationen innerhalb des jeweiligen Untersuchungsraumes ermittelt. Ergänzt und untermauert wurden die Ergebnisse durch Befragungen älterer Menschen in Form von Interviews, Fokusrunden und Wegekettenprotokollen, um der objektiven Analyse eine subjektive gegenüberzustellen. Zudem wurde anhand dieser Beispielstädte die derzeitige Planungspraxis im Hinblick auf die Berücksichtigung der Bedürfnisse älterer Verkehrsteilnehmer abgefragt. Abschließend werden aus den Ergebnissen der Untersuchungen und der Recherche Handlungsempfehlungen formuliert.

7.4.4 Zentrale Ergebnisse

Der zukünftige Handlungsbedarf zur Berücksichtigung der Anforderungen älterer Menschen an die Straßenraumgestaltung ist dabei in einen verfahrenstechnischen und einen maßnahmenbezogenen Teil zu differenzieren.

7.4.4.1 Auswirkungen auf Verkehrsplanungsprozesse

Das *Verfahren gegenwärtiger Verkehrsplanungsprozesse* ist um folgende Methoden zu erweitern:

7.4.4.1.1 Mobilitätssicherungspläne

Gebietskörperschaften sollten zukünftig Mobilitätssicherungspläne für ältere Menschen erstellen. Unter frühzeitiger Beteiligung der betroffenen Personengruppen und mit Fachplanern sind Mängelanalysen mittels unterschiedlicher Untersuchungsmethoden zu erstellen, die die Grundlage zur Auswahl und Priorisierung geeigneter Maßnahmen zur Mobilitätssicherung und Verbesserung der objektiven und subjektiven Verkehrssicherheit älterer Menschen bilden. Mobilitätssicherungspläne helfen

- Probleme zu analysieren,
- Stärken und Schwächen herauszustellen,
- Anforderungen zu formulieren sowie
- Maßnahmen zu entwickeln und zu bewerten.

7.4.4.1.2 Ganzheitliche Planung

Die derzeit auf Einzelplanungen fixierte Straßenraumgestaltung ist durch großräumige Betrachtungen zu ergänzen. Dabei sind Wegeketten zu berücksichtigen, die von älteren Menschen bevorzugt genutzt werden. So reicht es z. B. nicht, lediglich einen Behindertenstellplatz vorzusehen – zur barrierefreien Ausgestaltung einer kompletten Wegekette gehört in diesem Fall z. B. eine Bordsteinabsenkung, die den barrierefreien Zu- und Abgang vom Fahrzeug zum Gehweg oder zu öffentlichen Gebäuden ermöglicht. Die großräumige Berücksichtigung von Wegeketten führt zu einer Festlegung von bevorzugten Routen.

7.4.4.1.3 Definition von Routen

Barrierefreie Planungen sollten sich nicht auf Neubaumaßnahmen beschränken. Stattdessen sind in den Gebietskörperschaften Routen zu definieren, die im Sinne eines Design für Alle zu gestalten sind. Im Zuge dieser Routen, die vorzugsweise Wegeketten älterer Menschen berücksichtigen, sollte nach und nach auch der Bestand umgestaltet werden. Im Gegenzug kann bei Neubaumaßnahmen außerhalb der Routen und nach Einzelfallprüfung zunächst auf aufwändige und kostenintensive Maßnahmen zur Berücksichtigung spezieller Anforderungen mobilitätseingeschränkter Menschen verzichtet werden.

7.4.4.1.4 Erweiterte Unfalluntersuchungen

Die gängigen Methoden der Auswertung von Unfällen sind um spezielle Verfahren zur Analyse von Unfällen mit Beteiligung älterer Menschen zu erweitern. Da die Unfalllage dieser Personengruppe nicht immer mit den Unfallsituationen aller Verkehrsteilnehmer identisch ist, reicht die übliche Meldung von Unfallhäufungen nicht aus, um die Verkehrssicherheit älterer Menschen zu gewährleisten. Zu erstellen sind 5-Jahreskarten der Unfalltypensteckkarten, die spezielle Unfallhäufungen mit Beteiligung älterer Menschen erkennen lassen. Zur Festlegung erster Prioritäten reicht dabei die Aufnahme der Unfälle mit Personenschaden aus. Aus den erkannten Konfliktsituationen lassen sich erste Ansätze für eine Maßnahmenbildung ableiten. Die Unfalltypenauswertung kann zudem zu prototypischen Unfällen in Abhängigkeit des benutzten Verkehrsmittels führen. Werden prototypische Unfälle älterer Verkehrsteilnehmer erkannt, ist die bisherige Planungspraxis für die identifizierte Konfliktsituation generell zu hinterfragen und zu überarbeiten. Dazu sollten Erfahrungen selbstverständlich in alle Neu- und Umplanungen einfließen.

7.4.4.1.5 Methodenmix zur Mängelanalyse

Die Auswertung von Unfällen reicht allein nicht aus, um Defizite aus dem Blickwinkel älterer Menschen erfassen zu können. Neben den Unfallanalysen sind daher weitere geeignete Verfahren anzuwenden, welche die Probleme älterer Menschen mit der Straßenraumgestaltung aufdecken können. Für diesen Zweck haben sich persönliche Befragungen vor Ort und Fokusrunden mit älteren Menschen als probate Mittel erwiesen.

7.4.4.1.6 Planer und Entscheidungsträger sensibilisieren

Verkehrsplanungsprozesse sind gegenwärtig zu sehr auf Dimensionierung und Leistungsfähigkeitsbetrachtungen konzentriert. Verantwortliche sind im Hinblick auf die speziellen Bedürfnisse älterer Menschen zu informieren und zu schulen, um mit Kenntnis aller Belange den immer notwendigen Abwägungsprozess umfassend gestalten zu können.

7.4.4.2 Maßnahmenentwicklung

Im Rahmen der *Maßnahmenentwicklung* sind folgende Erfordernisse zu beachten:

7.4.4.2.1 Design für Alle

Bei Neubauplanungen und auf definierten Routen sollten Maßnahmen angewendet werden, die allen Zielgruppen gerecht werden. Grundsätzlich ist das Zwei-Sinne-Prinzip anzuwenden, so dass in jedem einzelnen Fall mindestens zwei der Sinne Hören, Sehen und Fühlen angesprochen werden. Beispielsweise wird dieses Ziel erreicht, wenn ein Objekt/Element taktil erfassbar und gleichzeitig optisch kontrastierend gestaltet ist.

Eine zukunftsfähige und integrative Straßenraumgestaltung sollte sich zudem nicht an bestimmten Merkmalen wie dem Alter oder einer Behinderung orientieren, sondern an den Bedürfnissen aller Verkehrsteilnehmer. Der öffentliche Straßenraum ist jedoch zu komplex, um im Hinblick auf alle Bedürfnisse maximal verfügbar und maximal verständlich zu sein. Das Ziel der Gestaltung sollte darin bestehen, im Hinblick auf die unterschiedlichen Bedürfnisse und die verfügbaren Ressourcen optimale Lösungen zu finden, die den Mindestkriterien für eine barrierefreie Gestaltung im Sinne eines Design für Alle entsprechen.

7.4.4.2.2 Veränderung des Blickwinkels

Bei der Maßnahmenauswahl ist bereits darauf zu achten, dass sich die Zielgruppen in Zukunft verändern werden. Das zukünftige Verkehrsgeschehen wird mehr durch ältere, aktive Kraftfahrer, insbesondere durch ältere Fahrerinnen, geprägt sein. Es wird weniger Blinde, dafür durch Alterserkrankungen mehr Sehbehinderte geben. Ebenso wird es weniger Gehörlose, dafür mehr Hörgeschädigte und weniger Rollstuhlfahrer, dafür mehr Gehbehinderte geben. Auf diese Veränderungen müssen Planungsprozesse zur Straßenraumgestaltung bereits jetzt reagieren.

7.4.4.2.3 Kontrastreich gestalten und Infrastruktur pflegen

Die architektonisch und städtebaulich gern gesehene „Ton in Ton"-Planung muss durch das Bewusstsein der Notwendigkeit von Farben und vor allem von Kontrasten abgelöst werden. Gefordert sind z. B. kontrastierende Sicherheitstrennstreifen zwischen Geh- und Fahrwegen und zwischen niveaugleichen Geh- und Radwegen. Stürze älterer Fußgänger und älterer Radfahrer infolge nicht erkannter Kanten führen häufig zu schweren Verletzungen. Solche Stolperkanten müssen ebenfalls besser erkennbar markiert werden. Zur Vermeidung von folgenreichen Stürzen muss zudem der Instandsetzung und Instandhaltung der Infrastruktur mehr Priorität eingeräumt werden. Hochstehende Gehwegplatten und Unebenheiten stellen ein besonderes Risiko für ältere Fußgänger und Radfahrer dar.

7.4.4.2.4 Komplexe Verkehrssituationen entzerren

Die detaillierte Unfallanalyse zeigt: Unfallhäufungen mit Beteiligung älterer Menschen sind vorrangig bei komplexen Gestaltungslösungen zu verzeichnen. Es gilt daher, Verkehrsabläufe generell zu vereinfachen. Erfolgsversprechende Beispiele sind der konsequente Schutz von Linksabbiegern durch gesicherte Führung an lichtsignalgesteuerten Knotenpunkten, der Verzicht auf freie Rechtsabbieger, die ohne eigenes Signal an einer Dreiecksinsel vorbeigeführt werden und der Umbau nicht signalgeregelter Knotenpunkte zu Kreisverkehrsplätzen. Bei den Maßnahmen sind immer die Wirkungen auf den Rad- und Fußgängerverkehr zu beachten. Beeinträchtigungen sind zu vermeiden und auch verkehrsmittelübergreifend ist das Prinzip eines Design für Alle zugrunde zu legen.

Die genannten Grundsätze und Maßnahmenvorschläge für eine barrierefreie und verkehrssichere Straßenraumgestaltung durch eine kommunale Mobilitätssicherung sollen dazu beizutragen, die Lücke zwischen den Anforderungen der älteren Nutzer und der Gesetzgebung auf der einen Seite und den Handlungsmöglichkeiten der Verkehrsplanung auf der anderen Seite zu schließen. Insbesondere vor dem Hintergrund haushaltstechnischer Realitäten wird es dabei immer wichtiger, Rahmenvorgaben und Prioritäten zu erarbeiten. Die konsequente Anwendung einer Mobilitätssicherung kann dazu beitragen, in einer Stadt zukunftsfähige Mobilitätsvoraussetzungen, insbesondere für ältere Menschen, zu erhalten und zu verbessern. Maßnahmen, die aus der Mobilitätssicherung entwickelt werden, kommen dabei i. d. R. allen Verkehrsteilnehmern zu Gute.

7.4.5 Fazit

Die vorliegende Arbeit zeigt, dass das derzeitige Verkehrsangebot und die zugrundeliegende Planungspraxis in hohem Maße verbesserungswürdig sind, um die derzeitigen und zukünftigen Bedürfnisse der zahlenmäßig wachsenden Gruppe der älteren Verkehrsteilnehmer erfüllen zu können. Für die barrierefreie Gestaltung des öffentlichen Raumes existieren derzeit unzählige Einzellösungen, die mit mehr oder weniger guten Ansätzen aufwarten, ein ganzheitlicher Lösungsansatz existiert aber derzeit nicht. Das Zusammenfügen der heute schon vorhandenen punktuellen Lösungen zu einem durchgängigen Konzept, welches das Zwei-Sinne-Prinzip berücksichtigt, wäre aber auch nur der nächste und unbedingt notwendige Schritt, um mehr Barrierefreiheit zu erreichen.

Eine umfassende, wirtschaftlich vertretbare und somit auf ökonomische und soziale Nachhaltigkeit angelegte Lösung setzt darüber hinaus die Berücksichtigung und Umsetzung des Prinzips Design für Alle voraus. Im Sinne einer ganzheitlichen Verkehrsraumgestaltung wird mit Hilfe des Design für Alle das Ziel verfolgt, die verschiedenen Bedürfnisse einer eigenständigen Mobilität in der durchaus heterogenen Zielgruppe der älteren Menschen bei der Verkehrsraumgestaltung optimal zu berücksichtigen. Aufgrund der verschiedenen Bedürfnisse handelt es sich um ein komplexes System von Lösungsansätzen, die in Einklang zu bringen sind. Generelles Ziel bei der generationengerechten und barrierefreien Gestaltung des Straßenraums muss es sein, dass geschlossene, barrierefreie Wegeketten im Fokus der Mobilitätssicherung für ältere Menschen stehen.

Bezogen auf die Bedürfnisse der älteren Menschen im Kontext der Sicherheit im Straßenverkehr lassen sich die aus den Untersuchungen erzielten Ergebnisse zwei Bereichen zuordnen:

- Ältere Menschen fordern mehr Rücksichtnahme und Sensibilisierung und
- Verkehrsräume sollen adäquat gestaltet werden.

Die Gestaltung von adäquaten Verkehrsräumen für ältere Verkehrsteilnehmer hängt in großem Maße von der Sensibilität und vom Kenntnisstand der Planer und Entscheidungsträger in den Städten ab. Bisher finden die Belange älterer Menschen häufig keine ausreichende Berücksichtigung. Durch die sich abzeichnende, örtlich verschärfende Unfallsituation sowie die schnell voranschreitende Entwicklung bei der Veränderung der Bevölkerungsstruktur rückt die Gruppe der älteren Menschen zwar zunehmend in den Fokus. Dennoch sind derzeit noch viele für die Planung verantwortliche Personen verunsichert, wie man die anstehenden Aufgaben entsprechend angeht. Die in der vorliegenden Arbeit entwickelten Handlungsempfehlungen für die Durchführung eines Planungsprozesses, die hier als sogenannte kommunale Mobilitätssicherung zusammengefasst sind, können einen Beitrag leisten, sich der Problematik systematisch zu nähern und Maßnahmen umzusetzen.

Literaturverzeichnis

ALRUTZ, DANKMAR; BOHLE, WOLFGANG; WILLHAUS, ELKE (1998): <u>Bewertung der Attraktivität von Radverkehrsanlagen</u>. Bremerhaven: Wirtschaftsverl. NW Verl. für Neue Wiss. (Berichte der Bundesanstalt für Straßenwesen, Verkehrstechnik, V 56).

BACHMANN, CAROLA (2005): Die Bedeutung der Verkehrssicherheitsforschung beim Umgang mit Straßenverkehrsanlagen. Unveröffentlicht.

BARTZ, ELKE (2005): <u>Barrierefreies Bauen kaum teurer</u>. Herausgegeben von Kooperation Behinderter im Internet e.V. Online verfügbar unter http://www.kobinet-nachrichten.org/cipp/kobinet/custom/pub/content,lang,1/oid,8677/tic, zuletzt geprüft am 21.04.2010.

BEHINDERTENBEIRAT DER LANDESHAUPTSTADT MÜNCHEN (Hg.): <u>Der Behindertenbeirat stellt sich vor</u>. Online verfügbar unter http://behindertenbeirat-muenchen.de/component/content/article/1-allg/1-der-behindertenbeirat-stellt-sich-vor, zuletzt geprüft am 21.04.2010.

BERGLER, REINHOLD (1975): <u>Das Eindrucksdifferential</u>. Theorie und Technik. Bern: Huber (Beiträge zur empirischen Sozialforschung).

BLENNEMANN, FRIEDHELM; GROSSMANN, HELMUT (2004): Auswirkungen des Gesetzes zur Gleichstellung behinderter Menschen (BGG) und zur Änderung anderer Gesetze auf die Bereiche Bau und Verkehr. Schlussbericht zum Forschungsvorhaben FE 70.0703/2003 im Auftrag des Bundesministeriums für Bau, Verkehr und Wohnungswesen. Köln.

BOURAUEL, RITA (2000): <u>Fit bleiben im Straßenverkehr</u>. Ratgeber ; Tipps für die Generation 50 plus. Lübeck: Schmidt-Römhild.

BRÖG, WERNER; ERL, ERHARD; GLORIUS, BIRGIT (2000): <u>Introductory Report</u>. In: Transport and ageing of the population. Report of the hundred and twelfth Round Table on transport economics: Paris (19.-20.11.1998). Paris: OECD Publ. Service (Round Table, 112), S. 45–142.

BUNDESMINISTERIUM FÜR ARBEIT UND SOZIALES (2005): Lebenslagen in Deutschland. Der 2. Armuts- und Reichtumsbericht der Bundesregierung. Bundesministerium für Arbeit und Soziales. Berlin. Online verfügbar unter http://www.bmas.de/portal/892/property=pdf/lebenslagen_in_deutschland_de_821.pdf, zuletzt geprüft am 21.04.2010.

BUNDESMINISTERIUM FÜR ARBEIT UND SOZIALES - REFERAT VA 2 (2010): Übersicht über Ausweismerkzeichen. Tabellarische Übersicht per Email an Dirk Boenke.

BUNDESMINISTERIUM FÜR FAMILIE, SENIOREN FRAUEN UND JUGEND (09.04.2001): Dritter Bericht zur Lage der älteren Generation. Stellungnahme der Bundesregierung, Bericht der Sachverständigenkommission. Bundesministerium für Familie, Senioren Frauen und Jugend. Berlin. Online verfügbar unter http://www.bmfsfj.de/RedaktionBMFSFJ/Broschuerenstelle/Pdf-Anlagen/PRM-5008-3.-Altenbericht-Teil-1,property=pdf,bereich=bmfsfj,sprache=de,rwb=true.pdf, zuletzt geprüft am 18.04.2010.

BUNDESMINISTERIUM FÜR VERKEHR: Bürgerfreundliche und behindertengerechte Gestaltung von Haltestellen des öffentlichen Personennahverkehrs. Ein Handbuch für Planer und Praktiker (1997). Bad Homburg v.d.H.: FMS Fach-Media-Service-Verl.-Ges. (Direkt, 51).

BUNDESMINISTERIUM FÜR VERKEHR, BAU- UND WOHNUNGSWESEN: Computergestützte Erfassung und Bewertung von Barrieren. Bei vorhandenen oder neu zu errichtenden Gebäuden, Verkehrsanlagen und Umfeldern des öffentlichen Bereiches (2001). Bad Homburg vor der Höhe: FMS Fach-Media-Service-Verl.-Ges. (Direkt, 56).

BUNDESMINISTERIUM FÜR VERKEHR, BAU- UND WOHNUNGSWESEN (2003): Mobilität in Deutschland. Kontinuierliche Erhebung zum Verkehrsverhalten. Bundesministerium für Verkehr, Bau- und Wohnungswesen. Berlin.

Bundesministerium für Verkehr, Bau- und Wohnungswesen (2005). Schriftliche Mitteilung an NeumannConsult.

BUSLEI, HERMANN; SCHULZ, ERIKA; STEINER, VIKTOR (2007): Auswirkungen des demographischen Wandels auf die private Nachfrage nach Gütern und Dienstleistungen in Deutschland bis 2050. Endbericht ; Forschungsprojekt gefördert durch das Bundesministerium für Familie, Senioren, Frauen und Jugend. Berlin: DIW (DIW Berlin, 26).

DENSTADLI, JON MARTIN; HJORTHOL, RANDI (August 2002): Den nasjonale reisevaneundersøkelsen 2001 - nøkkelrapport. Transportøkonomisk institutt. Oslo. (TØI report, 588). Online verfügbar unter

http://www.toi.no/getfile.php/Publikasjoner/T%D8I%20rapporter/2002/588-2002/R588-02.pdf, zuletzt geprüft am 25.05.2010.

DETERS, KARL; BÖHMER, HEIKE; ARLT, JOACHIM (2004): Planungshilfen zur Umsetzung des barrierefreien Bauens. Stuttgart: Fraunhofer IRB-Verlag.

DEUTSCHE AKADEMIE FÜR LANDESKUNDE E. V./ LEIBNIZ-INSTITUT FÜR LÄNDERKUNDE: Berichte zur deutschen Landeskunde (2005). Flensburg: Selbstverlag der Deutschen Akademie für Landeskunde (79).

DEUTSCHER BUNDESTAG (01.01.1991): Gesetz über die Statistik der Straßenverkehrsunfälle -Straßenverkehrsunfallstatistikgesetz. StVUnfStatG, vom 31.10.2006. Fundstelle: BGBl. I S. 1078. Online verfügbar unter http://bundesrecht.juris.de/bundesrecht/stvunfstatg_1990/gesamt.pdf, zuletzt geprüft am 21.04.2010.

DEUTSCHER BUNDESTAG (01.07.2001): Sozialgesetzbuch (SGB) Neuntes Buch (IX) - Rehabilitation und Teilhabe behinderter Menschen. SGB 9, vom 30.7.2009. Online verfügbar unter http://bundesrecht.juris.de/bundesrecht/sgb_9/gesamt.pdf, zuletzt geprüft am 21.04.2010.

DEUTSCHER BUNDESTAG (01.05.2002): Gesetz zur Gleichstellung behinderter Menschen und zur Änderung anderer Gesetze (Behindertengleichstellungsgesetz). BGG, vom 19.12.2007. Fundstelle: BGBl 2002 Teil I Nr. 28, S. 1467. Online verfügbar unter http://bundesrecht.juris.de/bundesrecht/bgg/gesamt.pdf, zuletzt geprüft am 21.04.2010.

DEUTSCHER BUNDESTAG (Hg.) (16.12.2004): Bericht der Bundesregierung über die Lage behinderter Menschen und die Entwicklung ihrer Teilhabe. Berlin. (Drucksache 15/4575). Online verfügbar unter http://www.bmas.de/portal/3118/property=pdf/bericht_der_bundesregierung_ueber_die_lage_der_behinderten_menschen_und_die_entwicklung_ihrer_teilhabe.pdf, zuletzt geprüft am 03.05.2010.

DEUTSCHER VERKEHRSSICHERHEITSRAT E. V.: Verkehrserziehung bei Menschen mit Behinderung. Schwerpunkt Kinder und Jugendliche. 2. Auflage (1999). Bonn.

DEUTSCHES INSTITUT FÜR NORMUNG E. V.: Vornorm (zurückgezogen), DIN 18030:2006-01: Barrierefreies Bauen – Planungsgrundlagen.

DEUTSCHES INSTITUT FÜR NORMUNG E. V.: Deutsche Norm, DIN 18024-2:1996-11, November 1996: Barrierefreies Bauen - Teil 2: Öffentlich zugängige Gebäude und Arbeitsstätten, Planungsgrundlagen.

DEUTSCHES INSTITUT FÜR NORMUNG E. V.: Deutsche Norm, DIN 18024-1:1998-01, Januar 1998: Barrierefreies Bauen - Teil 1: Straßen, Plätze, Wege, öffentliche Verkehrs- und Grünanlagen sowie Spielplätze; Planungsgrundlagen.

DEUTSCHES INSTITUT FÜR NORMUNG E. V.: Deutsche Norm, DIN 32974:2000-02, Februar 2000: Akustische Signale im öffentlichen Bereich - Anforderungen.

DEUTSCHES INSTITUT FÜR NORMUNG E. V.: Gestaltung barrierefreier Produkte. 1. Aufl. (2002). Berlin: Beuth (DIN-Fachbericht, 124).

DEUTSCHES INSTITUT FÜR NORMUNG E. V.: Deutsche Norm, DIN 32981:2002-11, November 2002: Zusatzeinrichtungen für Blinde und Sehbehinderte an Straßenverkehrs-Signalanlagen (SVA) - Anforderungen.

DEUTSCHES INSTITUT FÜR NORMUNG E. V.: Deutsche Norm, DIN 32984:2000-05, Mai 2005: Bodenindikatoren im öffentlichen Verkehrsraum.

DEUTSCHES INSTITUT FÜR NORMUNG E. V.: Deutsche Norm, DIN 32975:2009-12, Dezember 2009: Gestaltung visueller Informationen im öffentlichen Raum zur barrierefreien Nutzung.

DEUTSCHES INSTITUT FÜR NORMUNG E. V.: Vornorm, DIN 32984:2010-02, 22.03.2010: Bodenindikatoren im öffentlichen Raum.

DRAEGER, W.; KLÖCKNER, D. (2001): Ältere Menschen zu Fuß und mit dem Fahrrad unterwegs. In: Flade, Antje (Hg.): Flade, Antje /// Mobilität älterer Menschen. Opladen: Leske + Budrich.

DRAEGER, WERNER: Ältere Menschen und ihre Verkehrsumwelt. Sicherheit für Senioren. Tagungsbericht "Ältere Menschen im Straßenverkehr". In: Verkehrswachtforum, Heft 5.

ECHTERHOFF, WILFRIED (Hg.) (2005): Strategien zur Sicherung der Mobilität älterer Menschen. Köln: TÜV-Verl. (Mobilität und Alter, 1).

ELVIK, RUNE; ERKE, ALENA; VRAA, TRULS (1997): Trafikksikkerhetshåndboka [Handbuch für Verkehrssicherheitsmaßnahmen]. Oslo.

ENGELN, ARND; SCHLAG, BERNHARD (2001): ANBINDUNG - Abschlußbericht zum Forschungsprojekt. "Anforderungen Älterer an eine benutzergerechte Vernetzung individueller und gemeinschaftlich genutzter Verkehrsmittel". Stuttgart: Kohlhammer (Schriftenreihe des Bundesministeriums für Familie, Senioren, Frauen und Jugend, Bd. 196).

EUROPÄISCHE KOMMISSION (2003a): 2010: Ein hindernisfreies Europa für Alle. Bericht der von der Europäischen Kommission eingesetzten Expertengruppe. Europäische Kommission. Brüssel. Online verfügbar unter http://www.accessibletourism.org/resources/final_report_ega_de.pdf, zuletzt geprüft am 26.05.2010.

EUROPÄISCHE KOMMISSION (2003b): Chancengleichheit für Menschen mit Behinderungen in der EU: Ein Europäischer Aktionsplan (2004-2010). Mitteilung der Europäischen Kommission zur Verbreitung von Chancengleichheit für Menschen mit Behinderungen (2003). Europäische Kommission. Online verfügbar unter http://europa.eu/legislation summaries/employment and social policy /disability and old age/c11414 de.htm, zuletzt geprüft am 26.05.2010.

Europäisches Institut Design für Alle in Deutschland e. V. und Fürst Donnersmarck-Stiftung zu Berlin: ECA - Europäisches Konzept für Zugänglichkeit (2005). Berlin.

EUROPEAN CONFERENCE OF MINISTERS OF TRANSPORT: Transport and ageing of the population. Report of the hundred and twelfth Round Table on transport economics: Paris (19.-20.11.1998) (2000). Paris: OECD Publ. Service (Round Table, 112).

FAßMANN, HEINZ; LENTZ, S; TZSCHASCHEL, S (Hg.) (2006): Arbeit und Lebensstandard. 1. Aufl. München: Elsevier Spektrum Akad. Verl. (Nationalatlas Bundesrepublik Deutschland, Bd. 7).

FLADE, ANTJE (2002): Städtisches Umfeld und Verkehrsmittelnutzung älterer Menschen. In: Schlag, Bernhard; Megel, Katrin (Hg.): Mobilität und gesellschaftliche Partizipation im Alter. Stuttgart: Kohlhammer (Schriftenreihe des Bundesministeriums für Familie, Senioren, Frauen und Jugend, 230).

FORSCHUNGSGESELLSCHAFT FÜR STRAßEN- UND VERKEHRSWESEN E. V. (Hg.): Systematik der FGSV-Regelwerke. Erläuterung zur Systematik von technischen Veröffentlichungen der FGSV. Online verfügbar unter http://www.fgsv.de/795.html, zuletzt geprüft am 21.04.2010.

FORSCHUNGSGESELLSCHAFT FÜR STRAßEN- UND VERKEHRSWESEN E. V.: Leitfaden für Verkehrsplanungen (2001). Köln: FGSV-Verlag (FGSV-Nr. 116).

FORSCHUNGSGESELLSCHAFT FÜR STRAßEN- UND VERKEHRSWESEN E. V.: Merkblatt für die Auswertung von Straßenverkehrsunfällen - Teil 1:

Führen und Auswerten von Unfalltypen-Steckkarten (2003). Köln: FGSV-Verlag (FGSV-Nr. 316/1).

FRANKE, J. HOFFMANN K. (1974): Beiträge zur Anwendung der Psychologie auf den Städtebau. In: Zeitschrift für experimentelle und angewandte Psychologie, Jg. 2, H. 21, S. 181–225.

FRIEDRICHS, JÜRGEN (Hg.) (1988): Soziologische Stadtforschung. Opladen: Westdt. Verl. (Kölner Zeitschrift für Soziologie und SozialpsychologieSonderheft, 29).

GEIßLER, MAX (2009): Renteneintrittsalter steigt kontinuierlich an. Ruhestand immer später. Online verfügbar unter http://www.biallo.de/finanzen/Altersvorsorge/ruhestand_immmer_spaeter.php, zuletzt geprüft am 20.04.2010.

GERLACH, JÜRGEN; KESTING, TABEA; LIPPERT, WERNER (2006): Qualifizierung von Auditoren für das Sicherheitsaudit für Innerortsstraßen. Qualifizierung von Mitarbeitern kommunaler Straßenverwaltungen ; [Bericht zum Forschungsprojekt 77.471-2002 des Bundesministeriums für Verkehr, Bau und Stadtentwicklung]. Bremerhaven: Wirtschaftsverl. NW Verl. für Neue Wiss. (Berichte der Bundesanstalt für Straßenwesen, Verkehrstechnik, 134).

GESAMTVERBAND DER DEUTSCHEN VERSICHERUNGSWIRTSCHAFT E. V.: Führen und Auswerten von Unfalltypen-Steckkarten. Auswertung von Straßenverkehrsunfällen Teil 1 (2003). Berlin: Verkehrstechnisches Institut der Deutschen Versicherer (Sicherung des Verkehrs auf Straßen (SVS), 12).

GHH CONSULT GMBH DR. HANK-HAASE & CO.: Senioren auf Reisen. Touristischer Wachstumsmarkt Nr. 1 ; eine Untersuchung zu Volumen und Struktur des zukünftigen Seniorenreisemarktes mit Marketingrichtlinien für die Tourismuswirtschaft und Hotellerie. 2., überarb. Aufl. (2001). Bonn: INTERHOGA (Gastgewerbliche Schriftenreihe, 81).

GRÜNHEID, E. (2009): Die demographische Lage in Deutschland 2008. Bundesinstitut für Bevölkerungsforschung (BiB). Online verfügbar unter http://www.bib-

demogra-
phie.de/nn_750242/SharedDocs/Publikationen/DE/Download/Demolag
e/Demolage2008,templateId=raw,property=publicationFile.pdf/Demola
ge2008.pdf, zuletzt aktualisiert am 27.02.2009, zuletzt geprüft am 18.04.2010.

HAKAMIES-BLOMQVIST, LISA; RAITANEN, TARJALIISA; O'NEILL, DESMOND (2002): Driver ageing does not cause higher accident rates per km. In: Transportation Research Part F: Traffic Psychology and Behaviour, Jg. 5, H. 4, S. 271–274.

HAUTZINGER, HEINZ (1993): Dunkelziffer bei Unfällen mit Personenschaden. [Bericht zum Forschungsprojekt 8503]. Bremerhaven: Wirtschaftsverl. NW Verl. für Neue Wiss. (Berichte der Bundesanstalt für Straßenwesen, Mensch und Sicherheit, M13).

HAUTZINGER, HEINZ; TASSAUX-BECKER, BRIGITTE; HAMACHER, RALF (1996): Verkehrsmobilität in Deutschland zu Beginn der 90er Jahre. [Bericht zum Forschungsprojekt 2.9101]. Bremerhaven: Wirtschaftsverl. NW Verl. für Neue Wiss. (Berichte der Bundesanstalt für Straßenwesen, Mensch und Sicherheit, M55).

HJORTHOL, RANDI (1999): Daglige reiser på 90-tallet. [Tägliche Mobilität in den 90er Jahren]. Analyser av de norske reisevaneundersøkelsene fra 1991/92 og 1997/98 [Analyse der norwegischen Reiseerhebung von 1991/92 und 1997/98]. Transportøkonomisk institutt. Oslo. (TØI report, 436). Online verfügbar unter http://www.toi.no/getfile.php/Publikasjoner/T%D8I%20rapporter/1999/436-1999/436-1999-el.pdf, zuletzt geprüft am 26.05.2010.

Huppertz (2006): Senioren im Straßenverkehr. Projektarbeit in Zusammenarbeit der Fachhochschule für öffentliche Verwaltung Nordrhein-Westfalen, Abteilung Köln mit dem Polizeipräsidium Köln. Köln.

ITTELSON, WILLIAM HOWARD; DEMPSEY, D.; KOBER, HAINER (1977): Einführung in die Umweltpsychologie. 1. Aufl. Stuttgart: Klett-Cotta (Konzepte der Humanwissenschaften).

JANKE, M. K. (1991): Accidents, mileage and the exaggeration of risk. In: Accident Analysis & Prevention, Jg. 23, H. 2/3, S. 183–188.

JANSEN, ELKE (2001): Ältere Menschen im künftigen Sicherheitssystem Straße/Fahrzeug/Mensch. Bremerhaven: Wirtschaftsverl. NW Verl. für Neue Wiss. (Berichte der Bundesanstalt für Straßenwesen, Mensch und Sicherheit, 134).

INSTITUT FÜR PSYCHOGERONTOLOGIE ERZIEHUNGSWISSENSCHAFTLICHE FAKULTÄT DER UNIVERSITÄT ERLANGEN-NÜRNBERG: Mobilität für ältere Menschen – Herausforderung für die Gesellschaft. Pressemitteilung vom 2004. Erlangen.

KIRCHBERG, V.; BEHN, O. (1988): Zur Bedeutung der Attraktivität der City. In: Friedrichs, Jürgen (Hg.): Soziologische Stadtforschung. Opladen: Westdt. Verl. (Kölner Zeitschrift für Soziologie und SozialpsychologieSonderheft, 29).

LANDESDATENBANK NORDRHEIN-WESTFALEN (LDB NRW) (2005). Standardtabellen. Landesamt für Datenverarbeitung und Statistik Nordrhein-Westfalen. Online verfügbar unter http://www.ldsnrw.de/statistik/datenangebot/landesdatenbank.html, zuletzt geprüft am 15.01.2005.

LANDESPRÄVENTIONSRAT RHEINLAND-PFALZ (Hg.) (2010): Sicherheitsberater für Senioren. Online verfügbar unter http://www.kriminalpraevention.rlp.de/kriminal/nav/505/50531c7d-7d9d-a11e-395d-01a90fb0e223&class=net.icteam.cms.utils.search.AttributeManager&class_uBasAttrDef=a001aaaa-aaaa-aaaa-eeee-000000000054.htm, zuletzt geprüft am 01.05.2010.

LANDTAG NORDRHEIN-WESTFALEN (01.01.2004): Gesetz zur Gleichstellung von Menschen mit Behinderung und zur Änderung anderer Gesetze. BGG NRW, vom 18.11.2008. Online verfügbar unter http://www.landtag.nrw.de/portal/WWW/GB_I/I.1/Ausschuesse13/A01/13-861.pdf, zuletzt geprüft am 21.04.2010.

LANGFORD, JIM; METHORST ROB; HAKAMIES-BLOMQVIST LISA (2006): Older drivers do not have a high crash risk – A replication of low mileage bias. In: Accident Analysis & Prevention, Jg. 38, H. 3, S. 574–578.

LESCHINSKY, A. (2002): Junge Alte – Isostar statt Doppelherz. In: fairkehr, H. 6, S. 14–16.

LIMBOURG, MARIA (Dezember 2009): Mobilität im Alter – Probleme und Perspektiven. Veranstaltung vom Dezember 2009, aus der Reihe "Fachtagung "Seniorinnen und Senioren als Kriminalitäts- und Verkehrsunfallopfer"". Düsseldorf. Veranstalter: Innenministerium Nordrhein-Westfalen. Online verfügbar unter http://www.uni-due.de/traffic_education/alt/texte.ml/Senioren.html, zuletzt geprüft am 17.05.2009.

LIMBOURG, MARIA; REITER, K. (2001): Das Verkehrsunfallgeschehen im höheren Lebensalter. In: Flade, Antje (Hg.): Flade, Antje /// Mobilität älterer Menschen. Opladen: Leske + Budrich, S. 211–225.

LUBECKI, UDO; KASPAR, BIRGIT (2002): Freizeitmobilität älterer Menschen. In: Beckmann, Klaus J. (Hg.): 3. Aachener Kolloquium "Mobilität und Stadt". Tagungsband. Aachen, S. 91–107.

MÄDER, H. (2001): Daten zur Mobilität älterer Menschen. In: Flade, Antje (Hg.): Flade, Antje /// Mobilität älterer Menschen. Opladen: Leske + Budrich .

MANSER, J. A. (2003): Initiative "Gleiche Rechte für Behinderte". Mehrkosten viel tiefer als Gegner befürchten. In: Schweizerische Fachstelle für behindertengerechtes Bauen (Hg.): Demnächst für alle freier Zugang (Informationsbulletin, Nr. 37), S. 3–4.

MENZEL, CHRISTOPH (2002): Die Rolle der Geschwindigkeit bei spektakulären Unfällen im Straßenverkehr. Kaiserslautern (Grüne Reihe, 52).

MINISTERIUMS FÜR STÄDTEBAU UND WOHNEN, KULTUR UND SPORT NRW (01.03.2000): Verwaltungsvorschrift zur Landesbauordnung NRW. VV BauO NRW, vom 12.10.2000. Fundstelle: MBl. NRW. S.1432/SMBl. NRW. 23210. Online verfügbar unter http://www.ikbaunrw.de/fileadmin/ikbau/downloads/service/2000-10-12_VV_BauO_NRW.pdf, zuletzt geprüft am 21.04.2010.

MOLLENKOPF, HEIDRUN; FLASCHENTRÄGER, PIA (1996): Mobilität zur sozialen Teilhabe im Alter. Discussion Paper FS-III 96-401. Wissenschaftszentrum Berlin für Sozialforschung (WZB). Berlin. Online verfügbar unter http://bibliothek.wz-berlin.de/pdf/1996/iii96-401.pdf, zuletzt geprüft am 22.04.2010.

MOLLENKOPF, HEIDRUN; FLASCHENTRÄGER, PIA (2001): Erhaltung von Mobilität im Alter. Stuttgart: W. Kohlhammer GmbH (Schriftenreihe des Bundesministeriums für Familie, Senioren, Frauen und Jugend, Bd. 197).

NESTMANN, L. (1987): Überlegungen und Methoden zur Erforschung der Wahrnehmung der städtischen Umwelt. In: Die alte Stadt, H. 14, S. 164–190.

NEUMANN, PETER (1992): Berlin-Marzahn und Berlin-Märkisches Viertel. Ein Vergleich von Großwohnsiedlungen in Ost und West. Münster: Selbstverlag (Arbeitsberichte der AAG, 21).

NEUMANN, PETER (1994): Umweltwahrnehmung in den Berliner Großwohnsiedlungen Marzahn und Märkisches Viertel. Empirische Untersuchung zur Ästhetik und Erlebniswirksamkeit städtischer Freiräume. In: Zeitschrift für den Erdkundeunterricht, H. 11, S. 414–421.

NEUMANN, PETER (2002): Zur Bedeutung von Urbanität in kleineren Industriestädten - untersucht am Beispiel von Hennigsdorf und Ludwigsfelde im Umland von Berlin. Münster (Münstersche Geographische Arbeiten, 45).

NEUMANN, PETER (2005): Raum, Grenzen und die Konstruktion von Behinderungen. In: Berichte zur deutschen Landeskunde. Flensburg: Selbstverlag der Deutschen Akademie für Landeskunde (79), Heft 2/3-2005, S. 367–382.

NEUMANN, PETER (2006): Arbeitsmarktsituation behinderter Menschen. In: Faßmann, Heinz; Lentz, S; Tzschaschel, S (Hg.): Arbeit und Lebensstandard. 1. Aufl. München: Elsevier Spektrum Akad. Verl. (Nationalatlas Bundesrepublik Deutschland, Bd. 7), S. 96–97.

NEUMANN, PETER; BOLLICH, PETRA (2005): Tourismus älterer Menschen – Auswirkungen auf das Mobilitätsverhalten und Anforderungen an die Infrastruktur. In: Echterhoff, Wilfried (Hg.): Strategien zur Sicherung der Mobilität älterer Menschen. Köln: TÜV-Verl. (Mobilität und Alter, 1).

NEUMANN, PETER; REUBER, PAUL (2004): Ökonomische Impulse eines barrierefreien Tourismus für alle. Langfassung einer Untersuchung im Auftrag des Bundesministeriums für Wirtschaft und Arbeit. Münster (Münstersche Geographische Arbeiten, 47).

NEWS AKTUELL (Hg.) (2010): TIMESCOUT: Junge Deutsche haben Fahrerlaubnis, fahren aber kaum Auto. Online verfügbar unter http://www.presseportal.de/pm/53552/1590202/tfactory_markt_und_m einungsforschung/rss , zuletzt geprüft am 01.05.2010.

NOHL, WERNER (1977): Messung und Bewertung der Erlebniswirksamkeit von Landschaften. Münster-Hiltrup: KTBL-Schriften-Vertrieb im Landwirtschaftsverlag (KTBL-Schriften, 218).

OSGOOD, CHARLES E.; SUCI, GEORGE J.; TANNENBAUM, PERCY H. (1978): The measurement of meaning. 4. print. of the paperback ed. Urbana: Univ. of Illinois Press.

PFAFFEROTT, INGO (1994): Mobilitätsbedürfnisse und Unfallverwicklung älterer Autofahrer/innen. In: Tränkle, Ulrich (Hg.): Autofahren im Alter. Köln: Verl. TÜV Rheinland [u.a.] (Mensch - Fahrzeug - Umwelt, 30), S. 19–36.

RUDINGER, GEORG; HOLZ-RAU, CHRISTIAN; GROTZ, REINHOLD; (2006): Freizeitmobilität älterer Menschen. 2. Auflage. Dortmund: IRPUD (Dortmunder Beiträge zur Raumplanung - Verkehr, V 4).

SCHLAG, BERNHARD (2001): Ältere Menschen im Pkw unterwegs. In: Flade, Antje (Hg.): Flade, Antje /// Mobilität älterer Menschen. Opladen: Leske + Budrich, S. 85–98.

SCHLAG, BERNHARD; MEGEL, KATRIN (Hg.) (2002): Mobilität und gesellschaftliche Partizipation im Alter. Stuttgart: Kohlhammer (Schriftenreihe des Bundesministeriums für Familie, Senioren, Frauen und Jugend, 230).

SCHWEIZERISCHE FACHSTELLE FÜR BEHINDERTENGERECHTES BAUEN (Hg.) (2004): <u>Behindertengerechtes Bauen - Vollzugsprobleme im Planungsprozess</u>. Projektteil A: Technische und finanzielle Machbarkeit. Unter Mitarbeit von Manfred Huber, Joe A. Manser und Paul Curschellas et al. Eidgenössische Technische Hochschule Zürich. Zürich.

SHELL DEUTSCHLAND OIL (Hg.) (2004): Flexibilität bestimmt Motorisierung. Szenarien des Pkw-Bestands und der Neuzulassungen in Deutschland bis zum Jahr 2030. Hamburg. Online verfügbar unter www.shell.de/pkwszenarien.

SHELL DEUTSCHLAND OIL GMBH (Hg.) (2009): <u>Shell PKW-Szenarien bis 2030. Fakten, Trends und Handlungsoptionen für nachhaltige Auto-Mobilität</u>. Hamburg. Online verfügbar unter www.shell.de/pkwszenarien.

STATISTISCHES BUNDESAMT (Hg.) (2005): <u>Einkommens- und Verbrauchsstichprobe 2003</u>. Wiesbaden.

STATISTISCHES BUNDESAMT (2006): <u>Datenreport 2006. Zahlen und Fakten über die Bundesrepublik Deutschland</u>. Statistisches Bundesamt. Bonn. (Schriftenreihe / Bundeszentrale für Politische Bildung, 544).

STATISTISCHES BUNDESAMT (2008a): <u>Bevölkerung und Erwerbstätigkeit – Bevölkerungsfortschreibung 2007</u>. Statistisches Bundesamt. Wiesbaden. (Fachserie 1 Reihe 1.3).

STATISTISCHES BUNDESAMT (2008b): <u>Bevölkerung und Erwerbstätigkeit – Haushalte und Familien. Ergebnisse des Mikrozensus 2007</u>. Statistisches Bundesamt. Wiesbaden. (Fachserie 1 Reihe 3).

STATISTISCHES BUNDESAMT (2008c): Verkehr <u>– Unfälle im Straßenverkehr 2007</u>. Statistisches Bundesamt. Wiesbaden.

STATISTISCHES BUNDESAMT (Hg.) (2009a): Bevölkerung Deutschlands bis 2060. Ergebnisse der 12. koordinierten Bevölkerungsvorausberechnung. Wiesbaden.

STATISTISCHES BUNDESAMT (Hg.) (2009b): Statistik der schwerbehinderten Menschen. Kurzbericht. 2007. Wiesbaden.

STATISTISCHES BUNDESAMT (2009c): Verkehr – Unfälle von Senioren im Straßenverkehr 2008. Statistisches Bundesamt. Wiesbaden.

STATISTISCHES BUNDESAMT (2010): Bevölkerung und Erwerbstätigkeit. Bevölkerungsfortschreibung. 2008. Statistisches Bundesamt. Wiesbaden. (Fachserie 1, Reihe 1.3). Online verfügbar unter https://www-ec.destatis.de/csp/shop/sfg/bpm.html.cms.cBroker.cls?cmspath=struktur,vollanzeige.csp&ID=1025319 , zuletzt geprüft am 03.05.2010.

STATISTISCHES LANDESAMT (2004). Statistisches Landesamt. Stuttgart. (Statistisches Monatsheft Baden-Württemberg, 12). Online verfügbar unter http://www.statistik-bw.de/Veroeffentl/Monatshefte/200412cont.asp, zuletzt geprüft am 21.04.2010.

STEFFENS, ULRICH; PFEIFFER, KERSTIN; SCHREIBER, NORBERT (1999): Ältere Menschen als Radfahrer. [Bericht zum Forschungsprojekt 82.007/1989(8916)]. Bremerhaven: Wirtschaftsverl NW Verl. für neue Wiss. (Berichte der Bundesanstalt für Straßenwesen, Mensch und Sicherheit, 112).

(31.07.2009): Straßenverkehrsgesetz. StVG, vom 05.03.2003. Fundstelle: BGBl. I S. 310, 919. Online verfügbar unter http://bundesrecht.juris.de/bundesrecht/stvg/gesamt.pdf, zuletzt geprüft am 22.04.2010.

TRÄNKLE, ULRICH (Hg.) (1994): Autofahren im Alter. Köln: Verl. TÜV Rheinland [u.a.] (Mensch - Fahrzeug - Umwelt, 30).

VERKEHRSCLUB ÖSTERREICH (1999): Senioren & Mobilität. Verkehrsclub Österreich. Wien. (Wissenschaft & Verkehr, 1).

WALKER, MICHAEL (2004): Demografischer Wandel und seine Auswirkungen auf den Verkehr bis 2050. In: . Statistisches Landesamt. Stuttgart (Statistisches Monatsheft Baden-Württemberg, 12), S. 48–52.

WIKIPEDIA - DIE FREIE ENZYKLOPÄDIE (Hg.) (2010): Semantisches Differential. Online verfügbar unter http://de.wikipedia.org/wiki/Semantisches_Differenzial, zuletzt aktualisiert am 19.01.2010, zuletzt geprüft am 21.04.2010.

ZUMKELLER, DIRK (2002): Panelauswertung 2002. Institut für Verkehrswesen Universität Karlsruhe. Karlsruhe

I want morebooks!

Buy your books fast and straightforward online - at one of world's fastest growing online book stores! Environmentally sound due to Print-on-Demand technologies.

Buy your books online at
www.morebooks.shop

Kaufen Sie Ihre Bücher schnell und unkompliziert online – auf einer der am schnellsten wachsenden Buchhandelsplattformen weltweit! Dank Print-On-Demand umwelt- und ressourcenschonend produziert.

Bücher schneller online kaufen
www.morebooks.shop

KS OmniScriptum Publishing
Brivibas gatve 197
LV-1039 Riga, Latvia
Telefax: +371 686 204 55

info@omniscriptum.com
www.omniscriptum.com

MIX
Papier aus verantwortungsvollen Quellen
Paper from responsible sources
FSC® C105338

Printed by Books on Demand GmbH, Norderstedt / Germany